粤港澳大湾区建设技术手册系列丛书

粤港澳大湾区
城市设计与科研

主　编：张一莉
副主编：任炳文　肖　诚　王一旻
蔡　明　唐大为　何　锐

中国建筑工业出版社

图书在版编目（CIP）数据

粤港澳大湾区城市设计与科研 / 张一莉主编 . —北京：中国建筑工业出版社，2020.4
（粤港澳大湾区建设技术手册系列丛书）
ISBN 978-7-112-24924-4

Ⅰ. ①粤… Ⅱ. ①张… Ⅲ. ①城市规划－建筑设计－广东、香港、澳门 Ⅳ. ① TU984.265

中国版本图书馆 CIP 数据核字（2020）第 038509 号

责任编辑：费海玲 张幼平
责任校对：赵 颖

粤港澳大湾区建设技术手册系列丛书
粤港澳大湾区城市设计与科研
主 编：张一莉
副主编：任炳文 肖 诚 王一旻
蔡 明 唐大为 何 锐
*
中国建筑工业出版社出版、发行（北京海淀三里河路9号）
各地新华书店、建筑书店经销
北京建筑工业印刷厂制版
北京中科印刷有限公司印刷
*
开本：880×1230毫米 1/16 印张：14 字数：398千字
2020年8月第一版 2020年8月第一次印刷
定价：**200.00**元
ISBN 978-7-112-24924-4
（35646）

《粤港澳大湾区建设技术手册系列丛书》
编　委　会

《粤港澳大湾区城市设计与科研》编委会

《粤港澳大湾区城市设计与科研》各章节内容安排及分工

章节	内　　容	参编单位	编　　委
1	共生型韧性城市与创新型产业办公	深圳市华汇建筑设计事务所	肖　诚　牟中辉 杨　洋　任园园 张　霜
2	TOD慢行公共交通规划与设计	iDEA汇城建筑设计与研究有限公司 深圳市华汇建筑设计事务所	高　岩　陈淑芬 肖　诚　牟中辉
3	以多专业整合应对湾区时代“产城一体”	艾奕康设计与咨询（深圳）有限公司	王一旻
4	科技产业园	深圳市同济人建筑设计有限公司	顾　锋
5	湾区人居环境思考	深圳艺洲建筑工程设计有限公司	蔡　明
6	一体化装修关键技术	深圳职业技术学院艺术设计学院 深圳美术集团有限公司 中建装饰设计研究院有限公司	何　锐 衣宏伟 郭秀峰
7	智慧立体停车设施的技术创新	深圳市建筑设计研究总院有限公司	唐大为
8	粤港澳垂直社区关键技术初探	中国建筑东北设计研究院有限公司	任炳文　王洪礼 赵成中　张　强
9	香港建筑师负责制模式		戚务诚　李国兴 谭国治　苏　晴
10	城市总建筑师制度探索：前海建筑与景观设计协调机构	深圳市前海深港现代服务业合作区管理局 深圳华森建筑与工程设计顾问有限公司	叶伟华　邓斯凡 徐　丹　王晓东
11	山·海·城	深圳市华阳国际工程设计股份有限公司	唐志华
12	材料与风格		
13	后疫情时代建筑防疫设计思考	深圳大学建筑与城市规划学院	艾志刚
	统稿	深圳市注册建筑师协会	卢方媛

序

以纵向的历史视野观照，建设粤港澳大湾区和支持深圳建设中国特色社会主义先行示范区作为国家重大发展战略，将因为其异乎寻常的战略眼光和国际视野而在中国社会和经济发展史上留下浓墨重彩的一笔，国际一流湾区的壮丽图景已铺陈开来。

横向考察世界已有湾区，这些区域往往具有沿山连海的优越地理位置和山水相间的独特空间形态，并会因此形成陆海空运一体化枢纽、立体交错的沟通与交流网络，形成不同产业层级和组团布局、科技与制造业等互补共融，最终构建山水共生的产城融合的空间格局，打造和谐宜居的人居环境，塑造世界上最具活力的区域。与此相应，湾区地域一个最突出的特点就是土地资源稀缺，每一寸土地都需要精打细算，需要通过专业人员的精心谋划，通过层级的组合实现复合利用，通过城市改造与升级，实现腾笼换鸟，提高效率和品质……也因此形成了湾区建设领域的一个个热点，如河流修复，TOD，城市更新，产城融合，人居环境营造，等等。

正如有人指出的，粤港澳大湾区综合了纽约、旧金山、东京三大湾区的功能，而创新驱动无疑将是大湾区融合发展的灵魂。创新驱动叠加湾区优势，将使粤港澳大湾区释放出更大的潜力。在城市设计与建筑领域，湾区从开风气之先到领时代潮流，将创新性探索建筑师负责制和城市总建筑师制度，探讨共生性韧性城市、TOD 慢行系统规划及科技产业园区建设等创新型课题，以及一体化装修技术、智慧立体停车技术、垂直社区技术等先进应用型技术。粤港澳大湾区在所有这些领域的努力和探索，终将给其他区域的创新发展提供成熟的范例和可贵的经验参考。

立足于大湾区建设发展情况，结合形势发展与现实需要，《粤港澳大湾区建设技术手册系列丛书》从湾区建设技术、科研和施工培训等各个方面入手，内容包罗城市公共空间、城市慢行系统、城市家具设计、超高层建筑设计、绿色建筑、装配式建筑、城市更新、地下空间复合开发、海绵城市与低影响技术、建设项目全过程工程咨询等，是为粤港澳大湾区建设成果的集中总结，也为进一步探索提供了一定的基础。值得一提的是，其中结合目前全球蔓延的新冠疫情防控对于湾区人居环境的思考及对相关建设技术和要求的思考，是粤港澳大湾区建设也是全球建设领域的一个崭新大课题，将需要更加深入的理论研究和实践总结。

与后疫情时代相伴的另一个重大课题是新基建。多年快速发展之后，湾区城市成熟的传统基础设施在承载公共服务功能之时，也实现了相互之间的补充、镶嵌和链接；而在万物互联理念的触发下，更具引领性的新基建以其神奇的产业触变和边界融合功能，激发了生产形态的变化和组合，不断催生新生产力、新业态的形成。在融合传统基础设施的过程中，后疫情时代的新基建将使传统基建焕发活力，显著提升湾区基础设施现代化水平。这将是大湾区又一次率先落实国家重要决策部署，提升大湾区在国家经济发展和对外开放中的支撑引领作用的重要机遇期，也是为全国推进供给侧结构性改革、实施创新驱动发展战略、构建开放型经济新体制提供支撑的重要机遇期。

中国工程院院士　何镜堂

何镜堂 2020.8.8.

目　录

1 共生型韧性城市与创新型产业办公

深圳市华汇建筑设计事务所 肖 诚 牟中辉 杨 洋 任园园 张 霜

1.1 粤港澳大湾区产业发展定位与布局

中国粤港澳大湾区，作为国家建设世界级城市群和参与全球竞争的重要空间载体，对标现代制造的东京湾区、现代金融的纽约湾区、现代创新的旧金山湾区。纳入粤港澳大湾区的珠三角的9个市和香港、澳门特别行政区的经济总量接近纽约湾区，2017年GDP总额突破10万亿元人民币；进出口贸易额是东京湾区的3倍以上，区域港口集装箱吞吐量是世界三大湾区总和的约4.5倍；拥有16家世界500强企业和3万多家国家级高新技术企业，有望在5年后超越东京湾区，成为全球经济总量最大的湾区。但同时，粤港澳大湾区的发展也存在第三产业占比较低、世界500强企业较其他湾区略少等不足（表1.1）。2019年2月《粤港澳大湾区发展规划纲要》出台，在纲要中，政府明确了大湾区各城市的产业发展导向，“支持传统产业升级，加快发展先进制造业和现代服务业，促进产业优势互补，协作联动发展，构建国际竞争力的现代产业体系”。

以深圳为例，土地资源有限已成为限制城市发展的主要因素，产业用地指标不足问题更加突出。伴随经济发展进入“新常态”，城市发展也进入了新阶段——城市更新阶段。深圳市早在2007年开始编制《深圳市城市总体规划（2010-2020）》时，就将“工作重点由增量空间建设转向存量空间优化转变”作为未来工作模式的两个根本性转变之一。从此，深圳市开启了城市更新时代，并通过城市更新规划逐步引导产业升级。M0用地（融合研发、创意、设计、中试、无污染生产等创新型产业功能以及相关配套服务活动的用地）类型的出现，成为深圳市推动城市更新的重要体制创新，同时这也成为粤港澳大湾区城市产业之间互补联合、协作共赢的契机：通过合理规划和智慧建设，使城市空间更宜人、更宜居，富有弹性和活力，实现产业升级与城市建设的可持续发展；以产业带动经济，以经济带动文化，促进社会全方位进步，实现经济文化双输出。

粤港澳大湾区与世界三大湾区数据对比（2015年） **表1.1**

	东京湾区	旧金山湾区	纽约湾区	粤港澳大湾区
人口（万人）	4347	715	2340	6671
GDP（万亿美元）	1.8	0.8	1.4	1.36
占地面积（万km^2）	3.68	1.79	2.15	5.6
港口集装箱吞吐量（万TEU）	766	227	465	6520
机场旅客吞吐量（亿人次）	1.12	0.71	1.3	1.75
第三产业比重（%）	82.3	82.8	89.4	62.2
世界100强大学数量	2	3	2	4
世界500强企业总部数量	60	28	22	16

数据来源：粤港澳大湾区研究院

1.2 产业办公发展历程

1.2.1 平面发展型

特点：产业功能单一，低密度，单地块开发，平行开发，内向型。

早期的产业办公主要以生产型园区为主，功能比较单一，办公区、商业区、居住区等城市功能相对割裂，缺少服务配套平台。

随着经济技术的不断发展，对办公产业的要求也相应增加，逐渐形成相互接驳的产业集群，以及多重交织的产业链环。在政府与企业的协作下，形成“生产＋服务”产业办公园区，最初主要以平面发展型模式为主。

平面发展型园区（图1.1）办公用地宽裕，密度低，每个地块开发相对独立。通过建筑布局营造内部公共空间，多以花园式办公为设计主体。园区管理上相对封闭，公共空间主要服务于园区自身，缺少与城市互动。

平面发展型产业办公主要以谷歌（Google）硅谷总部、诺基亚（Nokia）TL BANK（图1.2）等高新科技企业为代表，建筑以多层为主。园区内部拥有休闲、娱乐、交流等生活配套，建筑营造的场所拥有各自企业的文化特性，主要服务企业内部员工。

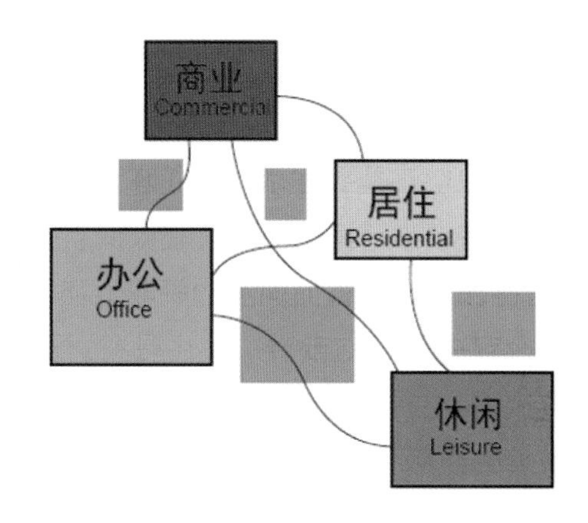

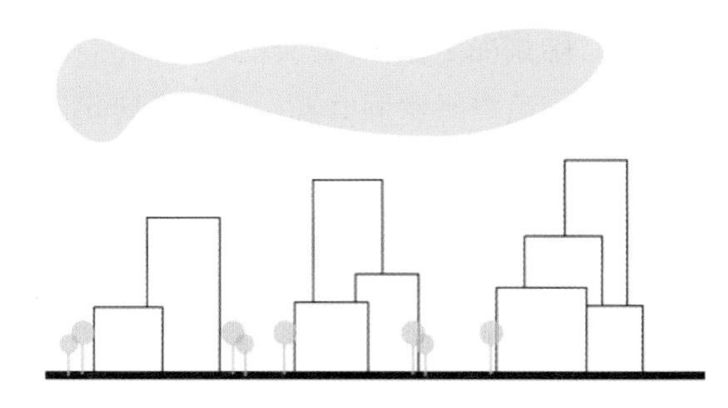

图1.1 平面型产业办公分析

图片来源：HHD

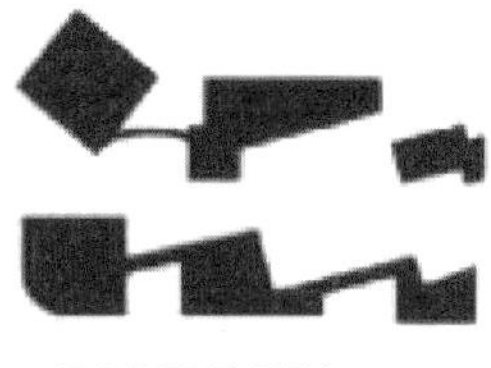

图1.2 产业办公案例分析

图片来源：Google Map

1.2.2 立体发展型

特点：产城融合，产业功能复合，高密度，多地块开发，立体开发，开放型。

产城融合是产业与城市融合发展，以城市为基础，承载产业空间和发展产业经济，以产业为保障，驱动城市更新和完善服务配套，以达到产业、城市、人之间有活力、持续向上发展。近几年政府大力推动产城融合的模式，大规模、多地块、高容积率的产业项目出现在一线城市的核心区域。这类项目功能复合，含研发、办公、商业、居住等城市配套。与此同时也出现了一个新的产业模型——立体发展型（图 1.3）：通过在各地块二层或三层设计大的公共平台，把各个地块进行功能串接，同时空中连板也作为整个项目的第二地表，形成公共空间。

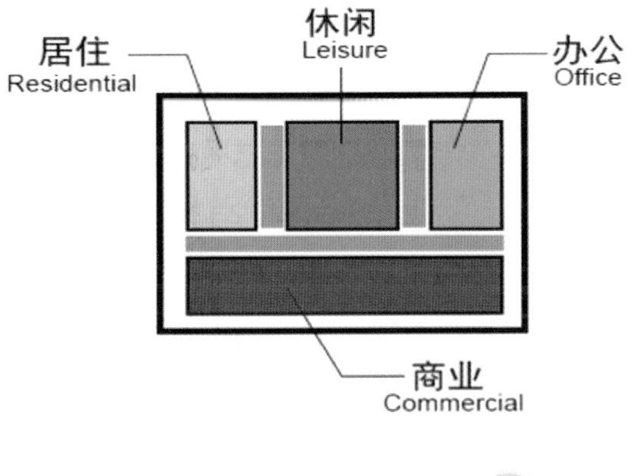

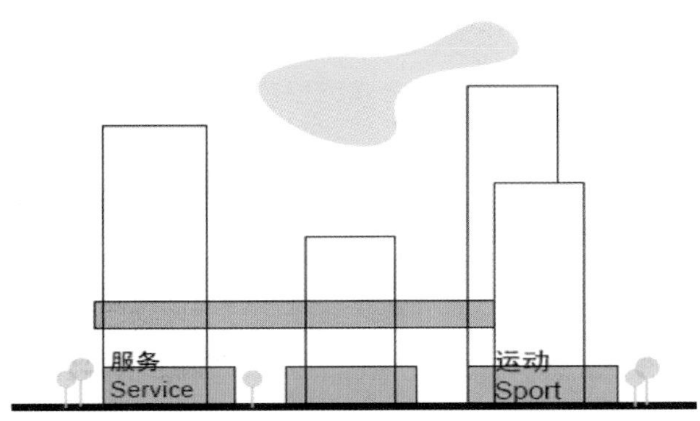

图 1.3 立体发展型产业办公分析
图片来源：HHD

深圳湾科技生态园

深圳湾科技生态园（图 1.4）占地面积 20.3 万 m^2，总计容建筑面积超过 120 万 m^2，包含产业办公、商业、酒店、公寓等复合功能，作为未来创新发展的重要载体辐射整个深圳湾超级总部基地；同时，在产城融合方面，也可作为高新区南区的配套服务中心。

图 1.4 深圳湾科技生态园庭院透视图
图片来源：作者自摄 © HHD

在科技运营方面，作为国家级生态低碳示范区，以生态运营为核心，运用了大量节能技术。园区提供服务共享设备，同时采用公交 - 慢行复合系统，合理安排停靠站点，使公交交通分担率达到 75%。

项目在设计层面属于典型的立体发展模式，采用垂直城市、绿色建筑的设计策略，提供多地面空间和生态花园。利用 9.3m 高的步行环状通廊与空中平台、屋顶花园，将商业、研发、总部等不同高差的功能空间复合起来，并在高容积率的地块上，提供了 10 万 m^2 的空中花园，实现花园式办公。

涩谷站

日本涩谷站片区（图 1.5）以公共交通枢纽为核心，通过高效的土地利用，将商业、住宅、办公、酒店等城市功能布置在一公里的半径范围内，使居民可快速抵达目的地，是产业办公立体发展的典型模式。

图 1.5 涩谷站效果图

图片来源：作者自绘

涩谷车站通过建立多层竖向的步行网络来消解地形的高差及城市功能的割裂，同时利用地上地下多层交通网络来进行城市的水平连接，从而达到纵横向、多标高的整体贯通，提高换乘空间的效率，实现无障碍穿梭，极大程度地提高出行的便捷性，更好地将商业、住宅、办公、酒店等功能融为一体。

1.2.3 多维发展型——韧性城市

韧性城市（图 1.6）是具有高混合度、高效率，空间具有弹性，关注空间在时间维度的变化，自给自足、绿色生态的智慧城市。

特点：产业功能复合，容积率高，多地块，立体开发，开放型。

粤港澳大湾区的兴起将使城市产业结构发生改

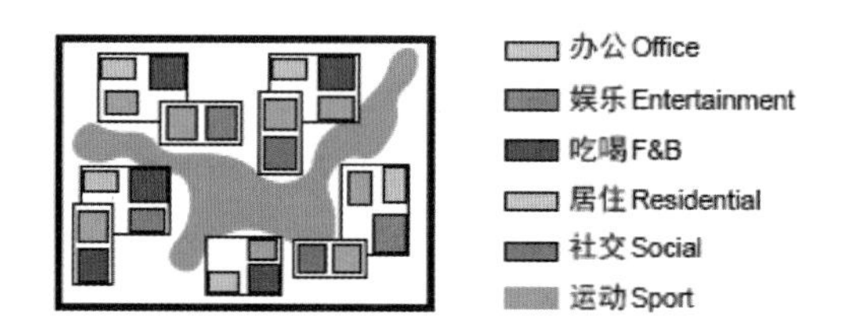

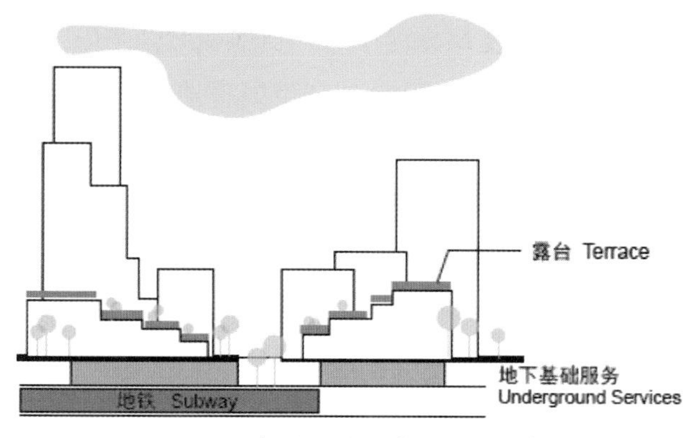

图 1.6 多维发展型产业办公分析

图片来源：HHD

变，引发新一轮的产业升级。它将以城市规划为先，通过全球竞赛，对重点片区进行城市规划控制，并对各个地块的产业进行定位。

深圳湾超级总部基地

包括深湾一路、深湾五路、白石三道、白石路所围合的区域（图 1.7），总用地面积 117.4 万 m^2。规划采用小地块，多路网，街区式规划逻辑，遵循地上地下统一规划的原则，同时结合城市公共空间的打造，塑造新一代产业办公的前提条件。

地上网络

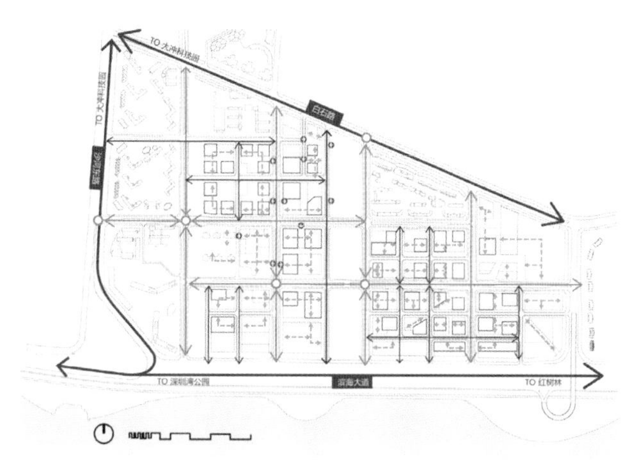

地下网络和公共交通系统

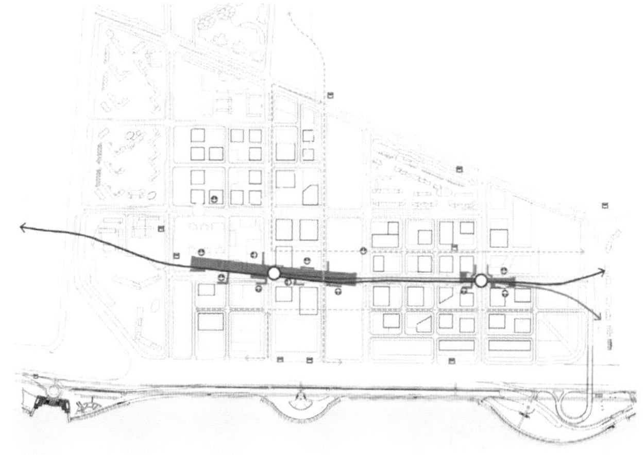

图 1.7 深圳湾超级总部平面分析（一）

图片来源：HHD

用地属性

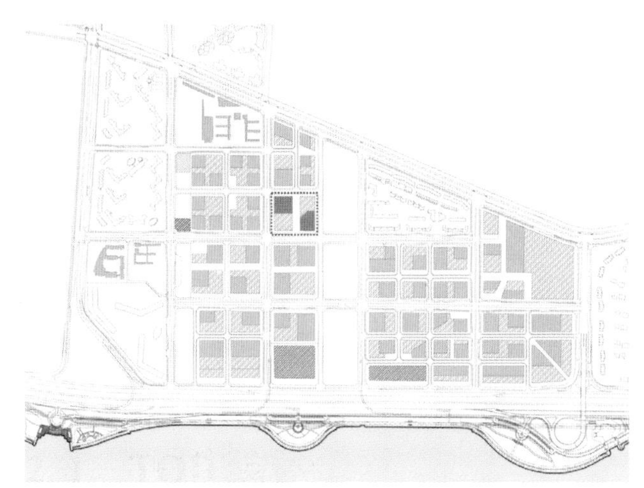

绿色系统

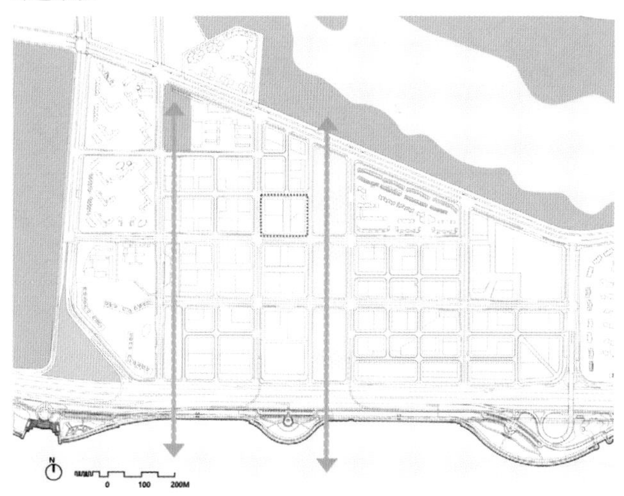

图 1.7 深圳湾超级总部平面分析（二）

图片来源：HHD

片区需引入有效的评估系统，从地理、时间、经济、生态、社会、治理等六个维度去评判，寻找片区的独特性。

1.3 韧性城市发展策略

1.3.1 城市友好

1）回归地面

以目前粤港澳大湾区主要片区的城市规划为导则，片区多业态配套，遵循多路网的空间逻辑，力图把片区打造成城市核心活力空间，成为城市副中心。

放眼国际，成功的城市活力空间基本都集中在地面空间。不同尺度、不同功能的城市街道和广场完美结合，将成为城市的主要交流、休息空间。

地面空间设置原则

（1）可见性

地面广场为街道的一部分，它可以更好地吸引周边人群；同时作为城市空间的一个视觉中心，有更好的安全感。

（2）可达性

在现有城市构架体系里面，地面是联系建筑与地下空间最直接的片区。

（3）可留性

地面的公共空间也可为过往的行人提供休憩空间。临时到达的人群和目的到达人群的统一，将给城市带来活力。

（4）可塑性

地面广场可以在不同时间段，根据不同需求，塑造不同的个性和参与性。

洛克菲勒广场

洛克菲勒广场位于纽约曼哈顿区中部，是具有划时代意义的建筑综合体。它将办公、娱乐、休闲、居住空间完美融合，对于回归地面、公共领域的营造和使用以及后期的城市设计产生了巨大影响（图 1.8、图 1.9）。

第五大道：第五大道是曼哈顿 CBD 十分重要的一条南北向干道，也是闻名遐迩的“梦之街”。洛克菲勒广场正门位于第五大道旁，具有良好的可达性。第五大道在为洛克菲勒广场带来人流的同时，也使后者成为其重要节点。

海峡花园：海峡花园位于第五大道和洛克菲勒广场之间，由一个又一个的花圃和喷泉组合而成，其间设置了休闲座椅。海峡花园作为第五大道和洛克菲勒广场的连接空间，既引导行人通行，也提供了一个自然幽静的休憩空间，吸引行人驻足停留。

下沉广场：洛克菲勒广场中心是一个下沉广场

图 1.8　洛克菲勒广场

图片来源：https://pixabay.com/2h/

图 1.9　洛克菲勒广场雕塑

图片来源：https://pixabay.com/2h/

（图 1.10），下沉约 4m，可顺应季节和节日的变化，展示城市的不同风貌和功能——夏天的酒吧，冬天的滑冰场，平安夜的灯光秀展场，是一个具有高度可塑性和灵活性的城市客厅。

图 1.10　洛克菲勒广场下沉广场

图片来源：https://pixabay.com/2h/

大阪站

大阪市是日本第二大都市，大阪站片区被称作“日本关西最后的黄金宝地”，由一期大前广场和二期大阪车站组成。整个一期项目由南至北，由梅北广场（安藤忠雄参与设计顾问）、南馆露天花园、榉树大道、北馆露天花园、银杏大道、The Garden 组成。

梅北广场：广场的跌水景观与船型构筑物（图 1.11）寓意大阪“水之都”的称号。半圆形的跌水景观直接跌落到地铁站的下层空间，因为高差较大，大面积跌水（图 1.12）如瀑布般气势磅礴。跌水的石阶与步行通道的石阶结合设计，相互呼应。跌水景观结合商场的下沉广场设计，沿水边设置咖啡厅、市集、咨询处，营造了明快的生活气息，城市的喧嚣被水声荡涤冲淡。梅北广场犹如繁华都市中的一片静谧地带、水中绿洲。夜晚的景观灯光设

图 1.11　梅北广场船型构筑物

图片来源：作者自摄

图 1.12　梅北广场跌水

图片来源：作者自摄

计结合水面倒影形成流光溢彩之景。作为梅田北区具有巨大附加值的节点，梅北广场成了城市形象的代表。

林荫大道：项目种植了许多落叶乔木，以银杏树和榉树为主。特别设计了榉树街道和银杏大道（图 1.13）。榉树街道位于南北馆之间的东西向步行街，周围布置了咖啡店、纪念品店、咨询中心等。银杏大道位于场地西侧，呈南北向排列，与周围水景、架空休闲空间相结合，为园区增添了活力。秋季来临，满树金黄，更能让人感受到四季更替之感。

街心公园：北馆北侧精心设置了街心花园（图 1.14），以日式水庭为主要基调，搭配落叶小乔木和低矮的灌木丛、水草等，营造了许多幽静自然的休憩空间，吸引行人在此停留休息。

图 1.13　梅北广场银杏大道

图片来源：作者自摄

图 1.14　梅北广场榉树大道

图片来源：作者自摄

2）高渗透率

城市高渗透率是指项目对城市高度开放，在城市界面多层级入口，把城市人流多方位引入项目内部，加强城市渗透，提高项目和城市的融合度。

主要设置原则

（1）街角广场：在城市主要节点设置街角广场，强化城市节点。

（2）街巷：在项目不同组团级别设置不同尺度的街巷，和城市更好地联通。

（3）视线通廊：在立体维度设置视线通廊，避免城市界面的拥堵感，强化内外的视线联系，增加与城市的空间交流。

前海企业公馆

前海企业公馆（图 1.15）作为前海未来的缩影和展示窗口，以兼具逻辑性和丰富性的规划肌理，力求形成前海片区新的城市文脉，强调公共价值最大化。

项目三条斜轴和由其串联的公共空间是园区的主要步行轴线（图 1.16、图 1.17），同时影响园区的建筑单体形态，在理性的方格网体系下产生了丰

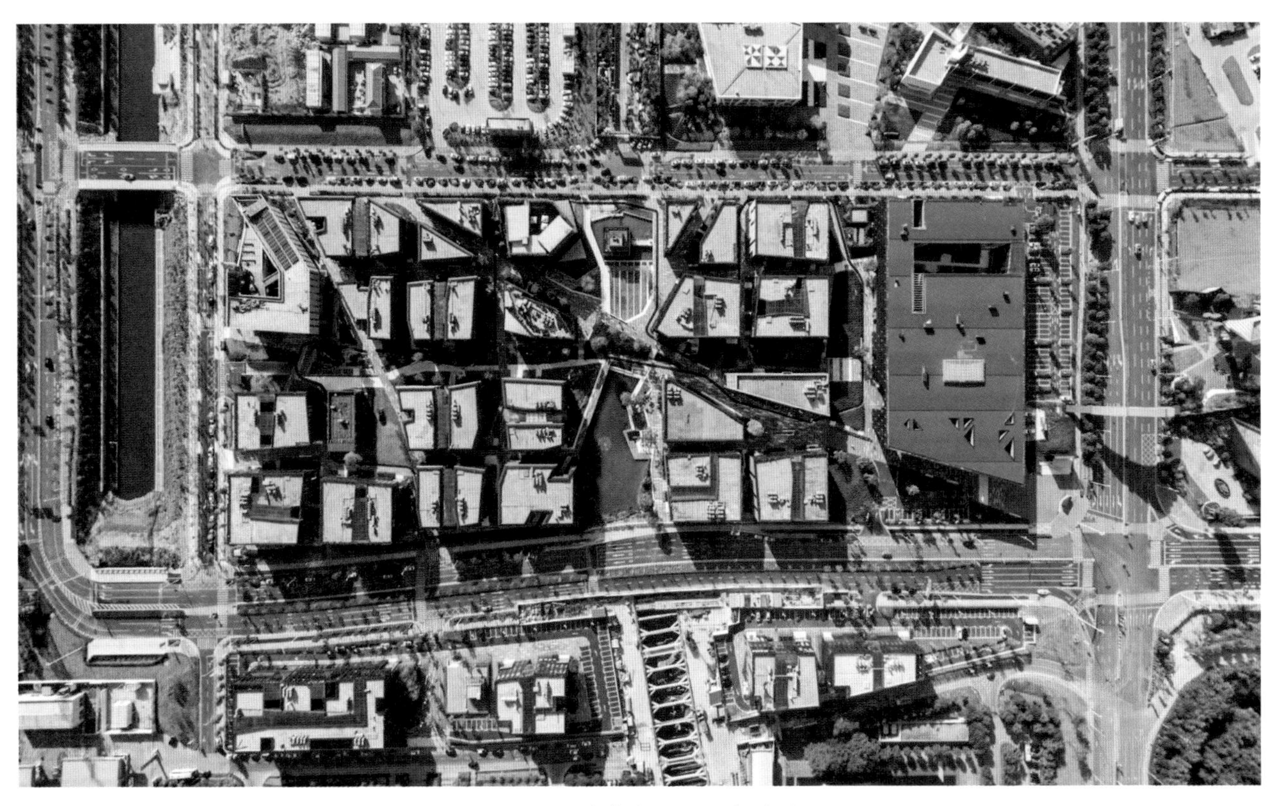

图 1.15　前海企业公馆鸟瞰图

图片来源：HHD

"街"与"巷"

街：强调功能性与秩序感，是场地中具有礼仪性的街道。规划引入两种不同尺度的街道作为园区的主要交通空间。

主街：9～12m

次街：6.5～9.5m

图 1.16　深圳前海企业公馆街道分析

图片来源：HHD

"街"与"巷"

巷：提供交往休闲的场所，营造略具私密轻松气氛的场所感。同时，又如同岭南特有的"冷巷"空间，为建筑群提供良好的自然通风。巷道也在建筑阴影的遮蔽下营造较为舒适的空间感受。

巷道：4.5～6m

图 1.17　深圳前海企业公馆巷道分析

图片来源：HHD

富的建筑表情和空间形态，同时建立起用地与周边城市的空间联系。

建筑单体遵循规划结构展开设计，引入尺度更小的巷，成为促进园区公共交流、激发公共活动的开放空间，与斜轴、街道和广场构成丰富的空间层次，营造别致的新型办公场所。

神州数码国际创新中心

神州数码国际创新中心位于深圳超级总部基地。项目包含高层办公、商务公寓、商业等功能，总建筑面积约 20 万 m^2。项目首层设置 $4000m^2$ 的城市广场，与周边城市绿轴紧密衔接，形成城市口袋广场（图 1.18）。项目在二层设置 $3000m^2$ 的公共架空空间，与周边地块相连，作为整个深圳超级总部基地二层慢行系统的一个节点。口袋公园和架空平台结合商业，成为城市绿轴的一个重要活力节点。

（1）“街巷”

设计将南北向连通的公共绿地结合城市广场重新梳理，均匀分配公共绿地资源，引入街道尺度，增加项目与城市道路的渗透率（图 1.19）。

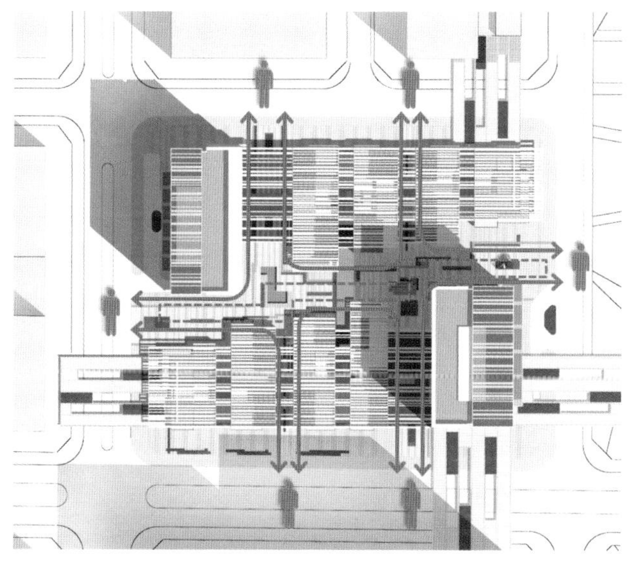

图 1.18 深圳神州数码国际创新中心二层慢行系统

图片来源：HHD

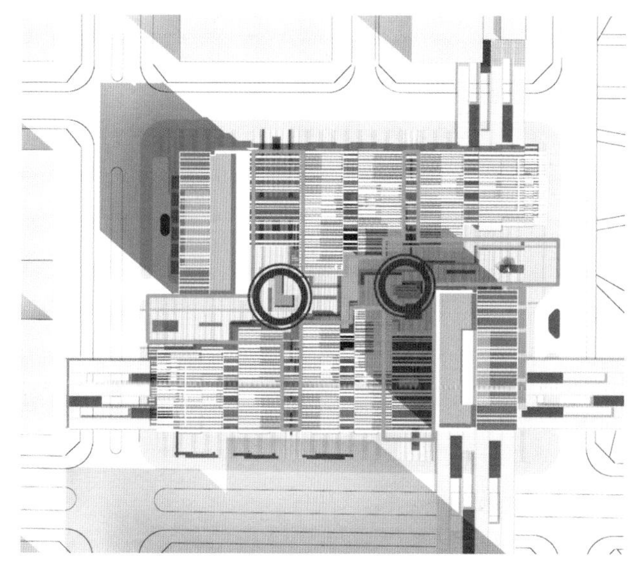

图 1.19 深圳神州数码国际创新中心广场空间

图片来源：HHD

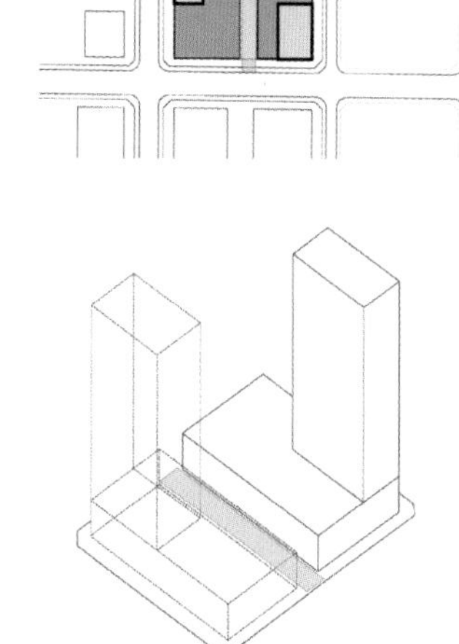

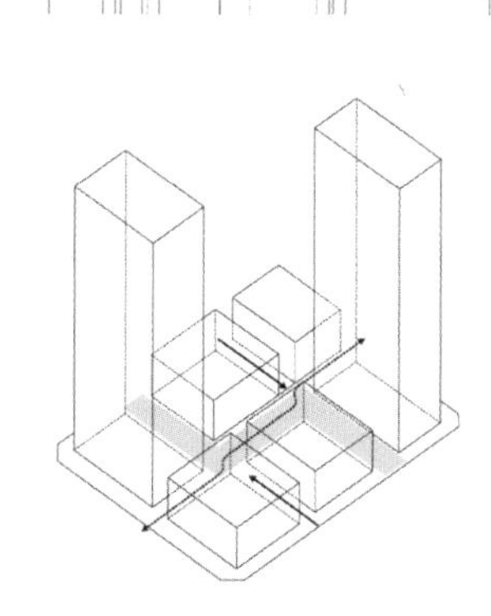

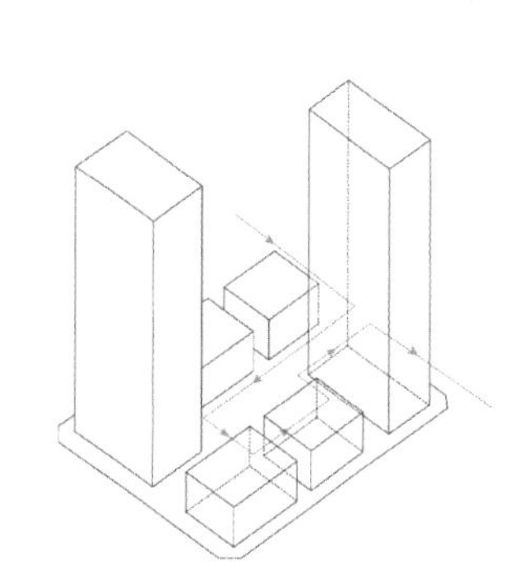

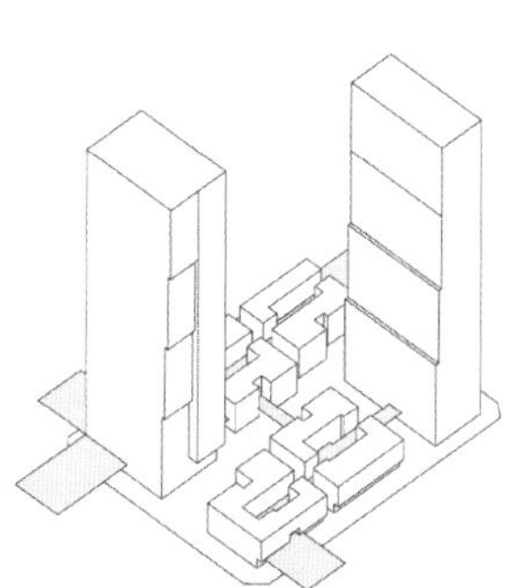

图 1.20 深圳神州数码国际创新中心规划分析

图片来源：HHD

（2）“艺文大街”

引入“艺文大街”，形成口袋广场。结合云科技的概念，通过建筑体块的错动，形成丰富的街道空间，增强广场的丰富性与趣味性。

（3）二层慢行系统

结合架空层，顺延城市主环打造二层慢行系统，通过二层慢行系统串联起周边地块及中央公园（图 1.20）；地下商业与首层街道、二层慢行系统串联，引入地铁人流，形成多首层的商业模式。

结合区域气候环境，引入“城市屋檐”的概念，设计一个绿色生态的公共空间，以生态健康的城市和创新的城市为主题创造更多具有活力的丰富空间。

3）公共空间多元化

城市公共空间多元化是指项目可结合不同功能、不同位置，设置多样化的城市公共空间。

主要设置原则

花园绿地：不同的绿化设置，营造都市自然景观。

文化艺术：引入文化艺术，提高空间的艺术性和美学性。

商业休闲：合理的商业布局，可以更好地吸引城市居民。

东京中城

东京中城（Tokyo Midtown，图 1.21）是继六本木新城之后，日本东京最新的都市综合体项目，是 21 世纪东京的新地标。东京中城位于东京六本木的旧防卫厅原址赤坂九丁目，是一个由 6 座建筑构筑而成的复合型综合体。这里汇集了各种各样的商店、餐馆、写字间、酒店、高级租赁式公寓和美术馆等设施，充分利用附近的公园，真正做到了以人为规划之本。项目总占地面积 7.8 万 m^2，总建筑面积约 57 万 m^2。

东京中城将商务办公、休闲娱乐、文化艺术有效地结合在一起，形成动静皆宜、人文气质浓郁的复合城市片区。

图 1.21　东京中城鸟瞰图

图片来源：作者自摄

（1）绿地和公园

由桧町公园和中城庭园构成的大面积绿地与公园是其一大特色。依托都市中的绿地公园，让文脉与绿脉相互渗透，原防卫厅用地中的 140 棵树木也被重新安置在这里。

（2）文化和艺术

东京中城融入了许多艺术文化元素。其中，由限研吾设计的三德利美术馆，汇集了三千余件日本古董、工艺品；而以三宅一生为中心、提供日本优秀设计的创作基地（图 1.22），由安藤忠雄建筑研究所和日建设计担当设计，除了每月举办别具一格的企划展外还不时举办各种设计活动；东京中城设计中心位于中城五楼，是设计机构和国内外创作者的信息聚集基地。

（3）商业与休闲

东京中城的商业区（图 1.23）围绕休闲广场布置，并被周围的绿地公园环绕，建筑与自然环境融为一体。行人可以从不同方向的入口进入商业中心，

图 1.22 日本 21-21DESIGN SIGHT

图片来源：作者自摄

图 1.23 日本东京中城商业中庭

图片来源：作者自摄

在此购物、休息和看展。绿地公园、休闲广场、艺术场馆为商业汇聚人流，为商业带来勃勃生机，形成一个有机的、可持续的商业生态链。

1.3.2 立体生态

1）水岸活力——城市空间优化升级的新引擎

世界级湾区中的超大城市发展已趋于饱和成熟，在产业存量空间的优化升级中，基于人体舒适和精神愉悦的体验升级是其重要的组成部分。湾区独有的滨水景观资源有机会成为产业生活升级的核心价值增长点，如伦敦金丝雀码头、芝加哥河岸区、高线公园等，滨水区域的城市更新赋予了城市区域更多的生活方式，极大地拉升了土地价值。而这些公共空间作为产业办公空间的重要外延，已逐步成为城市活力的新能极增长点。

深圳作为依山傍海的滨海城市，具有得天独厚的自然资源和水岸优势，已形成山海城的基本格局。随着产业升级及工业外迁，过度工业化和被破坏的自然环境有机会重新修复为水岸生活空间。无论是深圳湾超级总部基地片区，还是前海片区及海洋新城，滨水特征都十分明显。打造滨海总部经济带的同时，如何凸显深圳与自然共生的海洋特色是城市建设面临的新课题。具体策略包括缝合快速路对滨水公共区域造成的割裂，加强滨水片区的地铁接驳及公交联系，增设滨海区域低密度多义性城市公共空间，避免形成单一的公园功能属性。

拥有 1145km^2 海域面积和超过 260km 海岸线的深圳，被定位为全球海洋中心城市之一。深圳市将建设全球海洋中心城市列为城市四大战略定位之一，并纳入最新版本的深圳城市总体规划，包括为市民提供更多公共空间，强调公共优先，注重公共开放、全民共享；从海洋公共文化设施、滨海公园、标志性建筑等方面构建滨海公共空间系统，打造世界级绿色活力海岸带。

前海规划

前海规划利用并拓宽现状流经前海湾的河流和排水渠，引进五条线性滨水走廊，将大尺度的城市用地划分为一系列易于管理且有鲜明特色的城市亚区，极大提升滨水高价值土地的比例。线性滨水走廊将创新的水利基础设施和独具特色的公共空间完美结合，既可净化和改善水质，又可增大沿水的开发面积，创造一系列类型多样的滨水城市公共开放空间，起到组织和架构 18km^2 前海区域开发的重要作用。

深圳湾超总片区规划

深圳湾超总片区（图 1.24）位于塘朗山—华侨

图 1.24 深圳湾超总片区规划
图片来源：HHD

城—深圳湾“上山下海”城市功能空间轴的核心地段，其规划立足于城市空间与北侧华侨城内湖湿地、南侧深圳湾区生态景观廊道的融合，完善公共空间网络，以公共空间、公共通道构成联通城市与自然山海的通廊，改善滨海休闲带被城市快速路与城市割裂的现状，提升整体环境品质，推广低碳生活理念，鼓励低碳健康出行方式，营造绿色宜人的滨海生活环境。

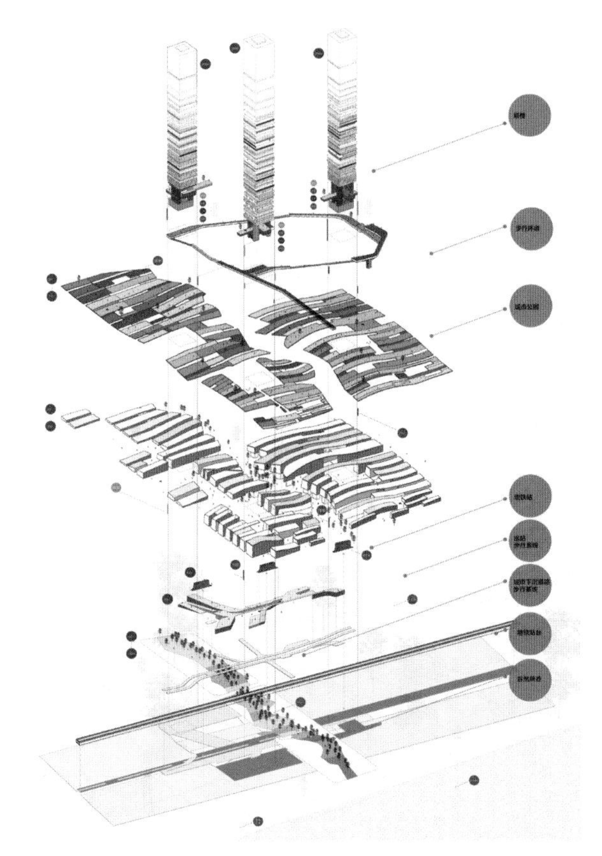

图 1.25 “汇谷林城”概念分析
图片来源：HHD

图 1.26 “汇谷林城”效果图
图片来源：HHD

“汇谷林城”

深圳湾超级城市竞赛作品“汇谷林城”的规划提案以“产城一体、绿谷融城”为主要发展理念，除了保留地标性塔楼外，其余产业办公采用院落式组团布局，并以绿化种植屋面覆盖其上成为开放的城市公园，中央绿轴以独特的峡谷雨林的面貌展现，实现建筑与自然的高度融合（图 1.25、图 1.26），打造富有深圳气候特色的中央商务区域。

超级总部基地片区的城市设计深化竞赛

在超级总部基地片区的城市设计深化竞赛中，有人提出以中央水景公园串联主要城市空间的设想。该公园连接华侨城湿地与深圳湾两大水系，功能上实现咸淡水交互净化，水渗透过滤，水热能交换，是深圳湾超级总部巨大的肺，同时也是深圳湾水平向展开的超级地标和记录海平面变化的纪念碑，其丰富宜人的滨水活动空间将为超级总部基地片区带来前所未有的滨海都会生活。

2）绿享乐活——亚热带气候下的多样城市公共空间

粤港澳大湾区地处夏热冬暖的亚热带地区，全年温暖湿润，适宜室外活动，兼顾遮阳及通风的半室外灰空间利用率较高，可形成丰富多样的城市公共空间，与产业办公室内空间形成互动和互补。在建筑群体规划中，可将建筑集约布置以形成相互遮挡的冷巷，利用骑楼和首层架空空间增强遮阳和通风效果，同时在场地景观设计中利用绿化和景观水池为建筑及周围空间降温，形成舒适的微气候环境。

新加坡南海滩开发项目

新加坡南海滩开发项目把新建筑与翻修后的原有建筑相结合，形成了一个高效节能，将生活和工作结合在一起的新城市街区。与地铁站整合在一起的宽阔的景观步行街就像一条穿过场地的绿色脊柱（图 1.27），巨大的天棚让这块开放式的公共空间避开了来自热带气候的影响以及阳光的直射，弧形的天棚能够将微风引入空间，促进自然通风，其下是一系列较小的建筑和具有灵活功能的活动空间。通过这条绿色脊柱相互连接的两栋大楼，立面都采用了平缓的弧线造型，引导自然风形成气流，以降低地面空间的温度。

图 1.27　景观步行街

图片来源：作者自摄

丹戎巴葛中心

丹戎巴葛中心涵盖商务办公、住宅、酒店以及零售和餐饮等综合设施。地面层拥有绿意盎然的都会公园和挑高 15m 的多功能城市客厅，开敞通风的开放空间为休闲、派对活动营造了理想场所。顶棚玻璃采用光伏技术，在过滤日光的同时获取太阳能。雨水经充分收集可以灌溉大面积的绿色植被，避免下雨时形成雨水径流。室内空间新鲜空气的输送速率比传统写字楼高 30%。

前海企业公馆

前海企业公馆在规划上通过三条主轴线和若干街巷的串联（图 1.28），为建筑群引入良好的自然通风，岭南特有的“冷巷空间”的植入带来了舒适的空间体验（图 1.29），建筑外墙采用装配式 PC 构件，局部设置绿植墙（图 1.30）。特区馆（图 1.31）将大型公共空间集中设置于屋檐下的灰空间内，极大节约运营能耗，丰富城市节点空间（图 1.32），同时也在园区内起到良好的生态示范作用。

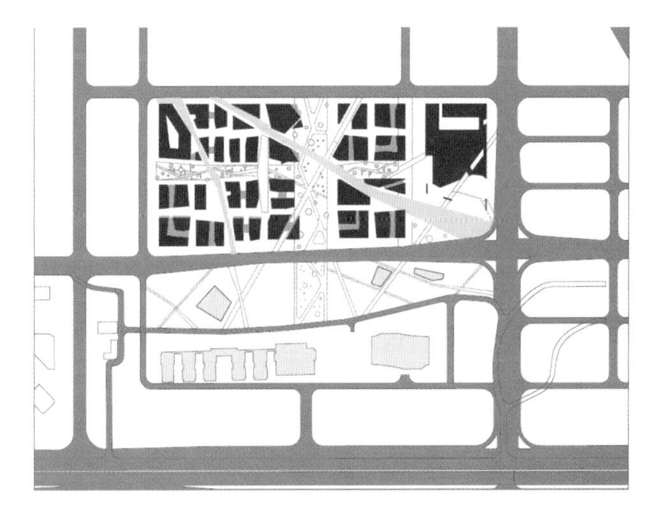

图 1.28　前海片区规划

图片来源：HHD

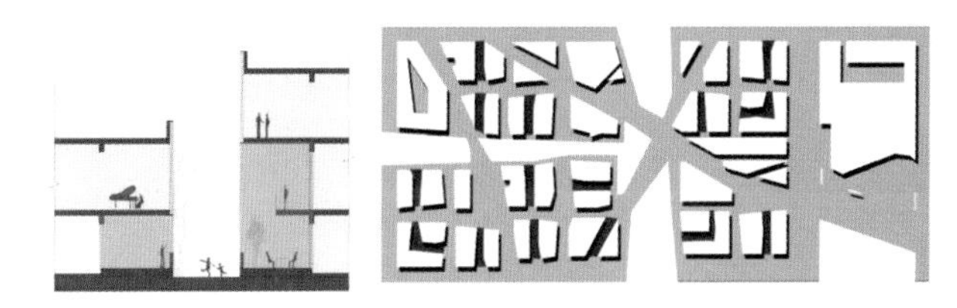

图 1.29　“冷巷空间”剖面及平面分析

图片来源：HHD

图 1.30　建筑外墙实景

图片来源：HHD

图 1.31　特区馆
图片来源：HHD

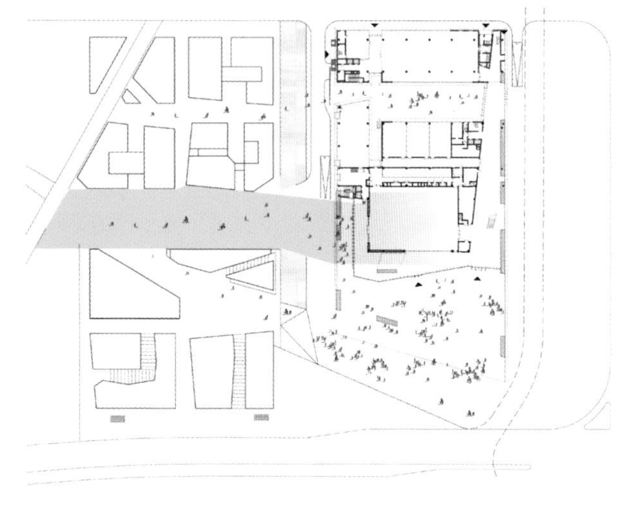

图 1.32　城市节点空间
图片来源：HHD

留仙洞片区的规划

在留仙洞片区的规划中，倡导绿智健康的生活方式，打造身心健康的产业环境、自给自足的城市社区。整合各种文化、娱乐、创意、观演主题的公共空间，由一条景观云桥无缝对接并串联各种适合深圳气候的户外半遮蔽空间，包括混合商业氛围的云谷，容纳各种户外活动的云集（图 1.33），横跨露天剧场上空的云廊和为下沉广场提供遮蔽的云亭，这些空间结构轻盈、布局灵活，为城市生活提供了丰富的多样性（图 1.34），让公共生活回归充满阳光、空气和雨露的城市地面。

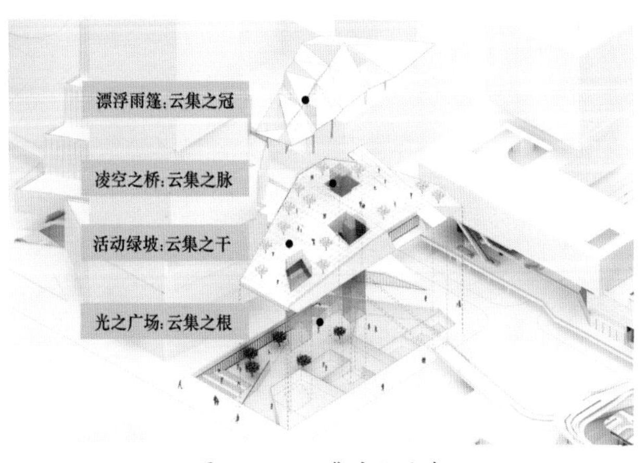

图 1.33　云集空间分析
图片来源：HHD

图 1.34　云集空间城市活动
图片来源：HHD

3）第三空间——面向未来的绿色泛办公场所

美国社会学家奥尔登伯格（Ray Oldenburg）曾提出“第三空间”的概念，认为家庭是第一空间，办公场所是第二空间，城市中的闹市区、酒吧、咖啡店、图书馆、城市公园等是第三空间。第三空间是一个城市中最能体现多样性、活力的地方，也是创新型产业办公与共生型韧性城市最重要的接入点之一。这些空间方便到达，适宜步行，具有丰富的功能业态，与办公空间联系紧密又界限模糊，可避免大街区造成的隔绝性。这些立体多样的生态空间从街区口袋公园蔓延到建筑中的空中花园，可创造大量适宜人们日常释放工作压力的活动场所。

对更偏重科技创新的产业办公人群的精神需求的研究发现，在自然环境中，人类的创造力更容易被激发。众多的科技企业在办公场所的营造上都对此需求进行了不同程度的回应，最典型的是如热带雨林一般的西雅图亚马逊总部。更有甚者，微软直接在户外寻找合适的自然环境为员工建造微型办公空间，别具一格的让人身心放松的工作环境，更好地提升了工作效率和成果质量。

罗敏申大厦

2014 年新加坡通过了景观置换政策，要求在新建筑中建设公共可利用绿地，且绿地面积须与因开发而损失的绿化面积相等。罗敏申大厦的设计方案便基于该政策，同时兼顾道路交汇形成的狭窄场地的限制。“夹心”花园激活了裙楼屋顶景观和封闭的室内办公空间。

Design Orchard

Design Orchard 以培养新加坡新兴创意人才为目标，融合了一系列零售展示空间与创意孵化空间，旨在呈现从构思到产出的整个设计过程。建筑在道路转角处切角，方便街道上的人们进出。拾阶而上的阶梯状屋顶花园，被葱郁的花园环绕并完全向公众开放，从而将 100% 的场地面积归还给城市本身。露台剧场作为市民空间将为建筑中的各类活动提供补充性的舞台，例如举办时装秀、演出和音乐会等，有时也会设立快闪式的冰淇淋摊位。同时，它将功能空间以创新的方式组合在一起，建筑的一层提供了通高的开放式零售空间。二层和三层是协作式的创意孵化空间，为新兴的设计师们提供了灵活而开放的创作环境。

留仙洞片区规划

在留仙洞片区的规划中，以屋顶退台绿化模糊塔楼与裙楼的界限（图 1.35、图 1.36），形成退台式的城市院落，串联室内外，创造多样的公共平台和绿化空间（图 1.37）。同时也提供不同于室内办公的泛办公场所，提高办公产品的附加值。以下沉广场结合下沉商业街，遮蔽烈日，打造宜人舒适的地下商业通廊以连接地铁。针对深圳亚热带气候特征，建筑间考虑阳光遮蔽和在城市对流空间中留出风的通道。通过生物滞留地、透水砖铺装、下凹式绿地、透水混凝土等技术措施，实现雨水净化与收集及调节径流、补充地下水等。

图 1.35　屋顶退台绿化 1

图片来源：HHD

图 1.36　屋顶退台绿化 2

图片来源：HHD

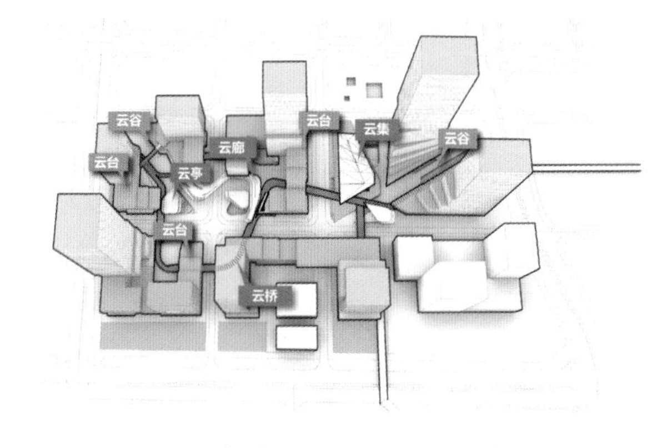

图 1.37　多样的公共平台和绿化空间

图片来源：HHD

1.3.3 复合城市

复合城市，包含城市空间在空间与时间维度上功能与业态的复合，通过复合的策略，在空间容器中创造各种人群互相发生关联的机会，从而有效地利用城市空间，激发城市全天候的活力。一个复合的城市应该具备两大重要特征：空间的多义性和空间的弹性（图 1.38）。

图 1.38 多元共生的城市空间
图片来源：HHD

1）多元共生

一个复合的城市空间首先应该是一个功能高度多元化的空间，产业办公、商业、居住、休闲、文化艺术功能应该在一个区域里多元共生，互相促进。

在深圳这样一个以创新产业为主导的城市区域中，人的重要性已经远远大于土地、机器等其他生产要素，对创新阶层来说，只有这样的多元混合区域才能满足其多层次的需求，激发更多的创意思维，使人的生活更有尊严和意义，使城市更具活力与价值。

2）时空高效

当城市的空间复合多元时，在不同的时段里，不同的人群都可以找到属于自己的空间，在不同的空间里，不同的人群也可以有效利用自己的时间。只有当功能在空间上实现复合配置的情况下，空间才能在全时段发挥最大的效率。

“晚自习”办公空间

上海鸣新•营地联合办公，开设了“晚自习”服务，允许“下班后创业”族在 18：00-24：00 之间使用空间来完成他们的创业梦想。兼顾晚自习服务的联合办公区设置了独立供电照明系统，独立空调系统，在保证空间高效利用的前提下，也能有效控制运营成本。

分布式弹性办公空间

埃森哲等咨询顾问公司，根据其员工绝大多数需要长期出差或外派，固定的办公空间利用率低下的特点，将工作空间划分为固定工位与临时工位。少数的财务、行政人员使用固定工位，而外出的业务人员在回到公司之后通过有效利用前台、会议室等功能空间以满足临时性办公的需求，有效提升空间的利用效率，实现了高达 8：1 的员工—工位比（图 1.39、图 1.40）。

在深圳某产业项目中，设计者将塔楼的中庭与架空空间以及地下空间作为整个园区的弹性共享空间，满足会议、展览、集会、社交等公共需求，有效提升整个园区空间的利用效率（图 1.41）。

3）多义空间

在有限的城市空间中，特别是高密度、高强度开发的城市区域，空间复合不能简单理解为不同城市功能空间的集聚，特定空间本身在时间与空间上应该具备实现不同功能的能力。这些空间不仅仅是建筑内部空间，也包含室外空间和半室外的灰空间。这样的空间能够有效提升整个城市的空间利用效率，激发城市活力。

多义空间不仅仅需要空间规划者和空间设计者在规划和设计中予以关注，也需要城市政策的制定者摒除过往的单一功能分区的思维，在政策和法规层面重新加以审视。

对于创新型产业办公空间来说，空间应实现产品设计、产品研发、产品生产、产品展示、产品销售、产业配套等生产、研发、销售环节中多个功能的复合（图 1.42）。

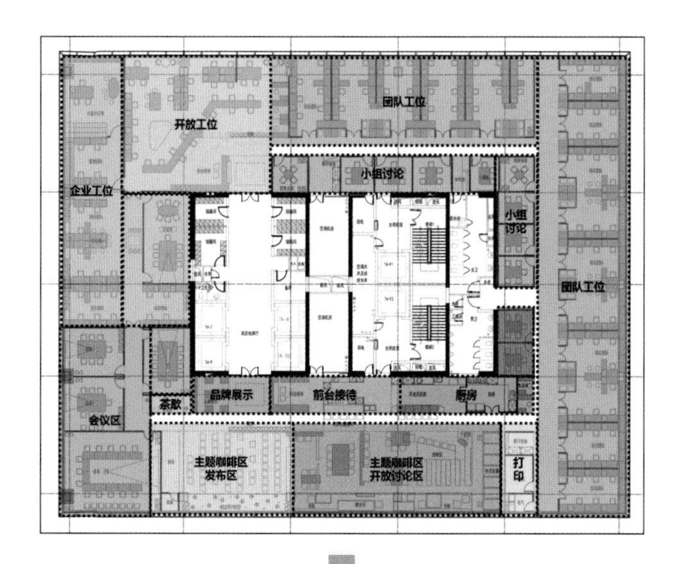

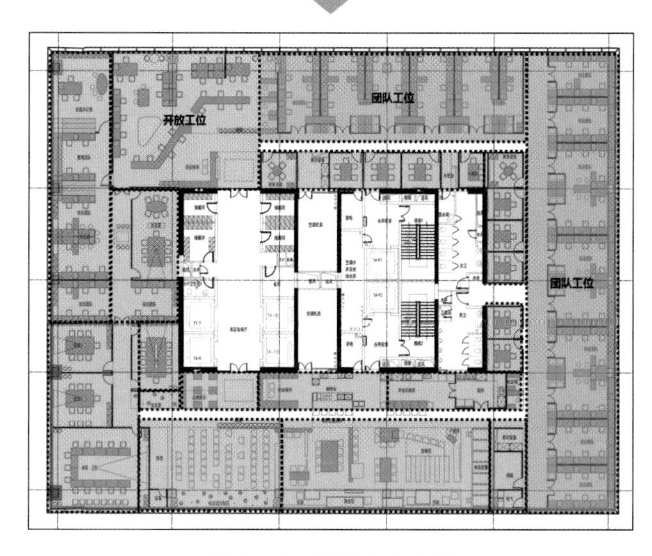

图 1.39 弹性办公空间

图片来源：HHD

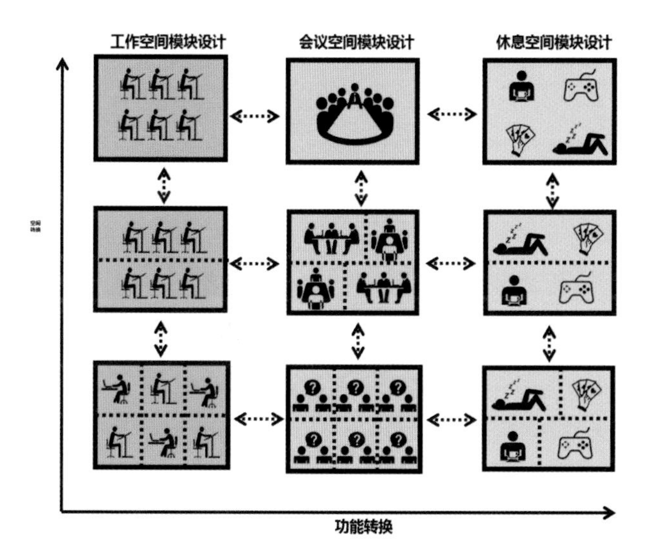

图 1.40 工位的高效利用

图片来源：HHD

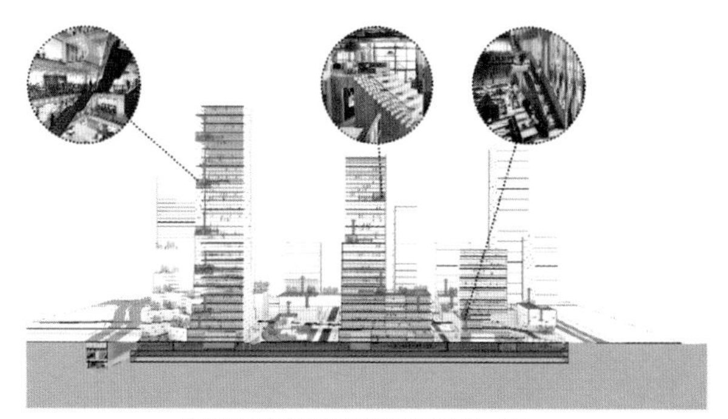

图 1.41 弹性功能空间

图片来源：HHD

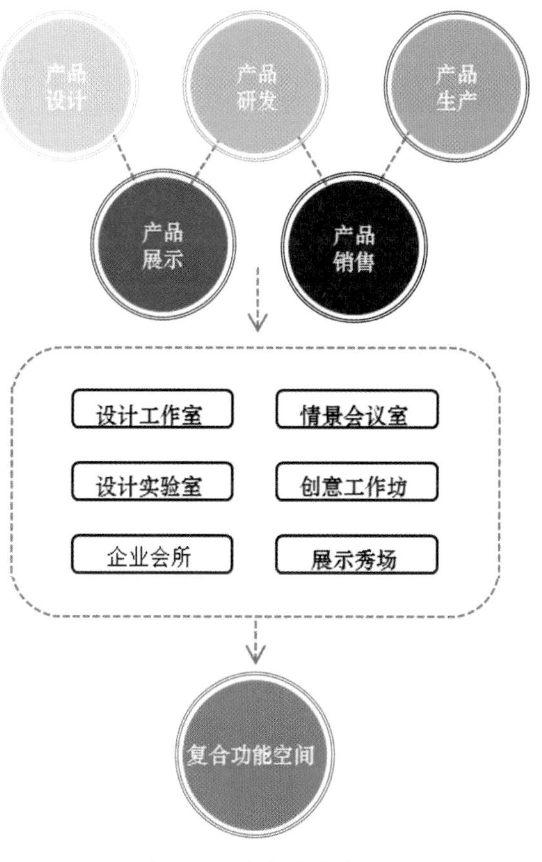

图 1.42 复合功能空间

图片来源：HHD

多义空间的分类

多义空间可分为功能复合空间、功能兼容空间。功能复合空间为整合了两种以上城市功能的城市空间，如交通-公共服务-城市配套，办公-产品生产-产品展示。功能兼容功能空间为平时以一种功能为主，需要时可兼容另一种功能（图 1.43）。

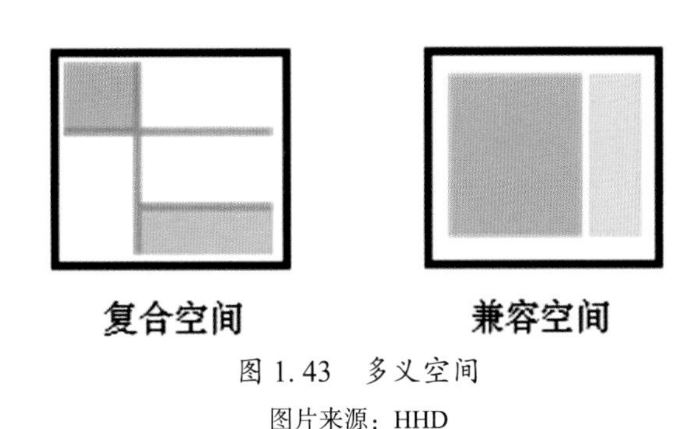

图 1.43　多义空间

图片来源：HHD

功能复合空间

香港 PMQ 元创坊即为一个非常典型的复合功能空间，项目内包含创意工作坊、展厅、图书馆、创意产品商店、会议空间等功能。设计师可以在这里介绍自己的品牌概念，分享创作过程以及展示和销售其产品或服务。

功能兼容空间

上海 K11 的空中花园即为一个非常典型的功能兼容空间。空中花园位于 K11 购物中心六层，可在此看到淮海路和延中广场等美丽的城市风景。在不同的时段，空中花园可以灵活转化为发布会、鸡尾酒会、展览、庆典、婚礼等活动场所，在实现休憩的主要功能时兼容众多其他功能，充分验证了“露台经济”的可能性。

4）弹性发展

弹性生长

在城市生长过程中，由于受到经济环境、政策、产业发展阶段、市场需求等多方面要素的影响，其实际的生长过程与规划的预期之间往往会有一定的错位和脱节，具体到一个城市区域或一栋建筑亦是如此。因此在空间上作出一定的弹性预留以对应预期的不确定性，是非常必要的。只有空间具有了一定的弹性才能使城市空间在外部条件发生变化时产生一定的自适应性和自我调节能力，提高空间规划与设计的容错率。

弹性功能空间

并非所有的空间都需要具备空间弹性。通常我们会将空间划分为弹性空间、半弹性空间与非弹性空间。对于非弹性空间而言，空间的物理边界和内部分隔往往是由某一特定功能所决定，难以改变，如建筑的核心筒；而对于半弹性空间，空间的物理边界或内部分隔往往具有一定调整变化的可能性，如传统的办公空间、生产厂房；弹性空间物理边界和内部分隔则是相对自由和可变的，受到经济性、技术条件、使用需求、政策法规的限制，需要不同的空间类型组合在一起共同发挥作用，形成一个有机的弹性功能空间（图 1.44）。

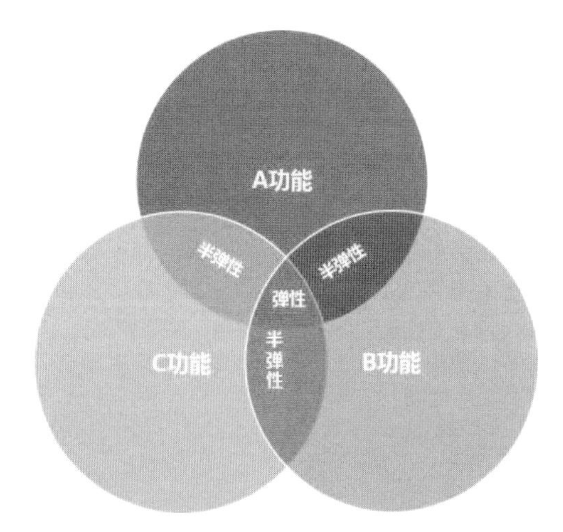

图 1.44　弹性空间示意

空间的弹性应满足空间使用者的实际需求。由于现代产业空间趋向于空间多元化、时间多元化、业态多元化，空间需要预留弹性来满足空间使用者现在实际的需求和未来变化的需求。对于创新型产业办公空间，弹性空间主要应对的是两个方面的内容：一是企业现实需求与空间不匹配，二是企业发展需求与空间的不匹配。这种不匹配主要表现在企业的组织构架与企业办公空间的不匹配，如企业部门数量多，办公空间难以实现各部门空间的有效分隔；企业的业务需求与企业的空间不匹配，如会议

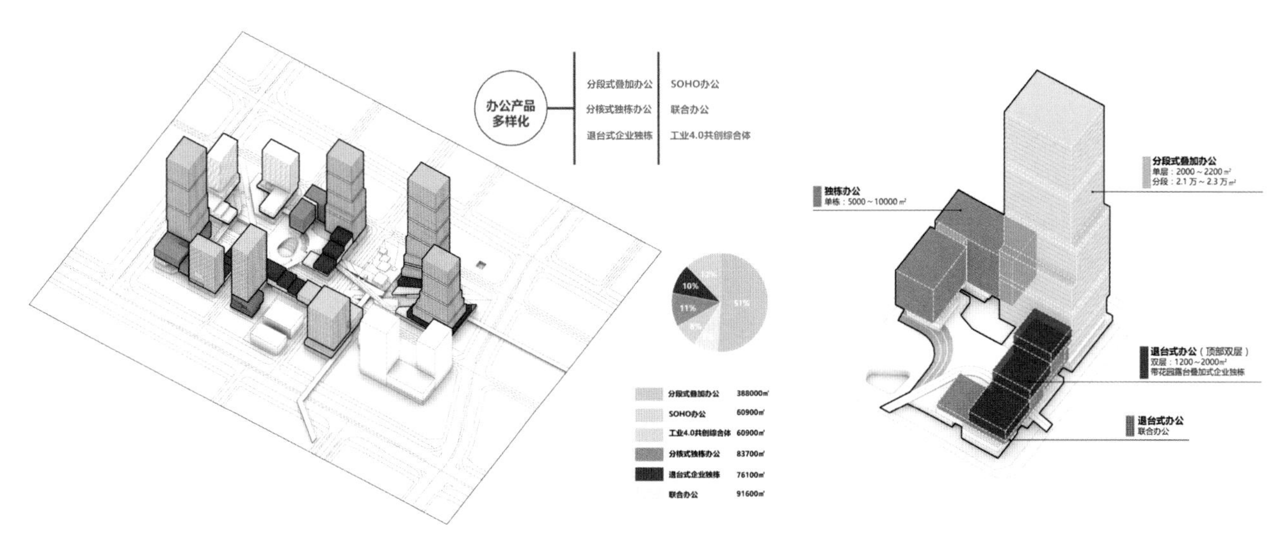

图 1.45　弹性办公产品

图片来源：HHD

室过少，难以满足企业内部与外部交流的需求；企业的人员需求与企业的空间不匹配，如人员增加，空间无法有效拓展。

深圳某综合体项目充分利用共享空间和专属空间，通过巧妙布局，让公共空间与服务空间粘合在一起构成完整的弹性空间体系，解决从企业孵化初创到成长扩张的不确定性的使用问题（图 1.45）。

弹性生长策略

空间的弹性策略主要分为空间划分的弹性、空间改造的弹性、空间功能转化的弹性。空间划分的弹性主要应对的是使用过程中空间需求大小不确定，通常的策略是提供模块化的空间，使产业生态链上各规模的企业可以根据自身空间的需求来选择空间模块的不同组合。

深圳某综合体项目，通过竖向空间的弹性设计，形成模块化的企业总部单元，通过不同模块的组合，满足不同规模企业总部的需求。同时在模块内部预留了竖向交通的可能性，使不同规模的企业都可以根据自身的需求获得一个专属的办公空间（图 1.46）。

空间改造的弹性主要应对的是使用过程中空间内部划分需求的不确定，通常的策略是将交通空间与使用空间分离，预留通用性的完整使用空间。如深圳汉京大厦和智慧广场，采用的是核心筒偏置，预留完整的办公空间，具有创造更多空间的可能性（图 1.47）。

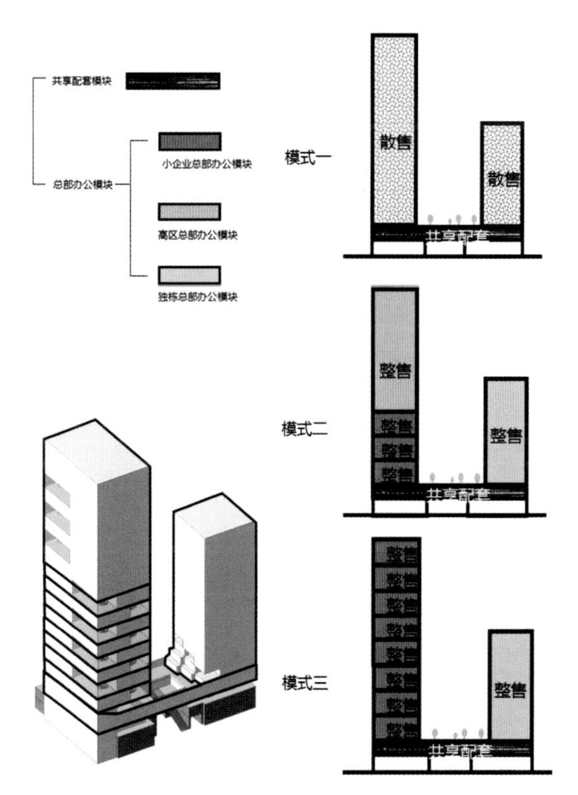

图 1.46　弹性竖向空间

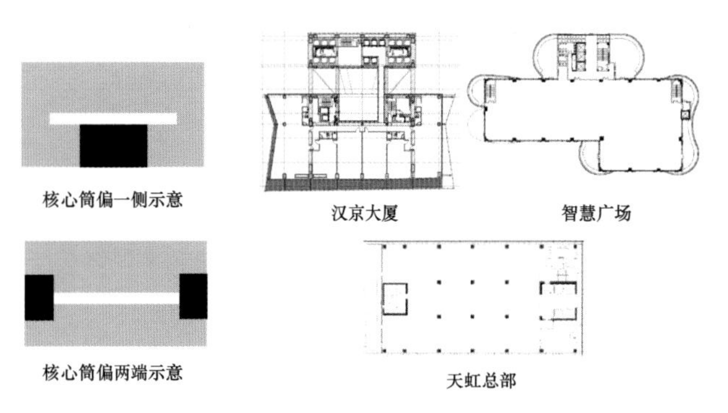

图 1.47　弹性办公空间

空间功能转化的弹性主要应对的是使用过程中空间内部功能需求的不确定，通常的策略是预留满足多种需求的内外条件。深圳某综合体项目，裙房三层的办公空间预留了产品展示、企业路演、联合办公的空间和人流参观与工作的动线，为未来空间功能的拓展创造条件（图 1.48）。

纽约哈德逊城市广场中的水岸文化表演中心利用移动的屋盖将城市户外空间转化成一个“可移动”的文化空间，这也是空间功能转化弹性的一种特殊的处理方式。

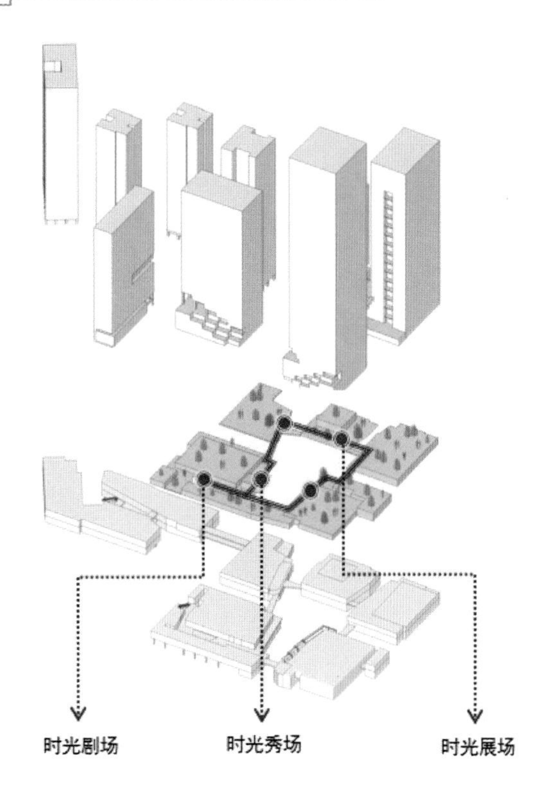

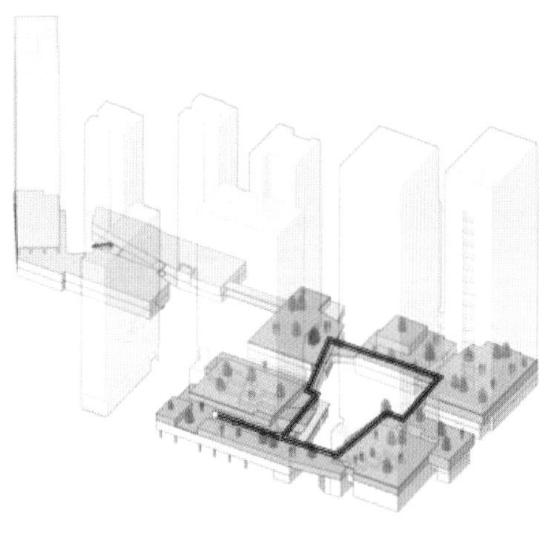

图 1.48　弹性功能空间

2 TOD慢行公共交通规划与设计

iDEA汇城建筑设计与研究有限公司[①] 高 岩 陈淑芬
深圳市华汇建筑设计事务所 肖 诚 牟中辉

2.1 TOD综述

2.1.1 TOD的定义

“公交导向的城市开发”（Transit Oriented Development，TOD）是在城市化过程中，应对土地资源有限，更多人口向大城市聚集的一种更高效组织城市土地和空间资源（图2.1～图2.4），更便捷利用公共资源，降低城市生活成本，提升城市生活品质，混合多样化的建设城市社区的模式。与之对应的“规划与设计的策略是促进市民更多地使用公交系统、步行和非机动车，从而实现更有活力、更

图2.1 日本涩谷步行街

图2.2 日本空中之树（Skytree）车站换乘垂直步道空间

图2.3 日本大阪中心车站

图2.4 日本空中之树车站上盖商业退台屋顶

① iDEA是汇城国际名下专注高密度城市与建筑设计研究的专业咨询建筑师事务所。

多样化的城市社区。其核心策略是通过提高建设密度，把社区生活和城市活动集中在公交站点（路面公交和轨道交通）周边 5 ～ 10 分钟步行方便到达的区域”[①]（图 2.5）。

成功的 TOD 需要交通部门、土地资源局、城市规划局、规划和建筑设计院、地产开发商、金融机构、基础设施建设部门和环评机构统筹合作（图 2.6），实施过程复杂庞大，需要充分利用轨道基建设施施工的窗口期，提早布局，预留顶层设计的时间。

2.1.2 TOD 的主旨与原则

TOD 已经成为当今城市规划和设计的重要模式，可营造充满活力、以人为本、最大化使用公共交通系统和促进经济活动的可持续发展的城市社区。TOD 的主旨是在完善发达的公共交通系统（尤其是轨道交通）上进行高密度、混合开发和统筹建设（图 2.7）。与之对应的 TOD 原则可以概括成八个方面：

（1）社区人口 / 经济活动密度与大规模公交运

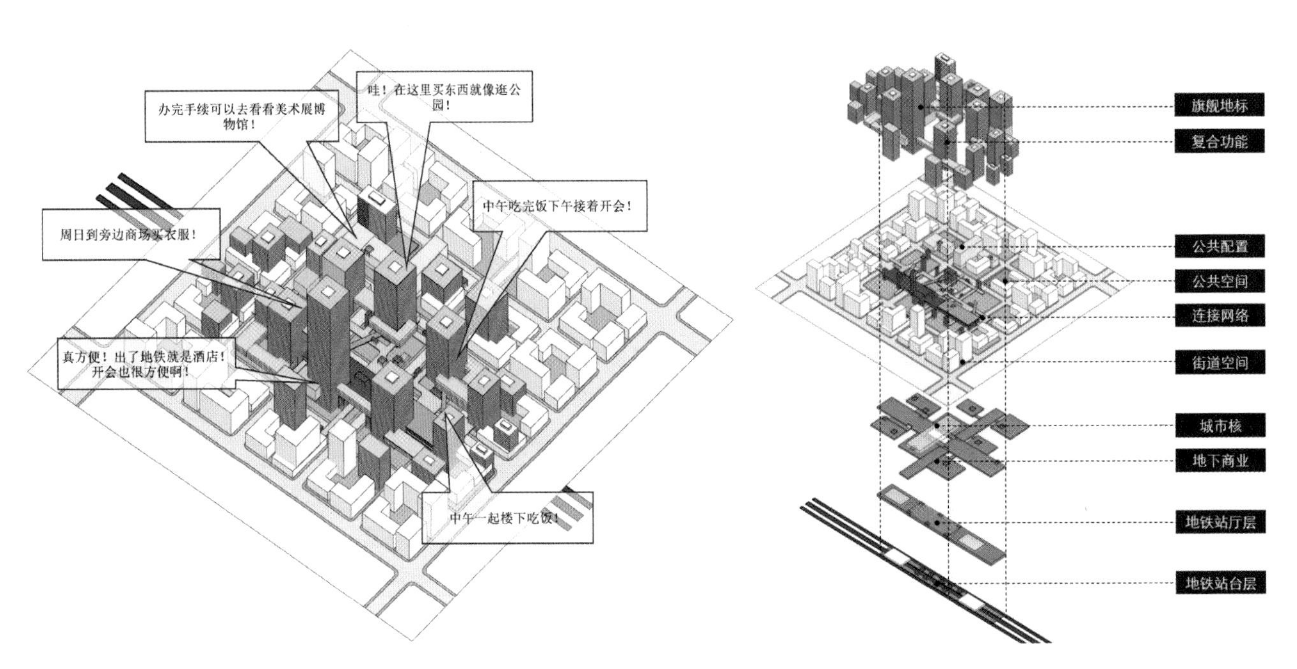

图 2.5　TOD 原型生活场景示意图

图片来源：作者自绘 © iDEA

图 2.6　TOD 原型主要城市元素拆解图示

图片来源：作者自绘 © iDEA

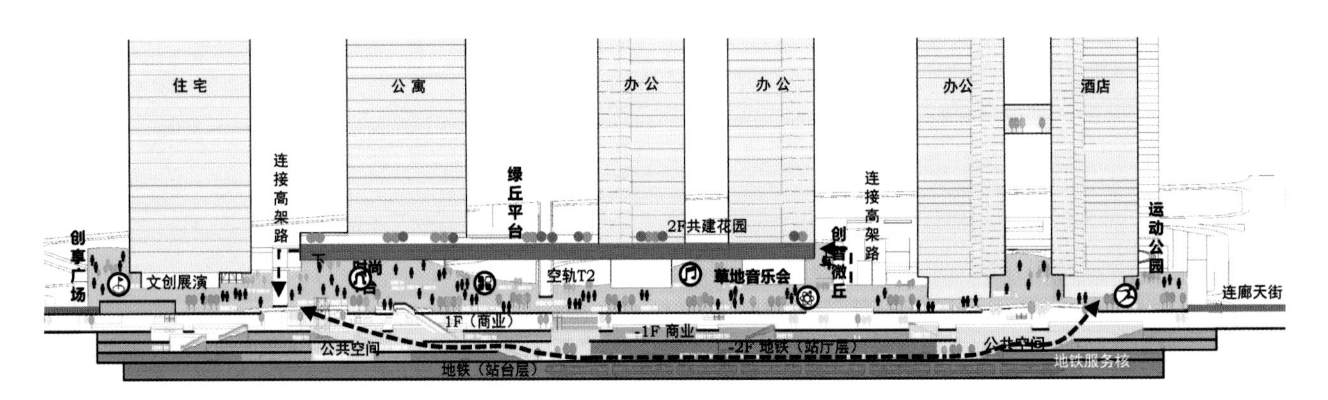

图 2.7　某 TOD 站城一体化设计城市剖面 © iDEA

① 世界银行发表．TOD 实施资源与工具．2018.

载量和网络匹配，实现更高的可达性；

（2）创造短途连接的紧密街区；

（3）确保公交连接区域的韧性，当个别线路短时瘫痪时仍然可以靠其他线路绕行连通；

（4）在城市走廊区规划不同收入水平的社区；

（5）在车站周边创造以人为中心的极具活力的公共空间；

（6）社区环境鼓励步行和骑行；

（7）建设高质、可达性好的综合公交系统；

（8）保证私家车出行的权利，根据实际情况适度降低私家车出行的意愿。

2.1.3 TOD 的积极意义①

（1）提倡更高效紧凑的土地、能源和资源的使用，更具可持续性的城市发展模式；

（2）利于保有城市开放空间；

（3）更少的油气增量，更干净的空气和环境；

（4）鼓励步行和骑行；

（5）通过高密度开发增加总体财政收入，同时降低城市置业成本；

（6）停车场与公交和轨道站点方便换乘，提供更高效且价廉的出行方式；

（7）有利于城市环境的可持续性；

（8）增加物业价值和租金收入；

（9）增加在地工作的比例，实现职住平衡；

（10）为平等的混合社区创造条件；

（11）高密度开发可以在支付社区运营成本的同时降低城市生活的单位成本；

（12）提倡更健康的生活方式；

（13）因为密度增加，会有更多的人关注街区，从而改善社区的安全性。

2.1.4 TOD 如何最大化公交出行②

1）基于市场价值的空间配置需求

根据高密度居住区和提高就业率的市场需求，结合人流和密度的空间分布，分析哪里需要零售或者混合业态，包括本地服务的便利店铺等配套设施。

2）对于 TOD 出行方式的动态预期

主要指出行过程中，由于不同交通方式的转换（如鼓励步行和自行车，减少停车配置），带来不同的城市发展（如提供什么样的停车条件、开发强度制定、公交换乘的可达性和便利性，等等）。预期必须结合城市公交系统的发展阶段，尤其是轨道站点的覆盖程度，客观辩证地预判市民出行方式，不能在轨道站点尚不密集的初期就盲目减少停车场数量，剥夺市民自主选择出行方式的权利。

3）分析规划条件对于密度的潜在影响

由于我国还处于 TOD 应用的初期，很多规划条件尚待调整，以适应 TOD 模式的设计原则。如建筑退线不如建筑贴线率更符合步行街区的打造，建筑的限高和场地覆盖率应保证具有足够的地面开放空间，等等。

4）布置站点周围的需求性服务空间

这类需求性的服务场所一般包括托儿所、医疗设施、警局、邮局、银行、公共卫生间等，要根据具体地块的城市现状和未来的规划可能进行判定。

5）私家车出行的代价提高

通过提高私家车出行的代价，如控制停车场的数量和费用，增设核心区行车的附加费用等管理措施，减弱开车出行的意愿。不过前提是公交系统已经完备便捷。

2.1.5 TOD 的 3V 框架体系

TOD 城市活力＝TOD 效率 ×TOD 价值 ×TOD 体验 ×TOD 效果

① 世界银行发表．TOD 实施资源与工具．2018.

② 参考：国开金融．俄勒冈州波特兰市珍珠区城市发展案例研究．CDBC 绿智城市开发导则．2015.

TOD的整体目标是提升城市的活力，让城市更美好，不能过度强调效率，也不能完全用可量化的标准去评价衡量一个TOD项目的好坏。一个TOD项目承载的有形和无形的价值，应该是着眼于未来，让后代持续受益。TOD的价值具体体现为：节点价值，基于交通规划部门的立场；场所价值，基于公众利益最大化；市场价值，基于开发商和城市管理者的经济和社会效益（图2.8）。

3V框架是什么？①

3V框架是一种用于确定轨道交通车站周围区域的经济机会的方法，可通过节点、场所和市场潜在价值之间的相互作用对其进行优化。它基于这三个值为站点提供了类型学的分类方法。它为政策和决策者配备了量化指标，以便更好地了解城市的经济愿景、土地利用、公共交通网络以及车站的城市品质和市场活力之间的相互作用。它概述了不同城市站群的规划和实施措施，这些措施有助于优先考虑有限的公共资源，并通过协调的机构间措施创造价值。

公共交通服务1

A. 节点价值

节点价值描述了公交网络中车站基于其客运量、交通方式和网络中心性的重要性。

通过以下指标计算：

- 中心级别
- 接近中心性
- 之间中心性
- 客流量
- 公共交通多样性

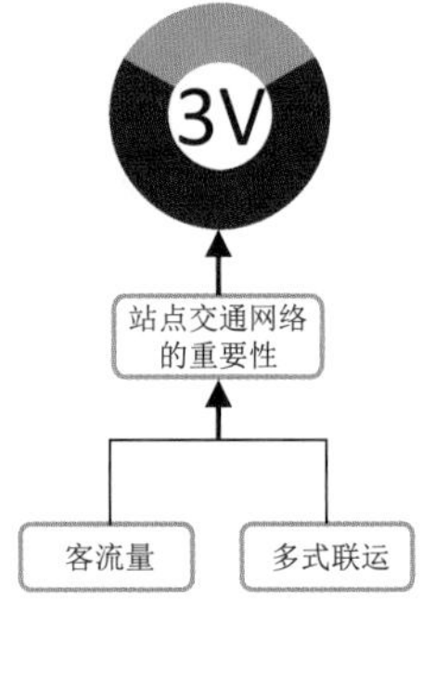

B. 场所价值

场所价值描述：一个地方的城市质量及其在便利设施、学校和医疗保健方面的吸引力；城市发展的类型；步行和骑自行车满足日常需要的地方可达性；车站周围城市结构的质量，特别是行人可达性，城市街区的小规模，以及连接在一起的街道形成了充满活力的社区；土地利用的混合模式。

通过以下指标计算：

- 街道密度
- 步行可达性
- 使用者密度
- 800m范围内的社会基础设施

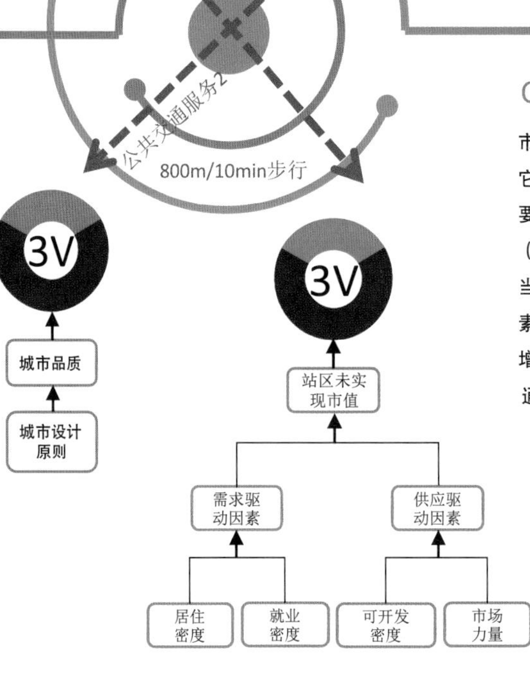

C. 市场潜在价值

市场潜在价值是指站区未实现的市场价值。它是通过市场分析得出的。分析需求的主要驱动因素，包括当前和未来的人口密度（住宅加就业）；30min内公交可到达的当前和未来就业人数；主要的供应驱动因素，包括可开发土地、分区的潜在变化（如增加建筑面积比）和市场活力。

通过以下指标计算：

- 人口密度
- 职住比
- 人口密度增长潜力
- 平均中位收入
- 管理人员占劳动力的比例
- 公交可到达的工作岗位数量
- 房地产机会
- 房地产开发动态

图2.8　TOD的3V框架体系

① 世界银行发表．TOD实施资源与工具．2018

2.1.6 TOD的设计原则（图2.9～图2.16）

图2.9 日本长野中心车站充分考虑步行体验的公共空间

图2.10 日本空中之树车站在最便捷的地方留自行车出入口

图2.11 西九龙车站和圆方商场及社区的无缝连接步行桥

图2.12 伦敦St.Pancras换乘便捷的公交车站

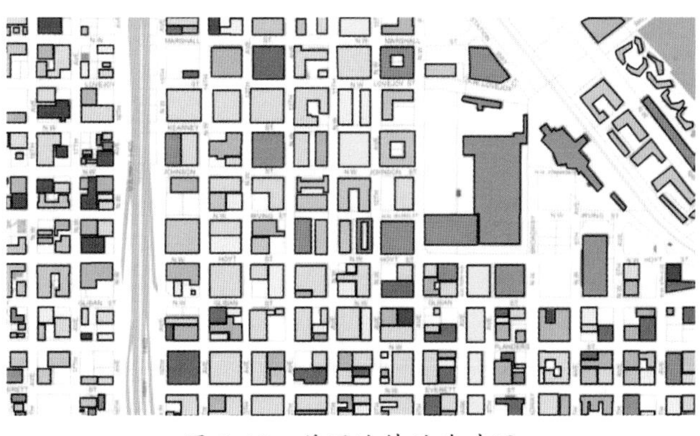

图2.13 美国波特兰珍珠区

图2.14 高密度开发：提高轨道站点周边的开发密度
太平山顶俯瞰香港
图片来源：作者自摄

图2.15 美国波特兰市珍珠区紧密街区

图2.16 限车分流：限制或控制机动车和道路使用
东京空中之树车站综合体外的商业广场
图片来源：作者自摄

2.2 轨道 TOD 地区的分类

每个 TOD 地区由于其区域位置和现状条件的不同呈现出不同的特点，根据密度因素和地区交通模式的不同，不同的专家学者采用不同的方法对 TOD 类型进行分类，最常见有城市型 TOD（Urban TOD）和社区型 TOD（Neighborhood TOD）。

这里结合国内外已有的研究和大湾区城市的特点，所在区域的区位特征、土地利用特征、主要发展条件，将 TOD 地区分为门户枢纽型 TOD、城市中心型 TOD、就业中心型 TOD、居住主导型 TOD、特殊节点型 TOD，其中居住主导型 TOD 根据所处区域位置和现状开发条件的不同呈现出不同的特点，因此，居住主导型 TOD 又分为城市更新地区和新城地区（表 2.1）。

TOD 地区类型与特征 **表 2.1**

TOD地区特征 / TOD地区类型	区位特征	交通类型	土地利用特征	慢行公共空间挑战	土地开发机会程度
门户枢纽型 TOD 香港西九龙站 广州南沙站 深圳北站 ……	区域对外交通的中心、经济活动中心	高铁、城际轨道或者航空等，多条轨道线路交汇，快速和常规公交线路、出租车，是区域的综合枢纽中心	区域交通枢纽、市级或地区级商务办公、商业购物	避免大型交通枢纽设施对地区公共空间割裂，整合不同交通流线，配置多元化的城市功能，集约利用	土地开发机会大
城市中心型 TOD 香港中环站 广州珠江新城站 深圳北站 ……	区域经济文化活动的最主要中心	多条轨道线路、轻轨、常规交通、出租车	区域级商务办公、市级商业购物、市级文化中心、市级交通中心	避免大规模、单一功能的公共空间，结合站点空间、各种城市功能、建筑空间、不同基面整合公共空间体系	土地开发机会适中
就业中心型 TOD 香港金钟站 深圳科技园站 ……	副中心或地区商务办公的主要中心	轨道线路、轻轨、常规交通、出租车	地区级的商务办公、商业购物、文化中心、交通中心	结合多种商业空间和公共服务空间，培育多样化的公共空间节点，改善主要对外交通空间，配置多元化的城市功能，避免城市单一	土地开发机会适中

续表

TOD地区特征 TOD地区类型	区位特征	交通类型	土地利用特征	慢行公共空间挑战	土地开发机会程度
居住主导型 TOD （城市更新地区） 香港太古站 广州猎德站 深圳岗厦站 ……	位于老城市的社区公共活动中心的位置	轨道、轻轨、常规交通、自行车	以老城区组团或者社区居住为主，辅以生活性公共服务设施、商业零售设施	改善步行环境、提供舒适、安全的公共空间，引入公共空间节点，整合街道空间体系，改善交通接驳通道	城市更新 / 综合整治
居住主导型 TOD （新城地区） 香港将军澳站 深圳碧海湾站 ……	位于新建地区或者新城的社区公共活动中心的位置	多条轨道线路、轻轨、常规交通、出租车	以新城片区的社区居住为主，辅以生活性公共服务设施、商业零售设施、文化娱乐设施	围绕社区中心打造公共空间，串联各种服务设施，形成安全、舒适和可停留的步行空间	土地开发机会大
特殊节点型 TOD 香港大学站 广州中大站 深圳大学城站 ……	副中心或地区商务办公的主要中心	轨道线路、轻轨、接驳交通、常规交通、出租车	以主导功能需求为主（产业 / 旅游 / 大学园）	平衡高峰与非高峰时期的交通需求，围绕服务中心打造安全、舒适、可识别的慢行公共空间	土地开发机会适中

2.3 TOD 慢行系统规划与设计目标

2.3.1 总目标：构建安全、完整的慢行系统网络，打造多层次鼓励步行的 TOD 地区

1）制定 TOD 街道的设计标准

在规划阶段就应该考虑减少机动车道路宽度、减慢机动车设计速度，降低公交车车速等。

2）考虑多模式混合交通性能发挥的标准

规划阶段应采用性能标准来评价所有交通模式服务，包括自行车和行人，确保不会以牺牲其他交通模式为代价来换取机动车的便捷。

2.3.2 目标1：整合TOD地区慢行网络，构建城市立体化公共空间体

规划应该置出行者的安全和安保为首要位置，设计时充分考虑包括灯光照明和可见度，以及公众视线带来的街道安全。

2.3.3 目标2：实现不同基面慢行流线的连续性和通达性

所有车站周边的街道都应该留足够宽的道路给自行车和行人，利用包括路沿、坡道、声音指示、自行车道等手段保证慢行者的安全和便捷。

2.3.4 目标3：形成高效、紧凑、复合城市功能的垂直节点空间

垂直节点对于空间定位和导向非常重要，比水平交通有更好的视线导向作用。它如同树干，将地上与地下的各种水平流线连在一起，形成一个立体交通网络（图2.17），因此其位置的选择至关重要。垂直节点由于视线通畅，也有很大的商业价值展示面，可实现紧凑的商业布局。

2.4 TOD慢行系统规划设计的基本元素

慢行系统设计主要指人行和非机动车行，最终目的是实现社区和公交车站的连接，只有这个连接做好了，没有安全隐患，不怕日晒雨淋，才能鼓励人们积极地使用公交系统。

TOD设计中如何营造一个便捷舒适的慢行系统？设计过程应把握三个原则：

1）明确核心的步行走廊

应该设计由步行走廊组成的网络系统，提供舒适宜人的步行城市环境。同时，应该尽可能减小街区的尺度，缩短步行，尤其是平面过马路的距离，

图2.17　某TOD地区慢行网络系统设计 © iDEA

在合适的地方提供步行道边的零售店铺。步行体验主要取决于如下四个因素：

（1）慢行空间导向性，即不依赖标识系统而是靠与室外或者目的地的视觉联系及对具有标识性的物理空间独特性的辨识，让行人快速定向；

（2）步行界面友好性，避免长距离消极的边界，如院墙或围栏，多采用具有人气的商业、绿化和等候休息用的街道家具，布置可以顺道使用的功能，如超市、邮局、银行、公厕等服务设施；

（3）慢行空间安全性；

（4）步行环境舒适性。

2）创造自行车网络

自行车网络的设计要充分考虑：路径尽量短，停靠位置尽可能靠近建筑入口，停车场要明亮显眼。把最便于进出建筑的空间预留给自行车。

3）设计不同出行模式换乘设施

高密度区不同交通模式无缝转换连接。连贯的到达性指引标识系统，清晰明确的公交车辆信息和时间表，可让乘客轻松获得公交行程安排咨询和最后一公里的服务。

以下提取构成慢行系统最根本的两个元素，即目的地/节点＋连接路径，分析它们各种组合变化，试图发现慢行系统网络的设计规律（图2.18、图2.19）。

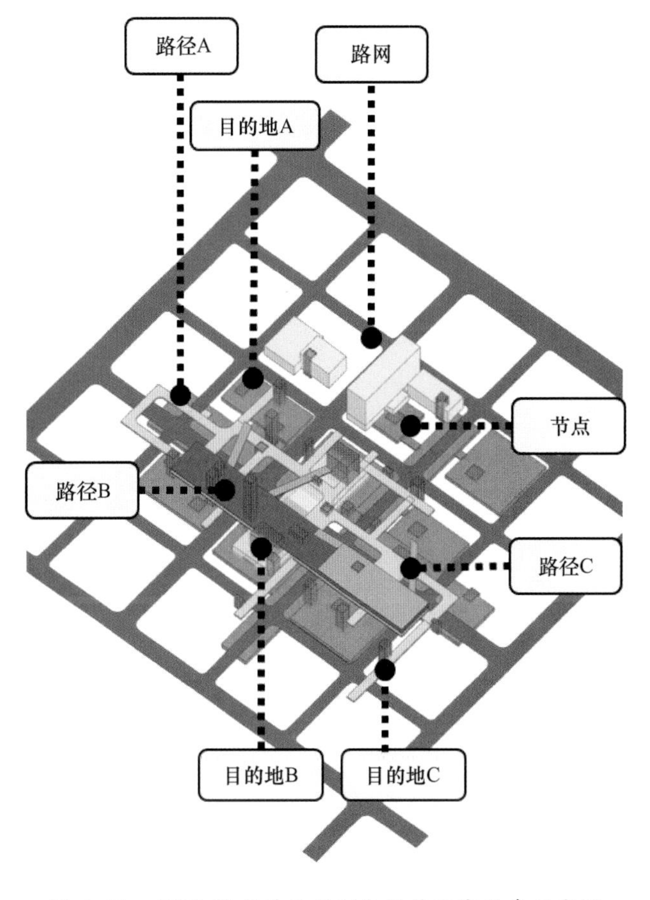

图2.18 TOD慢行系统规划与设计研究要素示意图

图片来源：作者自绘 © iDEA

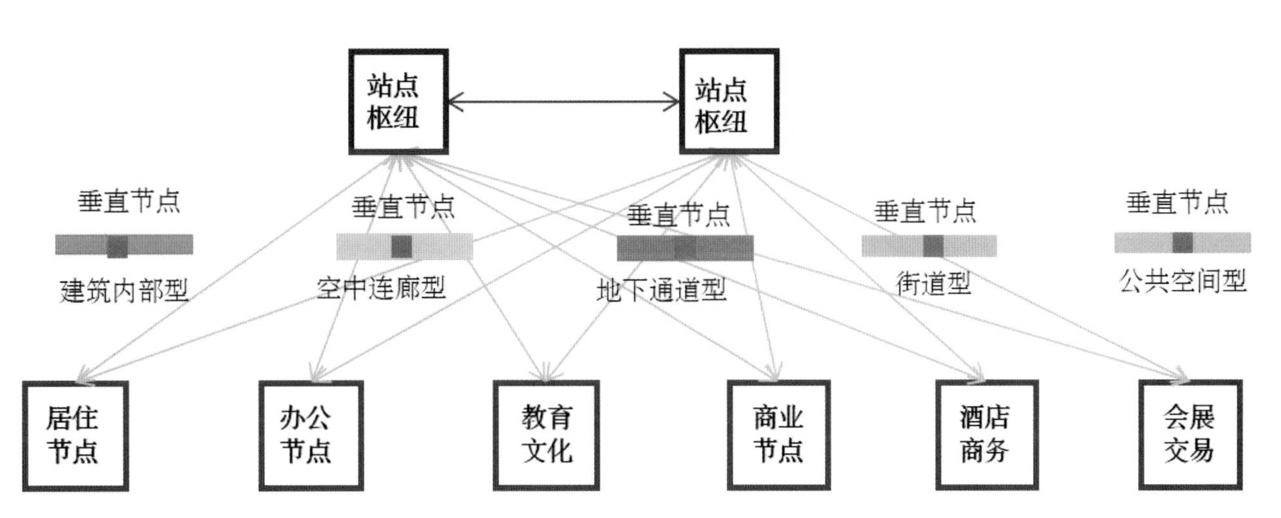

图2.19 TOD慢行系统设计中节点类型研究要素关系分解图

图片来源：作者自绘 © iDEA

2.4.1 TOD 慢行系统的密度设计

粤港澳大湾区的特大城市开发强度高，人口密度大，因此城市空间也应紧凑开发，特别是在轨道建设过程中应打造立体城市下的 TOD。TOD 设计，核心是打造鼓励步行的慢行网络（图2.20、图2.21），通过在站点上方进行城市功能的立体叠加，融办公、酒店、住宅、文化、交通枢纽等多种功能于一

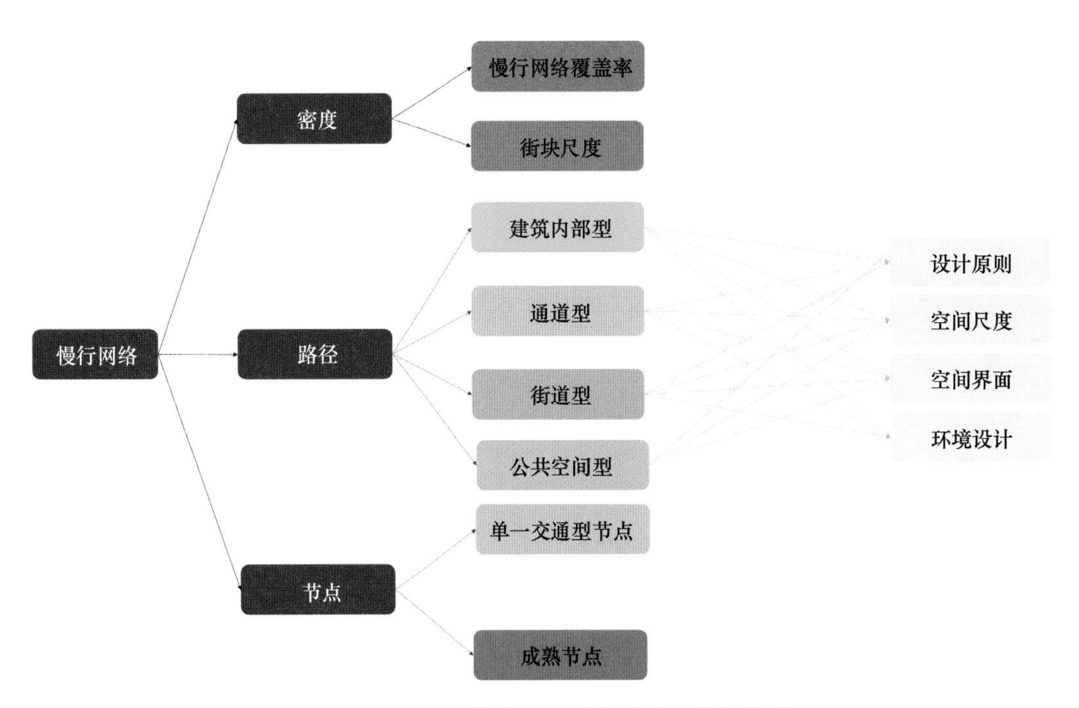

图 2.20 TOD 慢行系统规划与设计研究框架图

图片来源：作者自绘 © iDEA

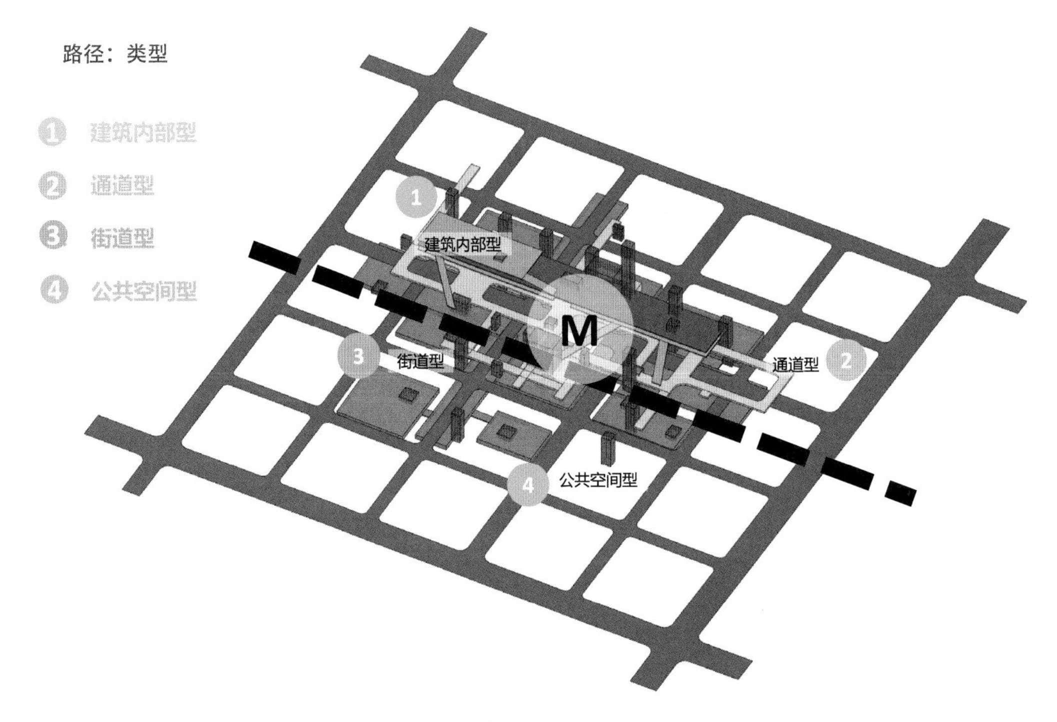

图 2.21 TOD 慢行系统四种路径空间示意

图片来源：作者自绘 © iDEA

体，以高效动线进行串联，建立完整、连续及安全的慢行网络，提高步行的可达性和连通性。

步行网络空间应覆盖地面、地下、空中三个不同基面，且对所有人免费开放。步行可达性和连通性可用慢行网络密度和街块尺度衡量。

1）慢行网络密度

TOD 的慢行网络密度以慢行交通使用者连接性为准则。随着站城一体和城市综合体的发展及公共空间立体化的转变，作为反映慢行网络密度的城市道路密度指标已经不能完整地反映 TOD 地区的慢行路径。应将不同基面的慢行形式纳入密度指标计算，提高片区慢行网络密度。根据日本、欧洲及中国香港地区的经验，考虑空间时间效率和经济效益，TOD 地区都应根据空间的容量和流量来确定某一空间层面的步行主导层。在 TOD 地区内，越靠近站点，慢行网络密度越高，并以轨道站点为核心向周边地区递减。

主要设计原则：

（1）TOD 地区应进行区域的各基面慢行流线系统设计，越靠近轨道站点或核心区，慢行网络密度越大，衔接方式越多样，以立体空间为主。

（2）以枢纽建筑或大型商业设施为核心组织不同基面的慢行网络，轨道周边宜考虑穿插广场等空间节点形成网络，远离轨道可通过人行天桥或地下街连接。

（3）通过立体慢行流线将既有建筑内部公共空间和外部公共空间进行整合，集约利用土地和空间，形成高密度和完整的慢行网络系统。

日本涩谷站通过城市更新将轨道交通、商业及其他城市功能融合，轨道交通带来的客流也是商业等其他城市功能的客源（图 2.22）。对提升商业空间价值、增强城市魅力、吸引更多客流而言，回游性是非常重要的因素。一般来说，800m 是可步行

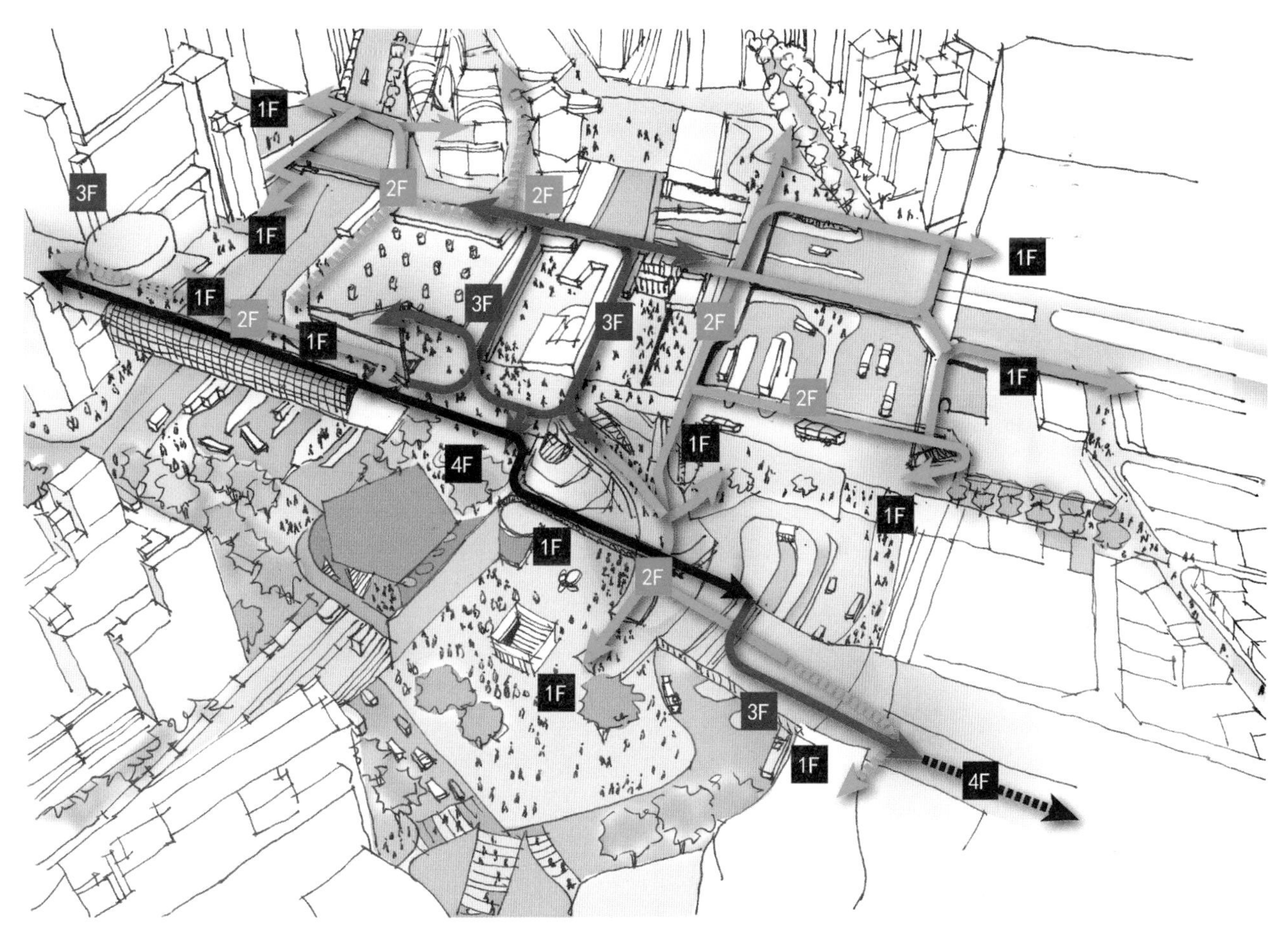

图 2.22 日本涩谷站

图片来源：作者自绘

范围的极限，超过400m就会有压力。步行圈内聚集商业、文化、娱乐、办公等各种城市功能，顺畅的人行流线组织可以保证不隔断人气，也可缓解人们的移动压力和枯燥感。

2）街块尺度

街区由城市主、次干路或自然边界围合形成，由若干街道和街块组成①，其中街块是指连续封闭围合的建筑、无公共开放的公共通道②。

街块由街区边界划定，即街道，不同类型的TOD地区街块尺度不同，街块尺度选取最长的界面进行衡量。

以“大街区、超大街区”为特征的传统空间规划模式不断受到批判。其主干路网多采用1000～1200m的间距，次干路采取300～500m的间距，由此确定的300～500m的“经典”的基本街区尺度，配以超宽机动车道，对慢行交通使用者很不友善且增加绕行系数。“小街区、密路网”在新时代的城市空间规划中得到越来越多的应用，特别是借着轨道建设，打造小街区TOD的模式备受青睐。

（1）主要设计目标

① 增加通达性：使步行路径更加直接，减小绕行系数，压缩步行距离；机动车行驶路径选择更多；

② 改善城市慢行系统；

③ 城市街块的形状和组合方式是多样化的，在不同性质地区应有不同尺度要求，建议用街块面积和支路网间距对其尺度进行控制；

④ 有利于创造人性尺度的公共领域；

⑤ 促进形成紧凑的城市肌理、活跃的步行空间与游览城市的多样流线。

（2）主要设计原则③

① 不同地区适宜的街块规模：

- 中心商务办公区：5000～15000m^2，支路网间距75～150m。
- 中心居住区：10000～20000m^2，支路网间距100～200m。
- 一般居住区：20000～40000m^2，支路网间距100～300m。
- 单一功能区：不大于62500m^2（适宜步行最大范围），支路网间距150～350m。
- 对有特殊要求的单一机构地区：如高校，当地块大于62500m^{2}时，建议分区管理，并应提供穿越内部的人行或自行车通道；支路网和人行／自行车通道间距不大于500m。

② 以缩小道路红线宽度、增加道路密度的方式来增加步行的路径选择（图2.23）。

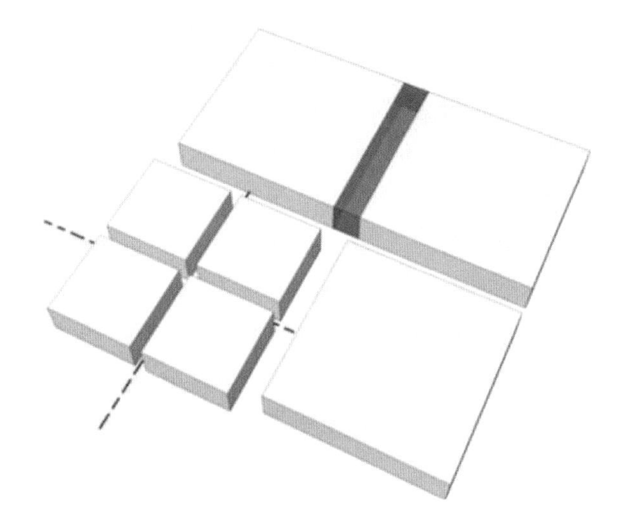

图2.23　街块模式图

图片来源：《深圳市绿色城市规划设计导则》

2.4.2　TOD慢行系统的路径设计

1）建筑内部型

建筑内部型路径是指行人可以使用的到达或离开公共交通站点的建筑室内空间。这类公共空间往往位于二层或者地下，方便行人跨越街区，并利用过往人流，在沿途安置零售、餐饮、展示和艺术等服务类城市内容；也因为其公共性，在室外气候环境不舒适的时候，可为市民提供全天候活动场所（图2.24～图2.26）。

---

① 深圳市城市规划标准与准则（2014）.

② 公交导向发展评价标准（2017）.

③ 深圳市绿色城市规划设计导则（杨晓春，单皓，陈淑芬）.

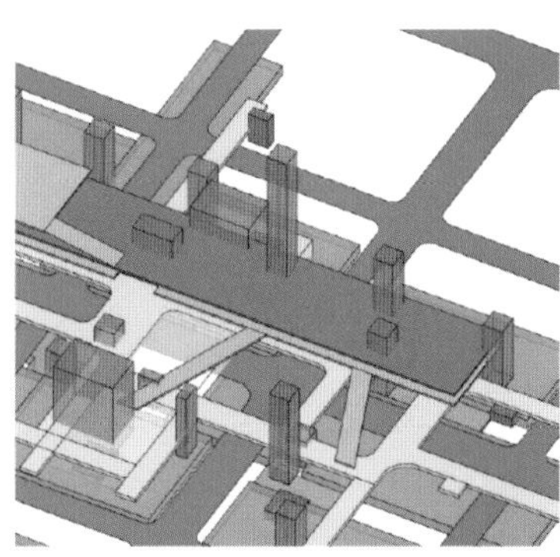

图 2.24 东京空中之树利用地铁换乘流线的室内商业街

图片来源：高瑞研 摄

图 2.25 香港连接鲗鱼涌站和太古城站的开放公共空间，为位于二层的连续办公写字楼，是周末周边居民休闲的场所

图片来源：高瑞研 摄

图 2.26 香港连接鲗鱼涌站和太古城站的二层开放公共空间，无缝连接周边多种公交工具

图片来源：高瑞研 摄

（1）设计原则

- 空间流线主次分明；
- 在主通道旁有视线通畅的等候和休憩空间；
- 为最弱者设计，不要忽视任何群体的平等使用需求；
- 到达、离开和穿行的人流流线清晰，避免过多干扰；
- 视线畅通，目的地能在视线可及范围内；
- 鼓励室内空间 24h 开放；
- 有清晰的通往公交站点的导向性；
- 材料和构造做法耐久且易维护；
- 考虑有助于社区休闲和交流的空间与设施；
- 在转向处有明确的标志性空间，如中庭、旗舰店、采光窗等；
- 低能耗，在保证安全的前提下，鼓励使用感应器控制的设施，如自动扶梯；
- 尽量模块化设计，利于日后替换破损部件；
- 没有视线死角，保证实现公众监视。

（2）空间尺度

- 商业街类型，注意室内街的宽度以保证中间的行人流不被驻足购物的行人干扰；
- 与展示性结合的空间，考虑驻足观赏的行人不干扰通行人流；
- 空间宽度充分考虑小店铺的面宽与进深需求，容纳临时性的服务和商业型摊位。

（3）空间界面

- 建筑内的常驻人员出入口和穿行人流空间之间有足够的缓冲空间，避免相互干扰；
- 鼓励和室外城市建立视线联系，利于行人的室内定向；
- 在室内公共空间层上有直接建筑的主要出入口。

（4）环境设计

- 尽量能有自然光，并建立和室外自然的视线联系；
- 鼓励公共艺术装置品的使用；
- 鼓励采用被动式节能设计；
- 适度照明。

2）通道型

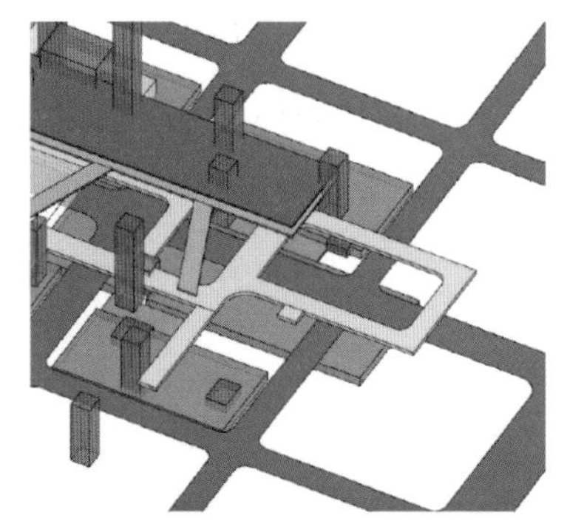

通道型路径是指专门为行人使用的到达或离开公共交通站点的室内、室外或者灰空间。这类公共空间往往是二楼连桥或者地下通道，提供行人跨越街区和不便通行场所的快捷通道（图 2.27 ～图 2.29）。通道两侧不应设计促使行人停留的零售、餐饮等设施。

（1）设计原则

• 空间流线清晰，避免过多转向；

• 对于较长的通道，在空间节点上考虑设计休息的空间；

• 为最弱者设计，不要忽视任何群体的平等使用需求；

• 视线畅通，目的地在视线可及范围内；

• 通往公交站点的导向清晰；

• 材料和构造做法耐久且易维护；

• 在毗邻主要轨道枢纽站点的用地上鼓励地下通道直接连接；

• 在步行距离较远的目的地和主要轨道站点之间设计二层连桥，鼓励使用公交系统；

• 按照下雨时无需打伞的原则设定通道路径；

• 考虑大湾区气候的特点，鼓励架空室外空间；

• 考虑穿越公交站点的，连接站点周边街区的主要目的地建筑之间的通道设置；

• 在所有标高变化的地方都要设置无障碍辅助设施，如坡道和直梯；

• 没有视线死角，实现公众监视。

（2）空间尺度

• 按照客流高峰最大人流设计；

• 往往地下通道上方有很多管线，尽量通过管线综合设计，压缩占用吊顶的空间，避免通道过于压抑，最小净高不得少于 2.4m。

（3）空间界面

• 室外通道考虑暴雨时飘雨；

• 利用通道两侧的展示面，适度预留商业广告面，平衡城市艺术文化展示面；

图 2.27　东京涩谷站连接不同地铁车站的换乘高架廊桥

图片来源：高瑞研 摄

图 2.28　香港大学地铁站通往香港大学通道两侧的校史展示和广告牌

图片来源：高瑞研 摄

图 2.29　大阪车站毗邻地块建筑间的连桥

图片来源：高瑞研 摄

• 通道出入口鼓励结合建筑内部公共空间和出入口协调设计，方便通道与周边建筑室内的无缝衔接；

• 通道入口的楼梯注意设计楼梯侧面的排水槽，防止积水造成路面湿滑和不好清理。

（4）环境设计

• 尽量能有自然光，并建立和室外自然的视线联系；

• 鼓励公共艺术装置品的使用；

• 适度照明。

3）街道型①

街道型路径是指TOD慢行系统利用城市现有的街道，形成连接社区和公交站点的步行系统（图2.30～图2.32）。

（1）设计原则

• 街道宽度不要太大，建议不要超过双向两车道，便于行人横过马路；

• 有减速措施，比如减小十字路口转弯半径；

• 鼓励单行机动车道，利于保证行人过马路时的安全性，且避免交通堵塞；

• 通往公交站点的导向清晰；

• 在通往公交站点的路上有更多的小店铺；

• 机动车所占面积最小化；

• 符合国家标准规定的无障碍通行要求；

• 当人行横道跨越两个车道的时候，建议在道路中间设置安全岛；

• 有完整、连续且专用的自行车道网络，且自行车场不受天气影响，在公交站100m范围内。

（2）空间尺度

• 面积大小约为1hm^2、街区路段平均长度为100m的街区最有利于商业发展；

• 最长连续街区界面建议不超过150m；

• 70%地块的平均大小不超过2万m^{2}①；

• 人行道断面宽度考虑绿荫带、休息座椅；

• 每100m街区界面的机动车出入口数量不超过2个；

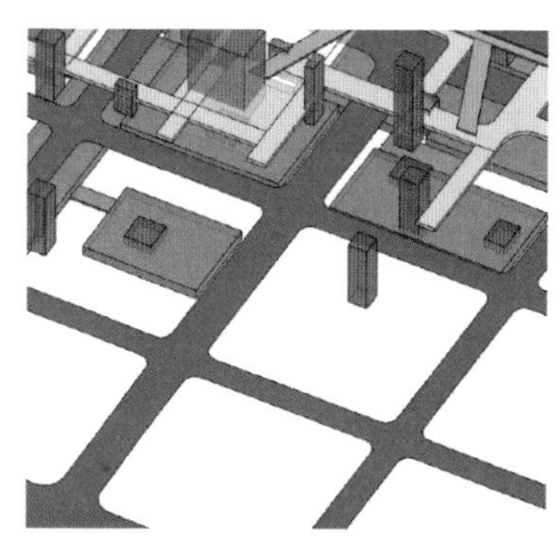

图2.30 东京涩谷站周边的商业步行街

图片来源：高瑞研 摄

图2.31 香港鲗鱼涌站通往太古城社区宜人的步行街

图片来源：高瑞研 摄

图2.32 空中之树地铁站上盖综合体的步行街道夜景

图片来源：高瑞研 摄

① 本章节中的量化数据参考《公交导向发展评价标准》3.0版本（纽约交通与政策发展研究所ITDP，2017）。

• 机动车道路和路内停车的总面积不应超过TOD开发总面积的20%，最好为15%以下；

• 步行街道宽度不小于2m。

（3）空间界面

• 建筑底层的沿街立面符合视觉通透界面的标准，即建筑临街离地2.5m高度的立面使用全透明或者半透明的窗户或其他结构材质，这样的视觉通透界面，在步行街道网络相邻两个交叉路口之间的路段有超过20%的建筑界面长度；

• 控制街道建筑的贴现率，改善步行界面的友好性，提高沿街商铺的价值；

• 步行界面尽量视觉活跃（除了建筑视觉通透的建筑立面外，还有对所有人开放的空间，如操场、公园、走廊以及中庭）；

• 鼓励利用建筑悬挑、外廊、雨棚等提供遮阳挡雨的构筑物；

• 每100m长的街区界面含有商铺、建筑入口和行人出入口的数量最好不少于5个；

• 机动车和人行道之间有必要的物理阻隔，保证行人尤其是孩童行走的安全。

（4）环境设计

• 夜间有充足的照明，步行环境安全；

• 鼓励公共艺术装置品的使用。

4）开敞空间型[②]

开敞空间型路径是指没有固定导向的开敞的公共空间，包括空中、地面和地下的广场、公园、庭院和城市绿地，等等。这类开敞空间多作为主要车站建筑的出入口广场，或者多条主要步行通道的交汇处，兼具公众活动和灾难疏散的城市功能（图2.33～图2.35）。

（1）设计原则

• 位于城市主/副中心的交通枢纽站，允许大量的交叉人流；

• 承载所在地域的历史和人文特色，成为城市具有标志性的精神场所；

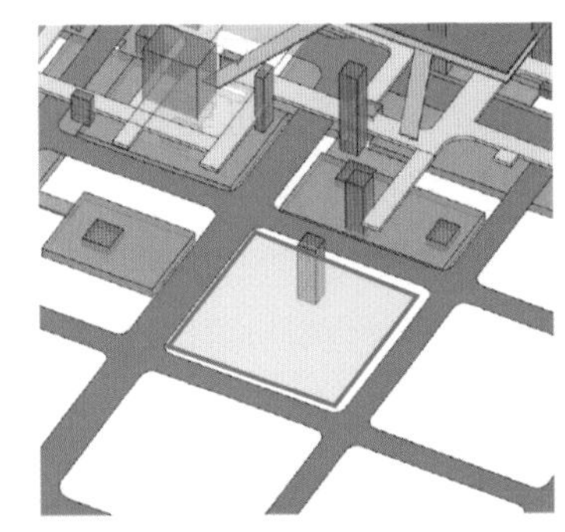

图2.33 日本大阪连接轨道两侧办公和商业的二层广场

图片来源：高瑞研 摄

图2.34 日本东京涩谷枢纽站外陈列忠犬八公的城市广场

图片来源：高瑞研 摄

图2.35 日本东京涩谷枢纽站连接周边建筑地下空间的地下城市广场

图片来源：高瑞研 摄

① 参考：国开金融．俄勒冈州波特兰市珍珠区城市发展案例研究．CDBC绿智城市开发导则．2015．

② 本章节的量化信息参考《TOD实施资源与工具》（世界银行发表，2018年）。

• 按照步行者优先的原则设计；

• 开敞空间里提供必要的功能性设施设备，如信息板、集体活动空间、公共艺术展示、运动健身器械、便利售卖亭、公共卫生间，等等；

• 考虑社区居民的需求，如儿童玩耍和老年健身不被换乘人流打扰；

• 充分利用场地现存的自然环境元素，如小山丘、河流、树林、崖壁、田地，打造有地域特色的开敞空间，而不是一味地建造人工化的开敞空间；

• 没有视线死角，保证实现公众监视。

（2）空间尺度

• 在轨道站点 500m 步行距离内至少有 $2.5hm^2$ 的地面免费向公众开放 15h；

• TOD 项目在辐射范围内的开敞空间应不少于总用地面积的 20%。

（3）空间界面

• 开敞空间和建筑的交界面应该有活力和视线通透性；

• 开敞空间的边界有明显的物理阻隔，保证在其内部活动的行人的安全。

（4）环境设计

• 步行环境有足够的吸引力；

• 多样化的休息休闲场所；

• 充分考虑景观和种植设计，满足海绵城市的地面渗透率要求；

• 充分利用开敞空间作为城市的绿肺，提升社区的生态性能，维护城市居民的健康生活环境；

• 保护城市中现存的微生态圈，形成多物种共生、健康自然的城市开敞空间。

2.4.3 TOD 慢行系统的节点设计

垂直节点的通达度与垂直节点自身具备的城市功能属性、直接衔接的人行系统网络以及重要的城市节点空间的直线距离相关。垂直节点的自身城市功能属性与其自身规模大小相关，当垂直节点同时具备交通属性、城市属性时，它的通达度较高。例如单一垂直节点只具备交通功能，实际可行性受人行方向单一性特征的限制，对于 TOD 这类组织多种复杂的交通网络而言，通达度最低；相反，当垂直节点同时具备城市功能时，连接多条城轨，由城市开放空间、城市下沉广场共同组成时，复合型垂直节点与城市核的通达度更高。垂直节点的通达度还与同其直接衔接的人行网络系统相关，不同的垂直节点衔接的人行系统的目的性不同，垂直节点的级别越高，容纳人流股数越多，人群步行目的性越高，则其实际可通行的距离、可行性均较高，通达度也较高。

根据垂直节点的规模、功能和流线的复杂程度，可将垂直节点分为三种类型：单一交通型节点、复合型垂直节点和城市核垂直节点（图 2.36）[①]。

单一交通型节点（红色）：

单一交通节点在 2～3 条交通流线交汇处，衔接城市不同基面的 2～3 种交通系统，形成仅供交通换乘的接驳空间，如接驳站点、楼梯、电梯、自动扶梯和坡道等。

复合型垂直节点（蓝色）：

为城市核心节点。在 3 条以上交通流线交汇处，整合城市不同基面的多种交通系统，结合一定规模的商业设施和文化设施，串联不同基面的室内外公共空间，形成高效、休闲、娱乐的大型城市换乘中心。

城市核垂直节点（紫色）：

为复合交通节点。在 2～3 条交通流线交汇处，衔接城市不同基面的 2～3 种交通系统，结合适当规模的商业设施，利用下沉广场、建筑中庭和空中广场等城市公共空间形成供人流集散的缓冲空间。

1）单一交通型节点主要设计原则

• 当单一型垂直节点与城市交通体系衔接时，其分布特征为节点分布数量多、分布空间范围广且较分散（图 2.37）。当其未与城市交通体系直接衔接时，其特征为多分布于室外、半室外空间，衔接不同高差城市空间。

① 本次分类根据《龙岗区轨道枢纽地区立体化开发指引研究》（覃力，杨晓春，陈淑芬，郭馨，张彤彤，2019 年）。

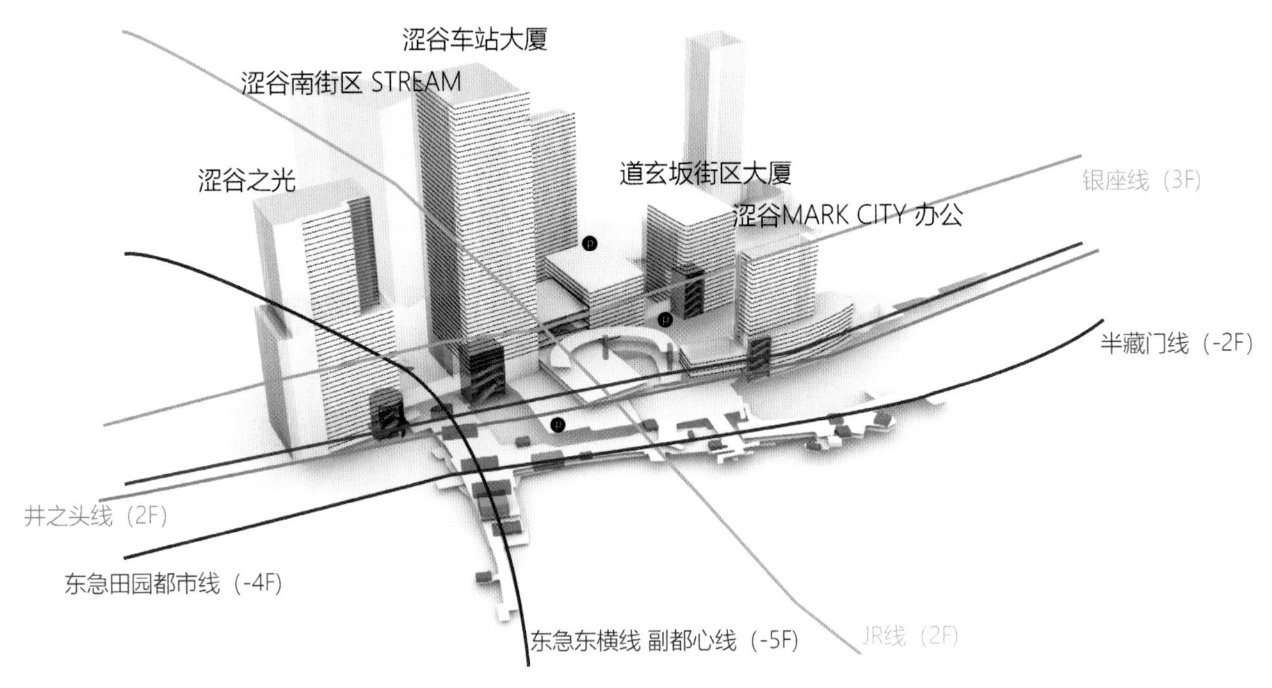

图 2.36　日本东京涩谷枢纽站连接周边垂直节点分析

图片来源：作者自绘 © iDEA

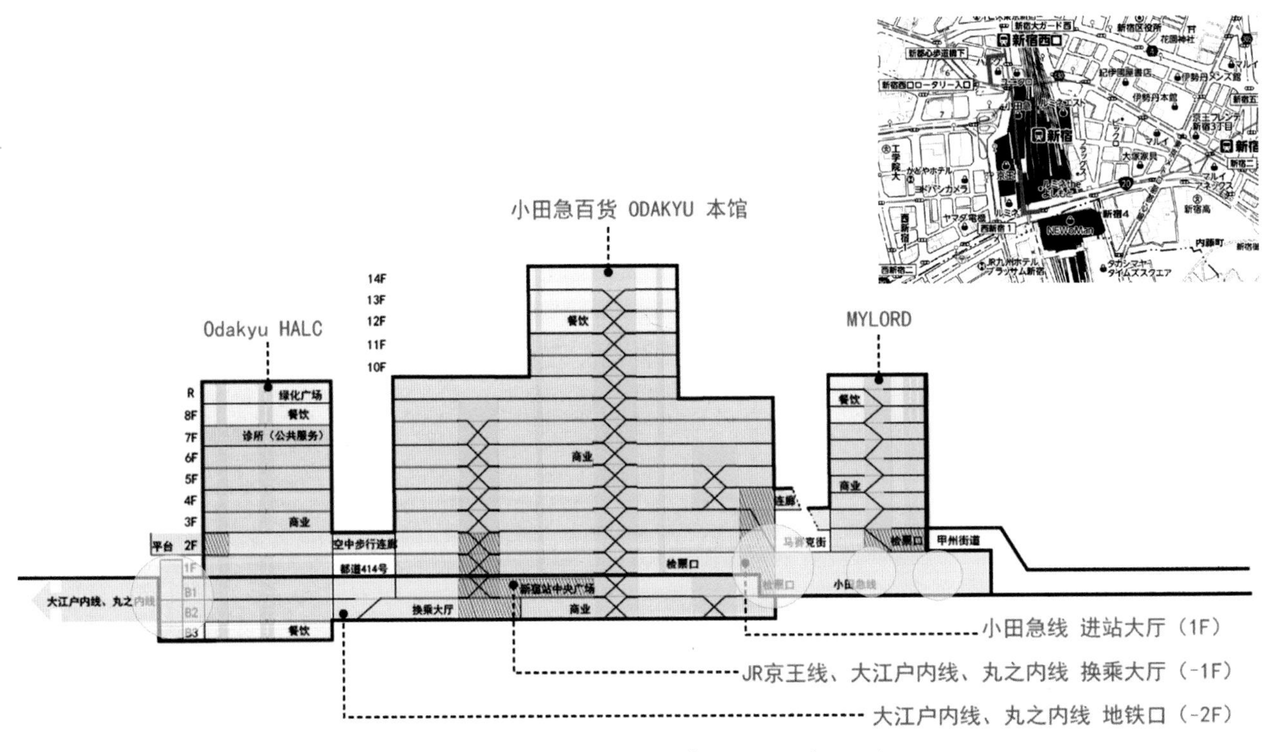

图 2.37　日本新宿枢纽周边单一交通型节点分析

图片来源：作者自绘 © iDEA

• 从建筑空间角度来看，在室内主要分布在满足疏散要求的建筑边角，在半室外时分布于近入口、近开放广场、近城市公共交通换乘口等处，在室外时分布于独立开放广场或街道旁。

• 单一型垂直节点连接方式单一，主要是楼梯、垂直电梯、自动扶梯、坡道等四种设施要素的排列组合。

• 单一型垂直节点城市功能属性弱，其承载独立性弱，但其分布可不依附于建筑体。

• 联系地面、地下或地面、空中的交通节点间距需按照防火规范，满足人流疏散最小间距。

2）复合型垂直节点主要设计原则

• 复合型垂直节点多与某一城市功能属性例如城市开放广场、下沉广场等或者建筑综合体中庭空间相组合，空间分布较集中（图 2.38），直线距离低于 100m。

• 从建筑空间角度来看，复合型垂直节点位于综合体内时，一般以地下层为基面，并与地上公共开放空间相连；位于半室外空间时，一般以地面为基面，连接综合体前广场和换乘底层架空空间；在室外时，会连接下沉广场、城市开放空间、屋顶花园、综合体开发功能之间的空间。

• 复合型垂直节点靠近城市开放空间时，首层多为架空空间，空间标识性强，由多组手扶电梯楼梯组成。

• 复合型垂直节点一般依附于开敞城市公共空间及城市综合体，其城市功能属性较强，优于单一型垂直节点，但自身功能属性较单一，独立性弱。

3）城市核垂直节点主要设计原则

• 城市核垂直节点一般分布在多条轨道线相交处上部，与城市重要公建室内中庭空间相结合，衔接城市步行网络系统，分布于商业办公集中的区域，与城市重要节点空间直线距离近。城市核垂直节点仅分布在有多条城轨交通过境的片区（图 2.39）。

• 从建筑空间角度来看，城市核位于综合体室内时，一般以地下层为基面，与建筑空间连成一个整体，并与地下公共开放空间相连；位于室外空间时，一般以地面为基面，连接综合体前广场、换乘建筑底层架空空间。

• 城市核垂直节点多为室内空间，在不同基

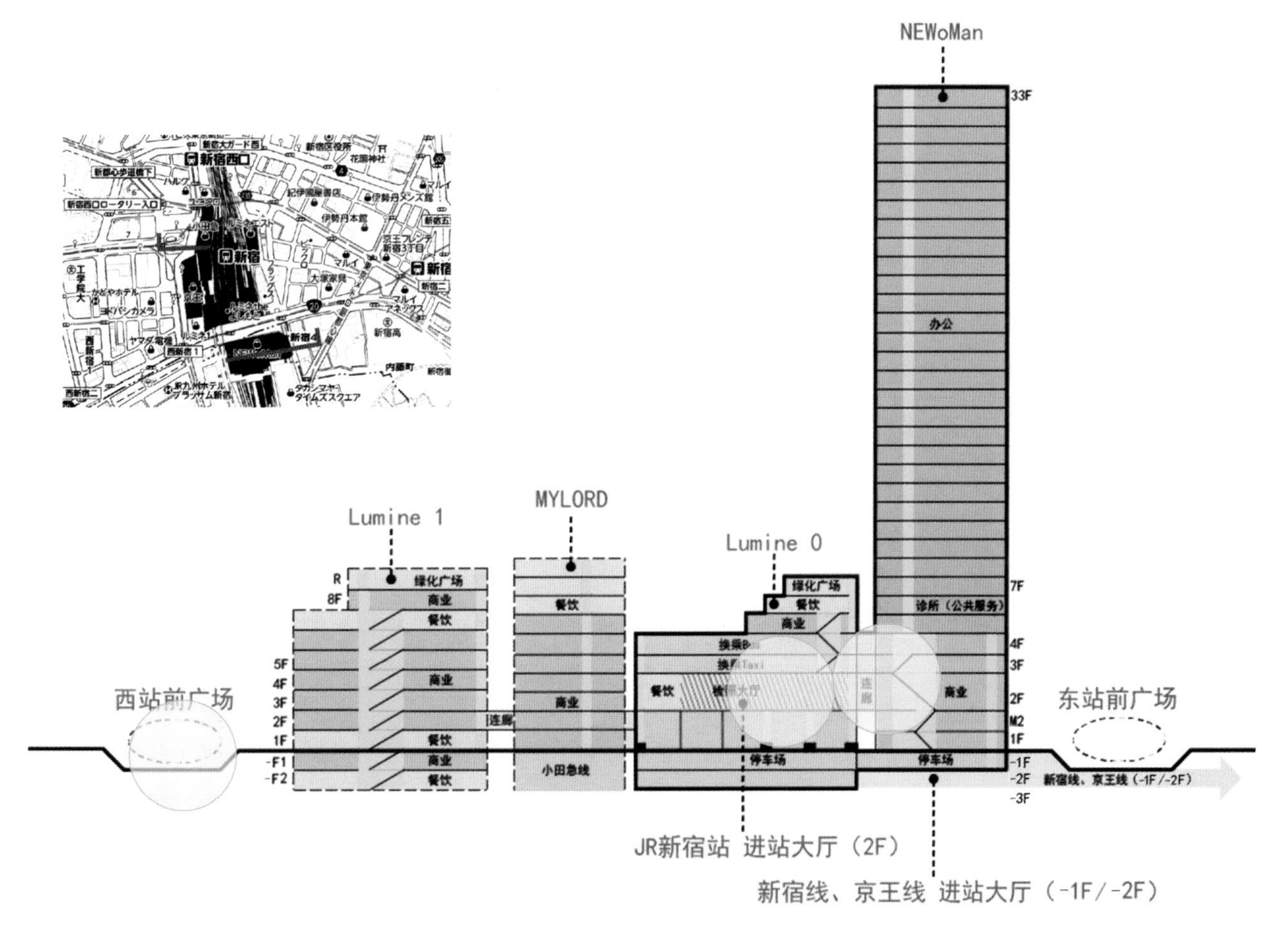

图 2.38 日本新宿枢纽周边复合垂直节点分析

图片来源：作者自绘 © iDEA

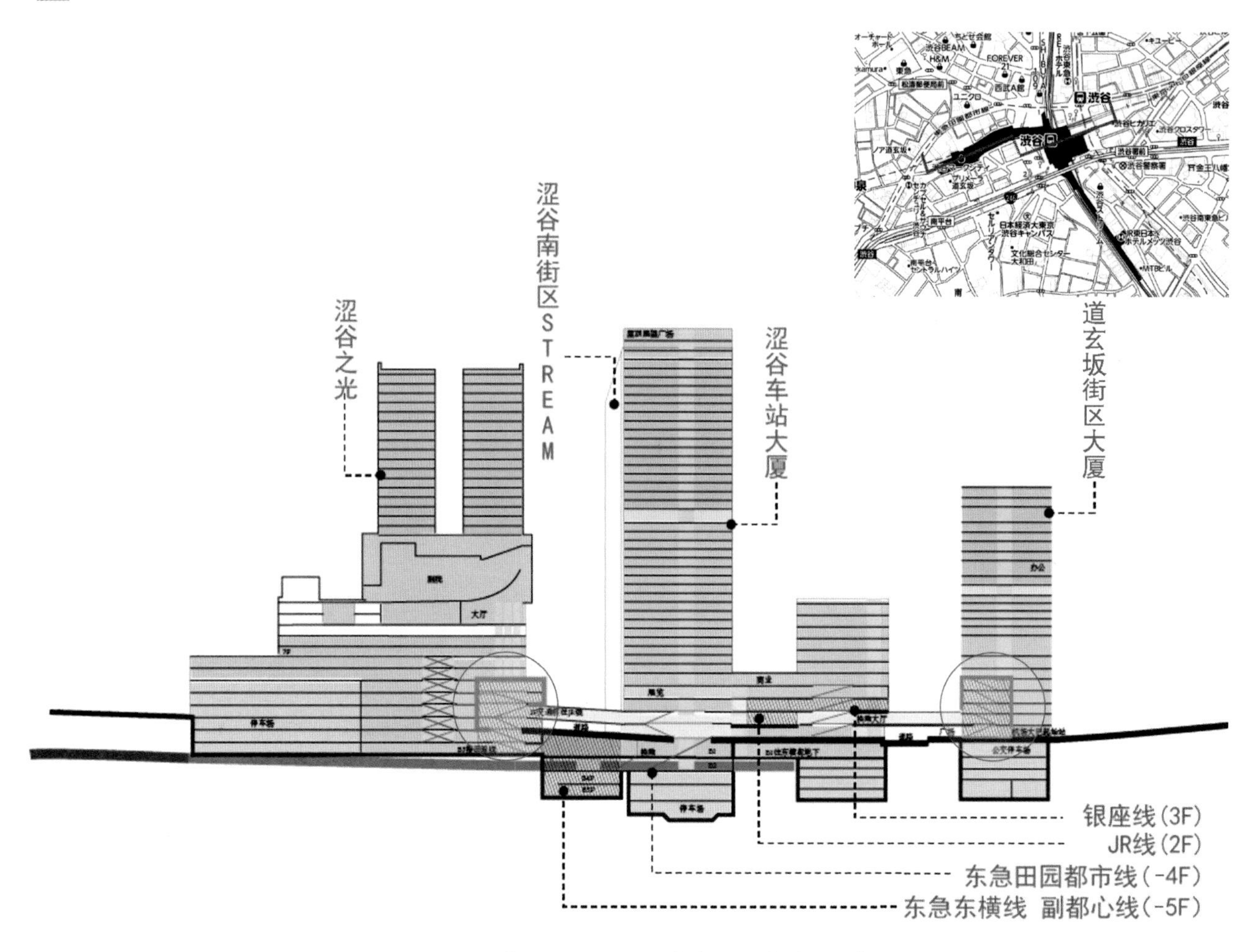

图 2.39 日本涩谷枢纽周边城市核垂直节点分析

图片来源：作者自绘 © iDEA

面连接不同人行网络，具备承载人流停歇、过渡的大容量水平空间及垂直交通设施（图 2.40）。

• 城市核垂直节点城市功能属性更强，分布于室内空间结合重要建筑的中庭空间，自身兼具城市公共功能，其城市属性独立性最高，其分布附属于建筑综合体室内空间，独立性较弱（图 2.41）。

图 2.40 日本涩谷枢纽周边城市核垂直节点空间

图片来源：网络图片

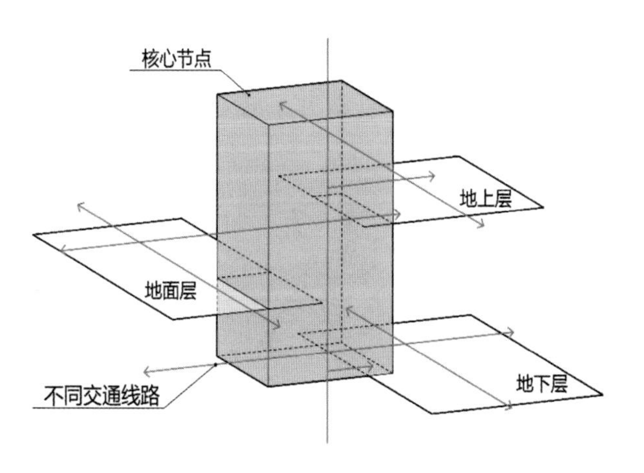

图 2.41 城市核概念图

图片来源：《龙岗区轨道枢纽地区立体化开发研究指引》

2.5 结语

TOD设计是一种非常复杂、时间跨度大且投入成本高的城市开发建设模式，涉及的内容非常多，这里只对其中核心的慢行公共空间的设计进行阐述，希望能为读者建立一套相对系统完整的理论体系和设计方法，协助利益相关方实现更全面的TOD评判，减少因为错过建设初期的窗口期而为城市未来留下的遗憾。其实现过程需要所有参与方积极地以合作的态度，以营造更好的城市生活环境为己任，克服现有流程的桎梏，主动统筹协调，站在一个城市导演的高度审视TOD方案从经济、社会、交通、环境、能源、文化等不同角度的价值评估，深入理解公交导向的城市生活内容本质和形式空间表象之间的逻辑关系，形成超越眼球文化到认知层面的全局观，形成更可持续发展的TOD项目决策。

3 以多专业整合应对湾区时代“产城一体”

艾奕康设计与咨询（深圳）有限公司 王一旻

3.1 湾区的魅力

在粤港澳大湾区成为继纽约、旧金山、东京之后的世界第四大湾区之际，我们不得不以建筑师的眼光来审视：为什么今天世界最具活力的核心地区都是湾区？

所有的湾区都是天生的海运枢纽，所有的湾区都天生地与山水相连，所有的湾区土地都极其珍贵，带状地沿着海，沿着山连绵伸展。开阔的地方成为都市中心，狭窄的地方成为中心间的过渡走廊，天生的多中心格局规避了平原摊大饼的可能。

沿海的山脊天然划分，形成日后不同的产业层级。当多中心的湾区因海运发展而形成陆运、空港一体化的枢纽，当多中心的湾区一天天联系成网络、形成与山水共生的产城，当一条条跨海跨湾的大桥最终将U形湾区闭环，整个湾区将更加高效，湾区沿岸山水之间形成科技与制造产业成带成网的布局。

粤港澳大湾区人们认识到，再没有比湾区更美的地方。天生的交通枢纽，天生的山水相连，天生的多中心，带状空间结构是大自然给予的禀赋，是上苍造就的基础设施。

正因为没有开阔的土地可以铺张挥霍，需要精打细算，提高容积率，土地复合使用，需要腾笼换鸟，需要在一片土地上，组织所有领域的专业人员，精心谋划所有层级的未来，这也反过来提升了湾区城市的效率与品质，形成今天湾区建设领域关注的一个个热点，河流修复，TOD，城市更新，产城融合——也就是这里的产城一体。

今天在《粤港澳大湾区纲要》的指引下，在国务院发布《关于支持深圳建设中国特色社会主义先行示范区的意见》的背景下，产城一体成为当下及未来城市建设最值得关注的焦点。

每一个产城一体项目均如一个湾区细胞，是政府、企业、设计行业多方协同工作的实验场，是未来人与企业的家园：培养下一代，更孵化新一代企业。

近年来城市建设继TOD理念之后，更倡导以基础设施为导向的IOD理念，其内涵不仅包括传统概念的市政基础设施，更包含以生态为核心的绿色基础设施，以城市本真为核心的文化基础设施，以及以机制等为核心的社会基础设施等。

在大湾区，一座城市可看成一个完整的“产城一体”，一组城市也可看成是巨大的产业密切关联与互补的“产城一体”。那么，大湾区的未来可以看作由一层层及一座座的产城组成。

而今天我们讨论的“产城一体”主要是从项目角度，其占地往往从十几公顷至几平方公里不等，相对规模较小，却同样有着“产城一体”特有的逻辑，在湾区产业网络中闪耀着光芒。

“产城一体”项目基地在考虑之初，往往是镶嵌在自然及现状城市中，并被上位规划城市道路分割成多个地块，每个地块用地性质，各性质用地占总产城百分比，每个地块容积率等各种指标，需要具有意向的开发企业在规划、设计单位配合下，形成初步概念设计，与各级政府相关部门进行多轮沟通，并逐步形成概念规划设计，经相关规划主管机构审批通过，反映在控规中。

3.2　定位与愿景

3.2.1　大湾区解读

1）大湾区经济基底与发展态势

粤港澳大湾区由香港、澳门2个特别行政区和珠三角9个地市组成，包含2种制度、3个法域和关税区，流通3种货币。中国社科院财经院和孙中山研究院联合发布的《四大湾区影响力报告（2018）：纽约・旧金山・东京・粤港澳》测评结果显示，粤港澳大湾区的经济影响力位列四大湾区之首，整体影响力指数排名第3，高于东京湾区。从地均产出和人均GDP上看，粤港澳大湾区还有较大提升空间（表3.1、表3.2）。

中央在《粤港澳大湾区发展规划纲要》中对粤港澳大湾区的战略定位有五个：一是充满活力的世界级城市群，二是具有全球影响力的国际科技创新中心，三是“一带一路”建设的重要支撑，四是内地与港澳深度合作示范区，五是宜居宜业宜游的优质生活圈，充分体现了以产城融合为基本路径，迈向国际的发展理念。

大湾区各市根据自身资源禀赋及发展基础进行差异化定位。

2）大湾区产业规划蓝图

粤港澳大湾区产业规划框架包括三大产业群、四大合作平台、三大都市区（图3.1）。

三大产业群包括广深科技创新走廊、珠江西岸先进装备制造产业群、珠江东岸高端电子信息制造产业带，差异发展与协调互动相结合。四大合作平台包括前海、南沙、横琴、服贸自由化省级示范基地。三大都市区包括广佛都市圈、深港大都会、珠

世界四大湾区2017年基本经济情况　　表3.1

	陆地面积（km^2）	GDP（亿美元）	常住人口（万人）	地均产出（亿美元/km^2）	人均GDP（万美元/人）	经济增速
粤港澳大湾区	56000	13400	6659	0.24	2.0	7.9%
纽约湾区	21000	15000	1983	0.71	7.7	3.5%
旧金山湾区	17955	8000	765	0.45	10.5	2.7%
东京湾区	14000	13000	3570	0.93	3.6	3.6%

数据来源：新华社

2018年粤港澳大湾区9+2市基本经济情况及定位　　表3.2

战略地位	城市	常住人口（万人）	人均GDP（万元）	GDP名义增长率	城市定位
四大核心引擎城市	澳门	67	62	7.7%	世界旅游休闲中心
	香港	725	36	6.3%	国际金融、航运、贸易中心
	深圳	1303	19	7.7%	国际科技、产业创新中心
	广州	1490	16	6.3%	粤港澳大湾区核心增长极
重要节点城市	珠海	189	16	8.9%	大湾区的中心连接点、交通枢纽
	佛山	791	13	5.7%	制造业创新中心
	中山	331	11	5.9%	珠江西岸区域科技创新研发中心
	东莞	839	10	9.2%	粤港澳大湾区先进制造业中心
	惠州	483	9	7.1%	粤港澳大湾区科技成果转化高地
	江门	460	6	7.8%	沟通粤西与珠三角的桥梁
	肇庆	415	5	4.3%	大湾区连接大西南枢纽门户城市

数据来源：统计公报、统计年鉴。

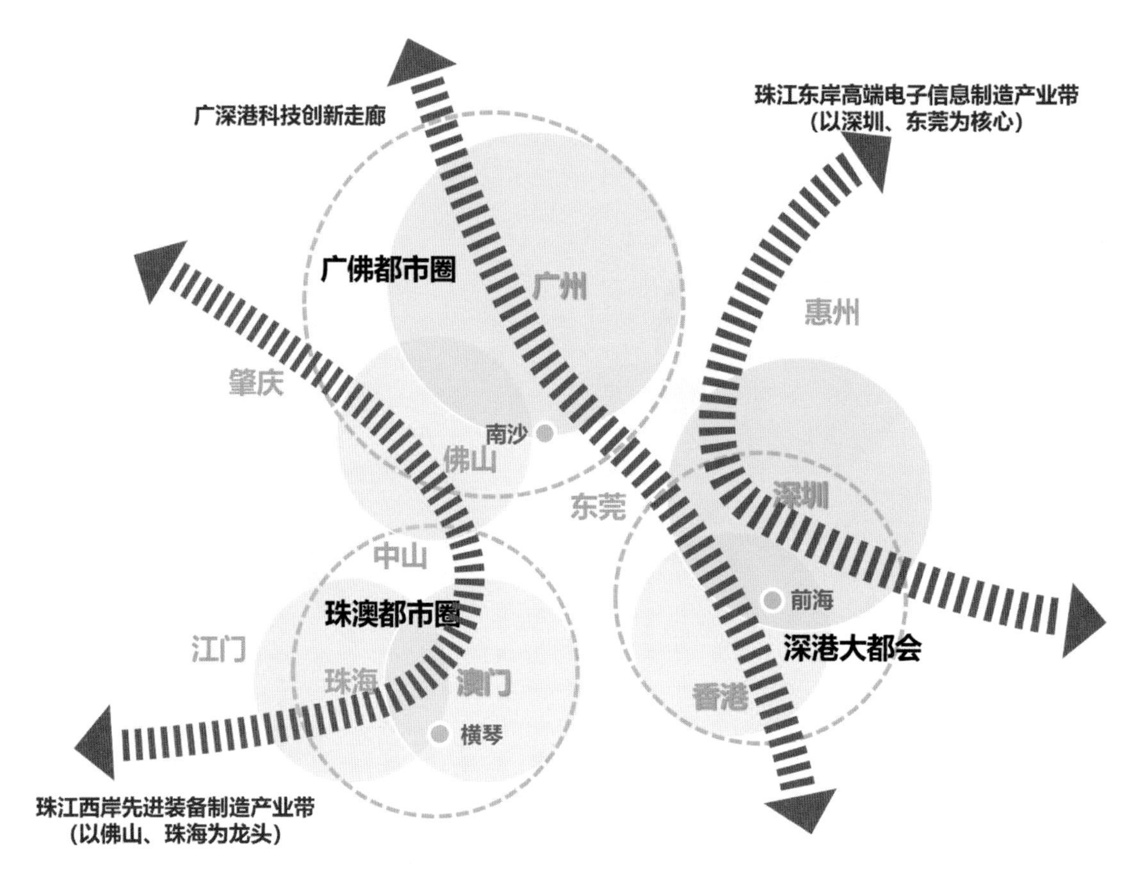

图 3.1　大湾区产业规划框架

澳都市区，以点带面，以成熟都市区有序扩张带动大湾区城市一体化发展。

3）大湾区产业发展模式判断：产城融合下的良性循环

大湾区产业的发展路径是更紧密的产业融合和更高效的资源配置。产城融合的发展理念，为产业深度合作、人才等稀缺资源高效配置提供了最佳平台，以地均产出、人均产出双提升的方式促进大湾区集约化发展；大湾区产出效率的提升、产值的扩大，又进一步促进产城融合发展，实现良性循环。

3.2.2　定位与愿景

1）定位逻辑：融入湾区，错位发展，优势挖掘

在具体项目中，宏观上，在大湾区“三大产业群＋四大合作平台＋三大都市区”总体产业规划框架下，根据项目经济基础、产业基础、区位联系，判断项目战略定位和产业发展方向，在发展格局上融入大湾区。

中观上，分析项目与大湾区各城市的发展关系，解析区域间产业梯度与竞合关系，确立项目各发展阶段的角色定位（整合者 / 挑战者 / 追随者 / 补缺者），为未来深度产业合作打下基础。

微观上，分析项目基地条件，梳理短期可依托的要素和资源，寻找产城融合项目落地突破口（图 3.2）。

（1）整合者：处于高端产业聚集区，掌握产业链尖端资源，功能定位为以创新科技服务中心、金融贸易中心等服务业为主。

（2）挑战者：处于产业转移第一梯队，承接核心区溢出的高端制造、技术研发、产品测试等高附

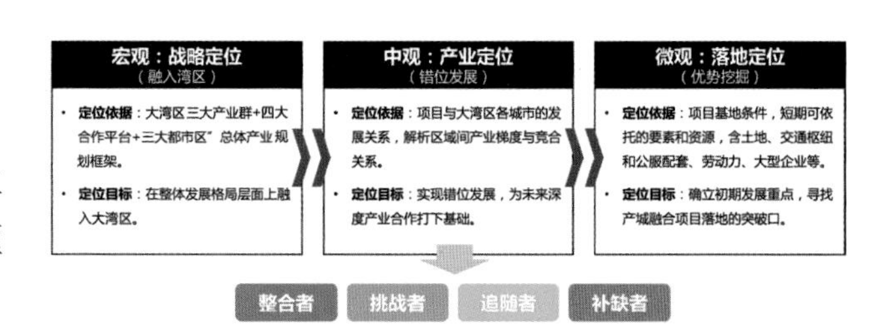

图 3.2　粤港澳大湾区产城融项目定位逻辑

加值工业，定位特定领域的生产中心、研发中心、测试中心、集散中心等先进制造功能。短期与周边区域磨合竞争，长期将形成互补支撑的先进制造业聚集区。

（3）追随者：处于产业转移第二梯队，以追随临近的第一梯队产业链为主要发展动力，同时承接一般制造业转移，定位特定领域的零配件中心、集散中心等以先进制造为核心的配套功能。长期来看，追随者将融入挑战者形成的先进制造业聚集区，进一步优化产业布局与合作，提升产业能级、影响力和竞争力，促进多中心互补格局的形成。

（4）补缺者：处于产业转移第三梯队，产业转移资源有限，但生态资源、农业资源相对丰富，定位城市休闲、都市农业、生态旅游等以生态、农业为核心的城市后花园功能。

2）愿景体现：以人为本的产城互动

《粤港澳大湾区发展规划纲要》勾勒出了充满活力的世界级城市群，具有全球影响力的国际科技创新中心，宜居宜业宜游的优质生活圈的远景，注定不久的将来，来自世界各地的人才都将聚集在这一座座产城里。

实际项目操作之初，认真考虑产城中产业与居住量的匹配，产城中的人口构成，产城中及更上层产城围绕人的工作、商业、生活等的交通设施与自然环境，还有产城建设的分期节奏（图3.3）。

（1）小型 × 中心区：通过融入城市、引领产业达到产城融合与互动

位于中心区（核心区）的小型项目，用地面积偏小，与市中心无缝衔接，在大湾区优质配套共享上具有天然优势。项目产品上更多体现高端引领的整合功能，表现出高密度、高价值、高效率的产业高度集约模式，公共设施、商业、住宅等生活配套以共享中心区资源为主。

（2）中型 × 城郊：长期通过项目与中心区沿线的开发彻底融入中心区

位于城郊（第一梯队）的中型项目，与中心区保持较便利的交通连接性，但无法容纳完整的城市

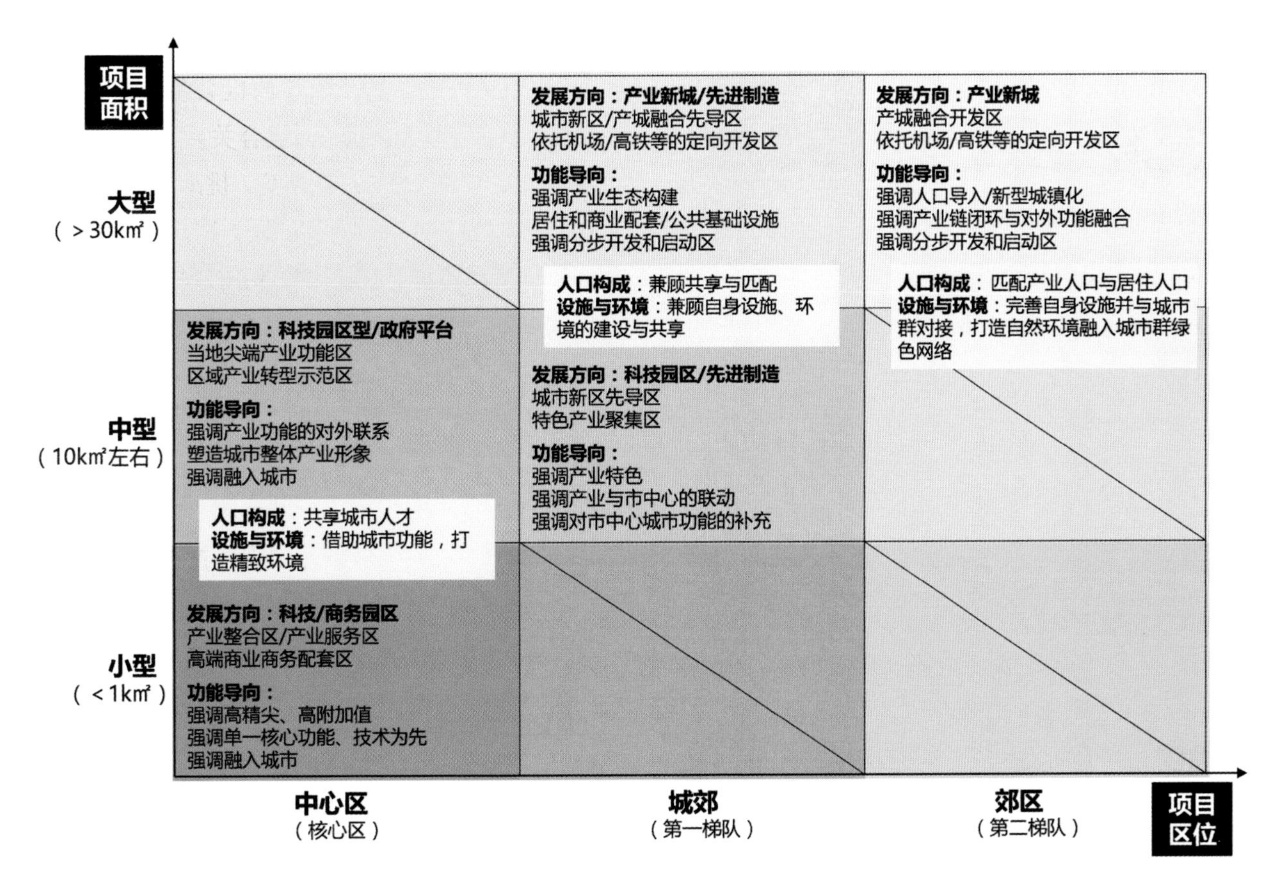

图3.3 基于项目区位 × 项目面积的功能导向分析

功能。项目产品上，短期内加强与中心区的交通联系，共享大型公共设施，引进日常生活配套，在城市功能上“以新代全、以精补缺”，同时发展项目特色产业资源与产业职能，吸引产业进驻。

（3）大型 × 郊区：通过建设产业新城、新型城镇化、产业链闭环达到产城融合与互动

位于郊区（第二梯队）的大型项目，能发展完整的城市功能，需要强大的产业链吸纳各层次人口来带动发展。项目产品上，建设先进、完善的公共设施，引进商业、住宅、娱乐、休闲等多元的生活配套，发展与周边区域错位互补、产业链闭环的产业体系，通过城镇化、中心区溢出，吸纳大量结构多元的产业人口与居住人口。

通过梳理大湾区的产业规划蓝图，为项目定位提供基本指引，结合项目竞合关系进一步明确产业发展方向和载体建设需求，通过基地条件寻找项目落地的突破口，在由宏观到微观的视角转换中，始终以“人”的需求为线索，把握项目产城融合发展的生命线。

3.3 立体与高效

3.3.1 霍华德田园城市的传承更新

20 世纪初，霍华德提出的明日田园城市作为现代城市规划理论的开端，力图实现城市、产业、人、生态的平衡，通过讨论住宅、工业和农业区的比例提出了一个自给自足的田园都市模型。他设想的田园城市是在 6000 英亩（约 2428.11hm²）的土地上安置 32000 个居民，城市呈同心圆式布置，设有开放空间、公园和 6 条 120 英尺（约 37m）宽的林荫大道放射线（图 3.4）。田园城市可以自给自足。从现在的视角回顾，这就是“产城一体”项目的雏形。

一百余年之后，伴随全球城市化的发展与科技的进步，人口的膨胀，土地的稀缺，城市需要更高的效率、更高的密度，同时依然保持与自然的和谐，应运而生的立体与高效的“产城一体”理念是对霍华德二维主导的田园城市的升级。

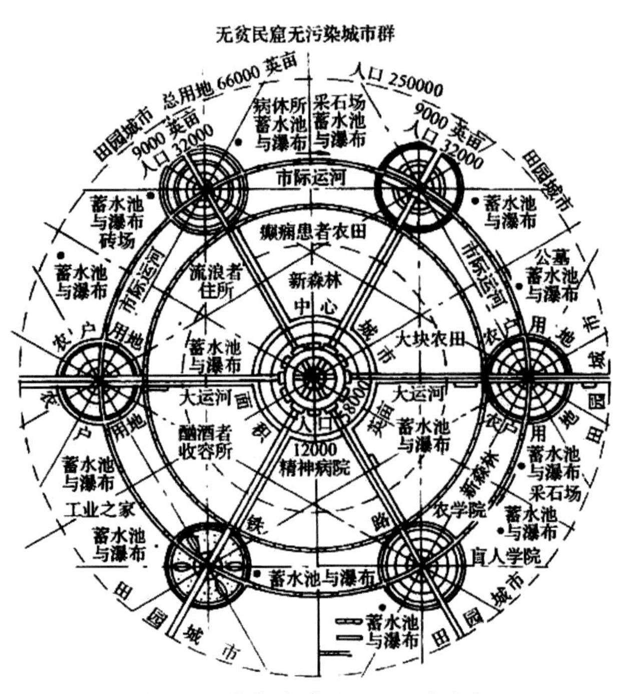

图 3.4　霍华德《明日田园城市》

3.3.2 大湾区区域规划梳理

在对具体项目进行产业研判的同时，从区域规划角度研判项目与大湾区相关规划（《粤港澳大湾区发展规划纲要》《广深科技创新走廊规划》《广东省推进粤港澳大湾区建设三年行动计划（2018-2020 年）》）之间的关系，研判项目落位是否属于或临近大湾区或广深科技走廊的重点项目（图 3.5）。

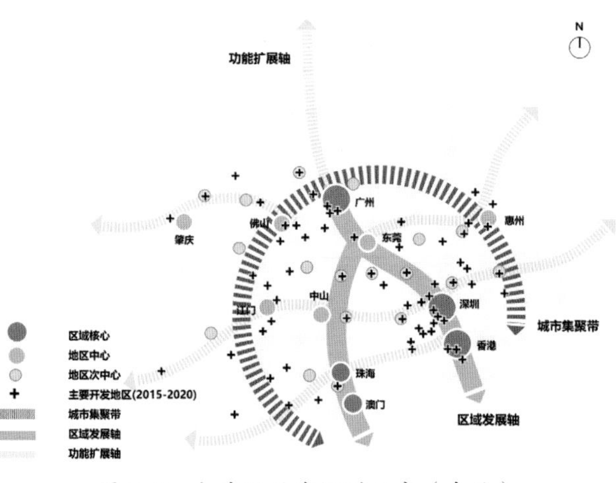

图 3.5　大湾区区域规划示意（自绘）

粤港澳大湾区建设是新时代国家改革开放下的重大发展战略，在《粤港澳大湾区发展规划纲要》的空间规划中，对大湾区“9 + 2”的城市结构提出了发展要求：“极点带动、轴带支撑、辐射周边，推动大中小城市合理分工、功能互补，进一步提高区域发展协调性，促进城乡融合发展，构建结构科学、集约高效的大湾区发展格局。”

3.3.3 大湾区城市结构梳理

中观层面研究基地与湾区“9 + 2”座城市之间的各项联系。研判基地在城市结构中的位置及其与周边设施的关系，如基地与其所在的城市重点板块之间的关系，或者基地与其毗邻的两座乃至三座城市板块之间的关系。

1）基地与周边未来的关系

明确基地所在的功能板块和城市发展规划之间的联系（图 3.6）。

2）基地产业项目落位的关系

特别是国家级 / 省级的项目与基地的关系。如新城或新区的建设计划，现阶段政府大力推动发展的重点项目落位的产业空间类型等（图 3.7）。

3）基地在区域中的地位

明确基地所在片区和周边的功能板块和功能区以及基地与城市级和区域级发展轴 / 带的关系，结合产业研判，给出项目定位（图 3.8）。

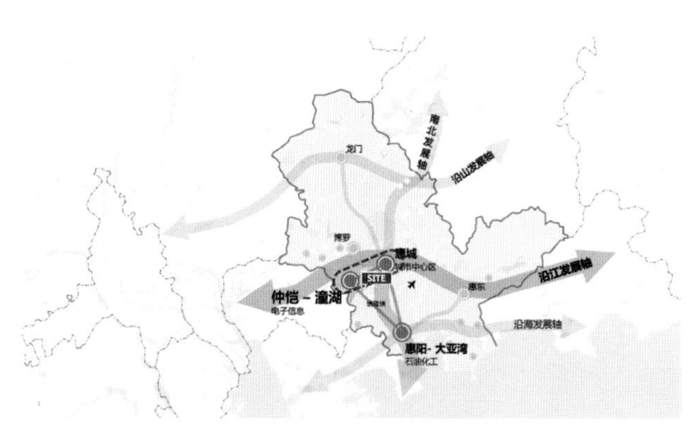

图 3.6 惠州市仲恺高新区人工智能产业园基地与周边未来关系

图 3.7 惠州市仲恺高新区人工智能产业园基地产业定位

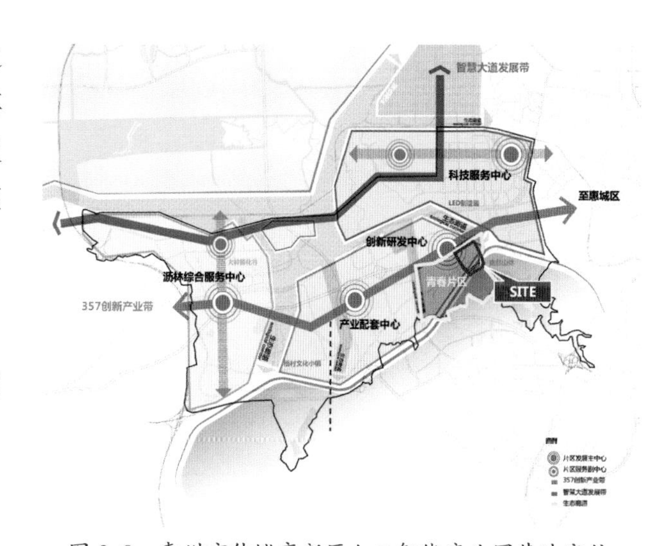

图 3.8 惠州市仲恺高新区人工智能产业园基地定位

4）建立产城系统

在此基础上，以各个层次的区域交通为主轴，分析基地与重点城市板块和产业落位之间的空间联系。

（1）产城交通系统

交通是联系周边的基础骨架和基本条件，应就大湾区快速交通网之间的联系和与轨道交通的关系作专项研究。

（2）产城功能联系

总体规划部分应从土地利用层面分析基地周边已有规划的区域主导功能，从而探讨基地的用地功能与其周边的联系。

（3）产业联系

产业是产城融合项目最重要的要素之一，总体规划应该分析基地所在片区已经落位或已经确定置入的重要产业设施与基地之间的相对关系。

（4）自然山水系统

自然山水基底是基地最基础的识别条件，必须加以利用。通过分析基地周边可以利用的自然山水元素确定基地原始基因，以便未来的设计能够让自然渗透进城市，为提升区域空间品质打下坚实基础。

3.3.4 四个典型产城结构

通过大量项目样本的研究和归纳，可以总结出四种常见的产城一体城市空间结构。它们因基地规模、容积率、周边城市交通、自然状况不同而不同，保持着各自的特色与平衡点（表3.3）。

四种典型产业城结构与案例　表3.3

	适用空间类型	适用产业结构	容积率	相关经验
带状结构	受红线或地形影响的狭长基地	较为单一的产业结构类型	4.0	碧桂园思科智慧城
“单核圈层”结构	有强烈的向心力的空间类型	核心产业+周边产业	3.5	惠州市仲恺高新区人工智能产业园，深圳龙岗坂田雅宝
“咬合渗透”结构	上位产业与居住用地分离	产业分区清晰	2.0	南京江宁方山生态智慧谷
“双环多心”结构	一般规模较大，产业与居住分布均匀	全产业链结构	2.5～3.0	东莞黄江大冚人工智能小镇

1）带状结构

以带状结构组织空间建立产城关系，居住设施均匀分布在产业两侧，以便捷的通勤条件让城市成为密不可分的整体（图3.9）。

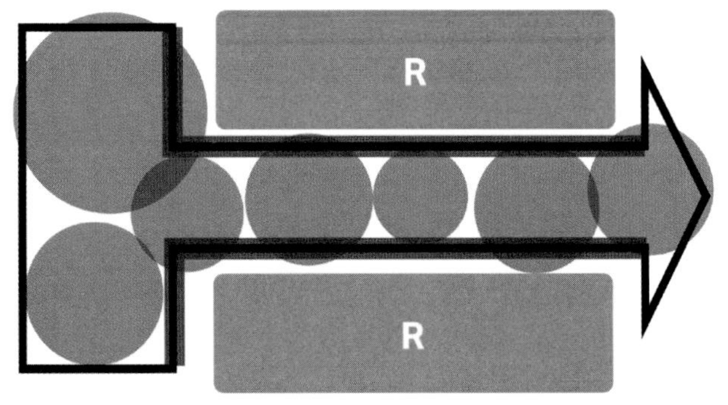

图3.9　带状结构

2）“单核圈层”结构

围绕核心产业设置相关产业圈层，延伸环绕产业服务以及商业圈层，外围设置环状居住设施，通过交通基础设施和绿色基础设施轴线建立十字骨架，形成紧密联系的产城圈层结构（图3.10）。

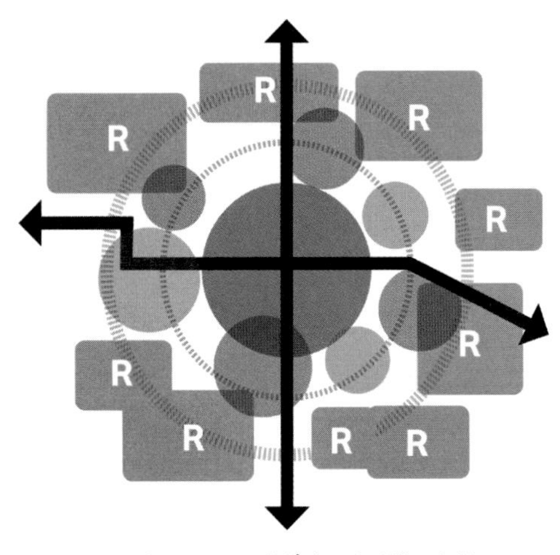

图3.10　“单核圈层”结构

3）“咬合渗透”结构

产业和居住片区都均质地分布在独立地块中，以产业与居住服务设施的功能关系连接产城结构（图3.11）。

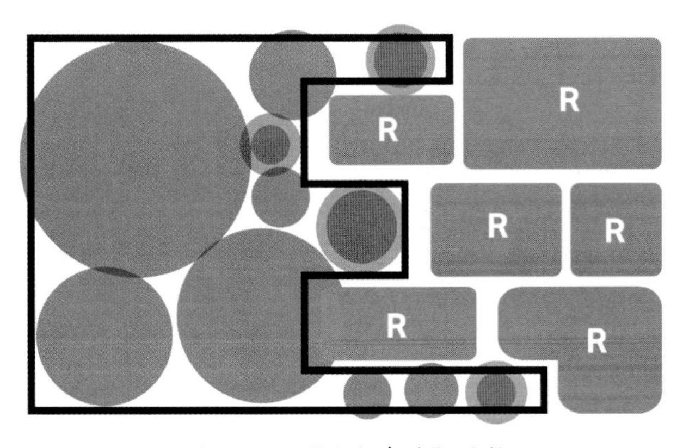

图3.11　“咬合渗透”结构

4）“双环多心”结构

适用于基地尺度较大时产城融合项目。“功能环＋景观环”双环结构的双重叙事手法串联区域各大核心节点，以点带面，通过节点带动片区发展，形成环环相扣的紧密城市空间（图3.12）。

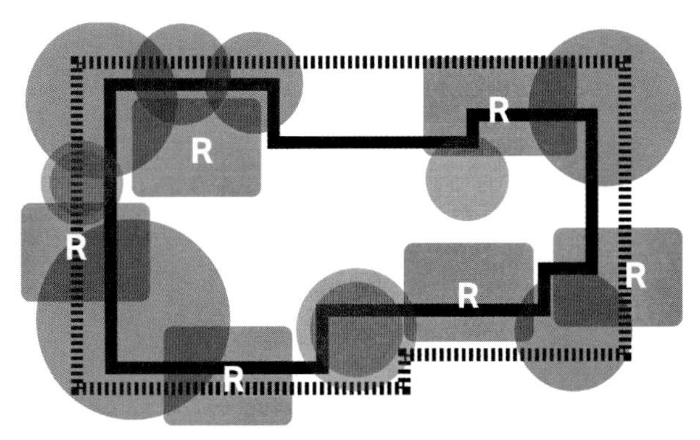

图 3.12　“双环多心”结构

3.3.5　基于土地开发量的规划产城人口估算

我国城市总体规划的编制一般是根据预测的城市人口规模和人均城市建设用地指标来确定城市建设用地规模，然后根据城市人口的空间预分布确定各类公共服务设施、基础设施的建设标准和规模，形成“人口—用地—设施”的规划逻辑。

1）产业人口估算

产业人口规模预测采用产业劳动力需求法，即由工业用地规模推测出产业人口规模。根据产业建筑面积与人均办公面积估算未来的办公人口。

2）配套服务人口估算

在产业园和城镇开发建设带动下，交通运输、信息咨询生产服务业和商贸、教育、卫生等生活服务业也随之发展，参考相关产业的就业结构，直接就业人口与配套服务业就业人口比例为 2.5 ∶ 1，依此计算。

3）居住人口估算

结合上述分析，根据产业特色预测人口就业年龄结构，确定就业人口中的单身职工比例，从而确定带眷职工平均带眷系数。

3.3.6　立体高效系统构建

随着大湾区建设的进行，集约化的建设原则越来越多地体现在建设要求中，这导致项目容积率提高。在这样的政策影响下，为了满足未来产城一体的新城高效运行，经过多个项目的实践总结，得到一个多维度系统构建的立体高效的城市结构。不仅仅关注平面的用地类型，而是更多从立体开发的视角竖向构建城市系统，集约利用土地的同时置入高效运转的产城体系。具体如下：

1）地下层策略构建

（1）建议从一体化建设角度与地下轨道交通主管部门统筹地下空间规划。

（2）鼓励过境交通下穿，建议到达交通直接通过地下环隧与地下车库连接，优化到达路径，提高交通通行效率。

（3）根据相关城市城乡规划管理技术规定合理布局停车面积和地下车位数量。

（4）可结合地下轨道站点和通道设置地下商业，活化地下空间。

2）地面层策略构建

（1）在地面层重点设置商业空间，以零售、餐饮和休闲娱乐等配套服务功能为主。鼓励设置小型超市、特色专卖店、便利店等零售网点，酒吧、茶室、咖啡馆等餐饮网点，适度设置仓库、园区智慧交通中心等配套。

（2）建议划定货车及临时社会车辆通道，并按地区标准或法定规划要求配置公共停车场。

（3）建议在适当位置设开放式街区，并以未来智慧交通建设为导向设计可迭代的街道断面。

（4）地块车库出入口设于各地块建筑内部，可根据批准方案调整公共出入口位置。

3）跨街层策略构建

（1）为了加强产业地块之间的连接，或提高产业与居住之间的通勤便利度，鼓励设置公共慢性连廊体系。

（2）建筑屋顶鼓励采用屋顶绿化，连廊建设鼓励垂直绿化。

（3）连廊建设应该优先考虑风雨连廊。

（4）公共慢行连廊体系在地块内单幅宽度

为 15 ～ 20m。其余地块间连廊单幅宽度控制为 5 ～ 8m，采取连续镂空形式（参考《深圳市建筑设计规则》）。

（5）跨街建筑物所占市政道路上空连续总长度（沿道路通行方向）不宜大于 30m；超过 30m 时应每隔 30m 设置长度不小于 15m 且至少与车行道等宽的露天开口。

（6）如有绿地或水域，建议公共慢行连廊体系在满足堤防安全的前提下在绿地系统设置上下楼梯。

（7）连廊平台面相对竖向标高不小于 6m，建议按 ±0.0m 相对标高以上单体净密度核算指标。

4）面向未来的立体高效系统策略

（1）为适应传统工业向新技术、协同生产空间、组合生产空间及总部经济、产业等转型升级需要，以深圳为首，湾区各大城市纷纷在工业用地（M 类）中增加新型产业用地（M0）。新型产业用地是指融合研发、创意、设计、中试、无污染生产等创新型产业功能以及相关配套服务活动的用地。M0 的用地形式更加丰富，容积率更高，且拿地成本也比商服用地要低。但供地前后政府的监管极为严格，避免房地产开发钻空子的行为。

深圳新型产业用地严格限定普通工业厂房最小分割面积为 1000m^2，新型产业用房最小分割面积为 300m^2；容积率规则方面，工业项目取消容积率上限；配套用房的计容建筑面积不得超过项目总计容建筑面积的 30%。

惠州新型产业用地强调产业业态由功能单一的产业园区向“总部＋研发设计＋核心部件制造＋文化＋创意＋体验”复合型园区转变。并要求 M1 ＋ B1 主导用途的建筑面积（或各项主导用途的建筑面积之和）不宜低于总建筑面积的 70%（图 3.13）。

东莞新型产业用地规定产业用途的计容建筑面积不得低于项目总计容建筑面积的 50%；配套用房的计容建筑面积不得超过项目总计容建筑面积的 30%，配套宿舍可参照公租房标准进行设计；配套型住宅（R0）的计容建筑面积不得高于项目总计容建筑面积的 20%，限定出售给入驻企业。

（2）在新型产业用地园区内鼓励配建智慧交通中心、产业孵化中心、招商服务中心、智慧运营服务、科创金融平台、党群服务中心等产业类配套及居民就业指导中心、共创空间、共享社区、企业展廊等多元化生活类配套。

（3）随着更多的交通量被地下交通疏解，路面交通的变化使得将地面空间还给行人变成可能。考

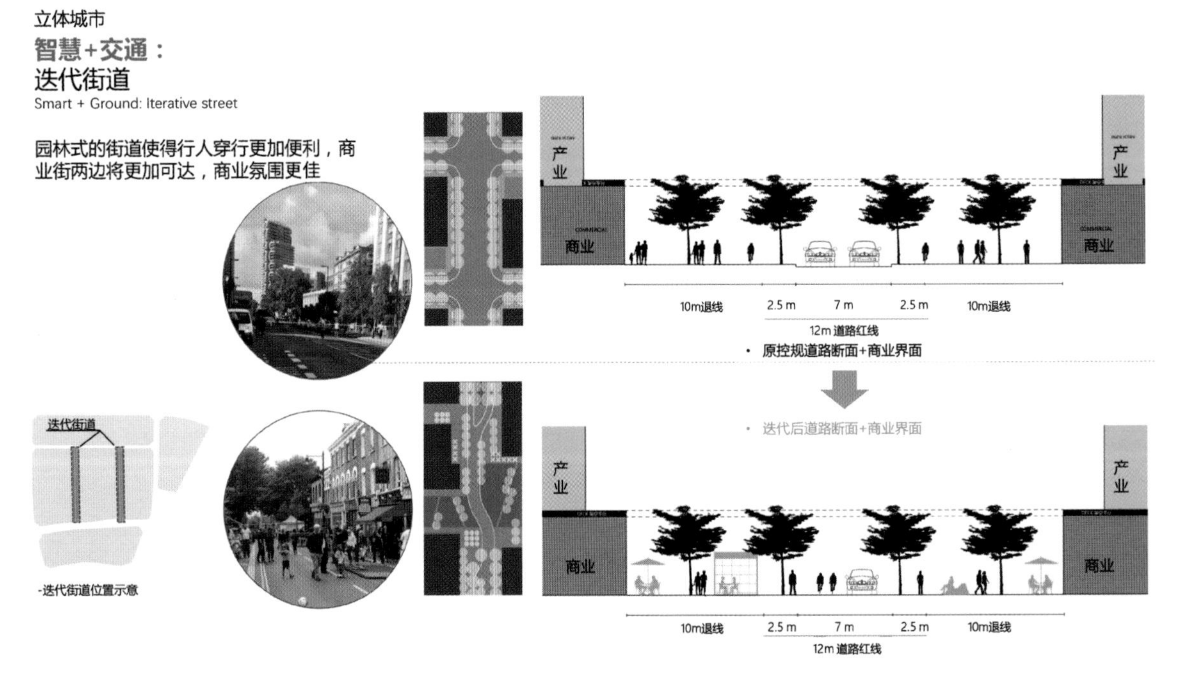

图 3.13　惠州市仲恺高新区人工智能产业园

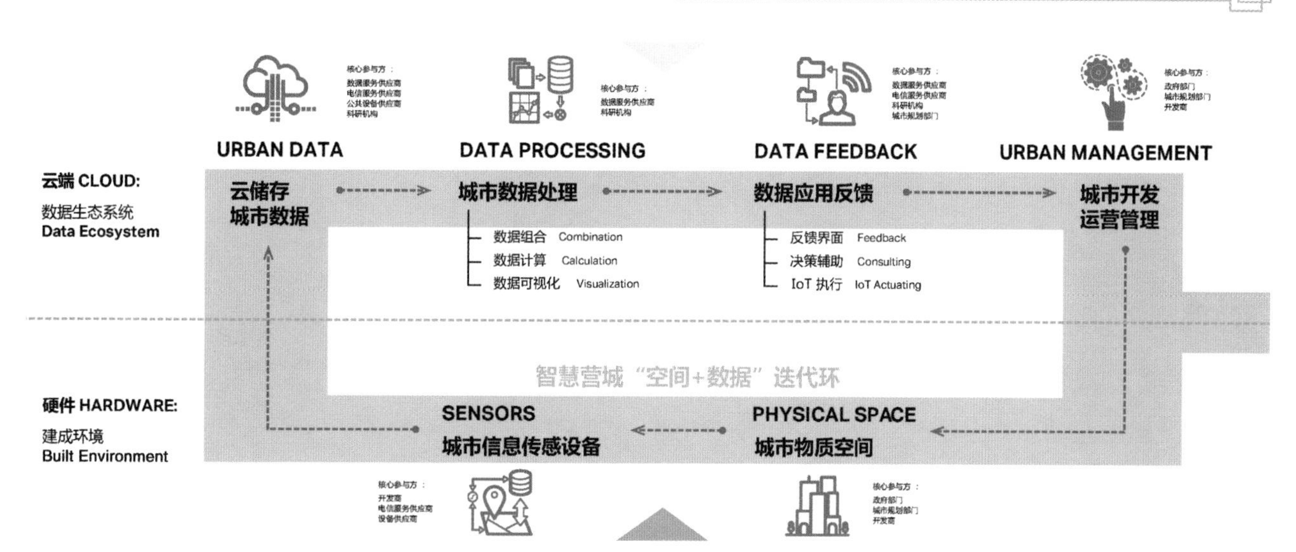

图 3.14　智慧城市服务设施平台

图片来源：自绘

虑到未来的交通建设，建议在控规道路设计的基础上考虑未来以智慧交通建设为导向，设计可迭代的街道断面。

（4）作为面向未来的基础设施，一体化的建设也使智慧基础设施的铺设成为可能，传感器和各类智慧城市服务设施自建设伊始就置入新城物理空间，配合智慧中心的搭建，是实践湾区智慧城市研究成果的绝佳平台（图 3.14）。

3.4　山水与生态

在中国传统城市营造的过程中，城市从最初的顺应自然山水，到与自然山水和谐共融，反映了“城市”与“山水”平衡这一永恒的主题。习近平总书记强调“绝不能以牺牲生态环境为代价换取经济的一时发展”，多次提出“绿水青山就是金山银山”。

如前所述，山水肌理是湾区天然的禀赋，是湾区之美，是城市绿肺，也同时注定湾区的产城一体项目和城市的山水自然环境有着千丝万缕的联系。每一个产城一体项目不仅是打造自身产城环境，更是对城市生态网络的完善，是有机的组成部分。

3.4.1　解读宏观层面：湾区生态安全格局

大湾区实现产城融合，离不开完善整体的生态安全格局，安全韧性的生态环境是可持续发展的基础。产城规划整体必须融入整体的生态安全格局，呼应总体湾区山水林田湖草的生态韧性安全屏障，全方位巩固湾区绿色基础设施，为城市产业发展和居民生活塑造一个完整的生态环境。

3.4.2　参与中观层面：编织蓝绿生态网络

中观层面涵盖了山地、水系和平原三大空间类型，形成斑块—廊道—基底的生态层级关系。这些空间类型影响了城市空间形态的构成，也影响了人类在这片场地发生的生产生活活动，可以总结为沿点状围合、沿带状开发和沿平面铺展三种开发范式（表 3.4）。

景观与产城融合形态一览表（中观层面）

表 3.4

	地形特点	景观空间形态	产城融合范式	项目代表
山地	竖向拔高	斑块	沿点状围合 沿带状开发	大南山总体规划
水系	竖向降低	廊道	沿点状围合 沿带状开发	大空港新城区截流河总体设计
平原	平缓连绵	基底	沿平面铺展	海上世界

1）山体：“城市绿肺”的保护与开发

（1）合理规划，划定保护范围，进行分级保护。

（2）构建视觉景观，打造“显山透绿”效果，营造可亲近的城市山林空间。

（3）挖掘文化景观内涵，确立山体景观地名地标。通过挖掘文化景观内涵，对这些山体开展景观地名、地标体系确立工作。

项目代表：深圳大南山公园景观规划设计

深圳大南山公园位于深圳市西部半岛，是深圳市内同时拥有山、海、城景观资源的城市公园，也是眺望香港的最佳景观点；周边拥有丰富的旅游、自然、产业资源，与各类型的产业有众多的交接面，辐射前海自贸区、蛇口自贸区、蛇口网谷、南海意库等。

（1）面临挑战

如今大南山公园仅作为一个服务于周边居民及徒步爱好者的城市公园，面临一系列挑战，诸如有山不见山、可达性弱、体验单一、有绿化无景观、土壤存在问题以及与区域联动的潜力不足等问题。

（2）五大规划目标

① “无边界的城市公园”。完善大南山公园与周边区域的关系，建立公园与滨海之间的步行联系，提升公园入口形象。

② “世界级的山地游览体验”。完善旅游步道系统，通过研究半山及山顶步道系统、山顶服务核来增强游人的游览体验。

③ “深圳城市的精神文化高地”。诉说改革开放的历史记忆，放眼创新之都的康庄未来。

④ “山海联动的立体交通体系”。多元交通系统的完善，考虑电瓶车及停车系统的建立。

⑤ “生态自然的城市中央公园”。生态雨水收集系统的设置及可持续林相改造策略，形成深圳生态示范的城市中央公园（图 3.15）。

图 3.15　大南山整体鸟瞰图

2）水系：“城市脉络”的安全与保护

《粤港澳大湾区发展规划纲要》明确提出强化水资源安全保障的重要性。粤港澳大湾区地处珠江三角洲，自古拥有发达的城市水系和优越的临海资源。城市的水系空间给予城市深厚的文化底蕴，水系景观也成为大湾区文化和地域风情象征。在总体城市规划和城市设计中，以水而定，量水而行，因地制宜，分类施策是基本要求，具体有以下指导原则。

（1）明确水系资源的保护范围

① 完善水系的保护措施，划定蓝线保护的范围，维护水体生态生物安全系统，净化水体，保证水体清洁、水质优良、水体形态真实展现。

② 恢复原有的及破坏中的水系生物带，强化河流生态和景观的双重重要性。

③ 滨水区的绿带要有连续性、完整性，与周围建设用地紧密联系。滨水两岸要规划一定宽度的绿化带，形成安全多样的植物群落系统。植物选取有地域性、乡土性、多样性的树种。

（2）打造网络化生态系统，提供市民休闲的场所

① 滨水区是城市发展的重要景观轴线，滨水地区的独特优势在于它的亲水性，要特别重视对滨水岸线的处理，与其他元素要很好地结合起来，相互映衬，以形成富有特色的滨水景观岸线。

② 与城市公园、广场、绿地游园等，形成网络化生态系统，通过道路的连接，将滨水区与对视的山体相连，展现“显山露水”的视觉廊道，使水域和陆地的功能有机结合，凸显城市特色，丰富城市景观。

（3）挖掘当地文化内涵，打造地方文化标志

滨水区规划设计中，挖掘城市文化内涵，赋予滨水文化意境，打造地方文化标志，同时也可

以水系的外形赋予城市文化内涵，展现城市特色，感受人、生态环境、城市有机结合的城市风貌景观。

项目代表：大空港新城区截流河（生态修复）综合治理工程

空港新城截流河毗邻深圳国际会展中心，处在空港新城的核心地带。它贯穿片区南北，主河道长约 6.4km，南北连通渠分别长约 1.2km，红线内总面积约 131 万 m^2，河道边线至红线景观面积约 64.7 万 m^2（图 3.16）。

图 3.16 截流河综合治理工程鸟瞰图

（1）巩固生态韧性措施：两河一环，重塑新城蓝绿网络；汇总上游水涌环境；防潮治涝；整合碎片化生态斑块；构建栖息地系统；栖息地复育。

（2）城市连接措施

① 绿地系统定位

分析大空港新城南北走向的绿地的功能定位，从而推导出截流河在新城绿地系统中扮演的角色，即截流河作为连接海洋新城和西部沙井工业区的重要纽带，未来将成为整个会展新城的中央河道公园，同时兼具城市防洪防涝和生态修复的重要功能。截流河的空间是动静结合，以静为主。

② 城市功能定位

截流河作为会展中心门户，连接东西两岸城市发展，承担部分城市休闲及商业活力功能，反映两岸发展动静河岸的不同特征。

3.4.3 打造微观层面：建立立体复合产城生态体系

根据产业、商业、居住、其他配套四大类产城业态打造不同需求的景观产品，结合景观专业特有的公共开放空间，从微观层面参与产城融合的过程（表 3.5）。

（1）融入周边自然环境肌理。通过搜集项目周边环境的典型或特色自然肌理、地貌特征等，理清其背后的自然规律和现象成因，并尝试通过景观设计融入整体环境当中。

（2）多层次地打造立体三维空间。从三维空间视角出发，以地上、地面、地下三层与建筑共同打造立体空间，形成高效复合、功能弹性、步移景异的全景体验。

（3）加强高科技信息交流和地域特色建筑材料。“山水城市”在追求生态城市的同时要追求科技的进步、信息网络的完善。景观选材上应以地方材料为主。

（4）增加环保节能技术运用。鼓励水以及其他可再生资源的循环利用，并有效地处理城市垃圾。

景观与产城业态融合一览表（微观层面） **表 3.5**

	产品特点	绿地率	立体绿化专项需求	项目代表
产业（办公）	安静、大气、简洁	≥20%	中	星河 WORLD
商业	热情、高技、时尚	商业用地≥20% 商务办公区≥25%	中	世茂深港国际中心
居住	私密、尊贵、高品质	旧区改造≥20% 新建小区≥35%	高	深圳湾一号
其他配套	经济、实用、低维护	≥25%	低	深圳宝安机场
公共开放空间	开放、密集、文化性	公园≥60% 广场≥30%	中	海上世界

项目代表：星河 WORLD

星河 WORLD 项目基地依山傍水，自然环境优越。业态涵盖办公、商业、公寓、住宅、文化展览馆等。在前期阶段，规划、建筑与景观专业共同协作，以保证环境影响最小化、生态效益最大化，力求打造建筑与环境有机融合的典范案例。使用雨水收集系统、环保及节能材料，智能系统作为“软设计”，同时设计细化贯彻到各个层面。

（1）融入山水的区域生态绿环

① 景观主动融入区域生态绿环。基于坂田城市生态网络系统的基础，在顶层设计层面注入绿廊连接系统，通过绿色基础设施将雅宝森林公园、基地与民治水库整合为都会丛林，为宜人的生态环境注入绿色生命力，体现公园城市“人、城、境、业”的大美城市创想。

② 贯彻海绵城市理念，融入城市水生态系统。商业及生活用水尾水根据不同水质要求进行深度处理后补给景观水体用水以及场地杂用水，结合海绵系统的雨水收集系统，实现雨水和商业生活尾水的再生利用，减少自来水的用水量和场地雨水排放对市政管网的压力。

（2）打造三维复合的开放空间

开放空间立体化复合，首先应考虑功能复合时的组合关系，遵循功能复合弹性原则，为不同的特定使用人群提供最灵活多样的空间；其次，对具体位置如屋顶、地下、室内等，应探讨和论证是否可以适应特殊的采光、通风、给排水以及安全疏散等的环境条件，以完整贯彻空间的功能整体定位，提供舒适的微气候自然条件（图 3.17）。

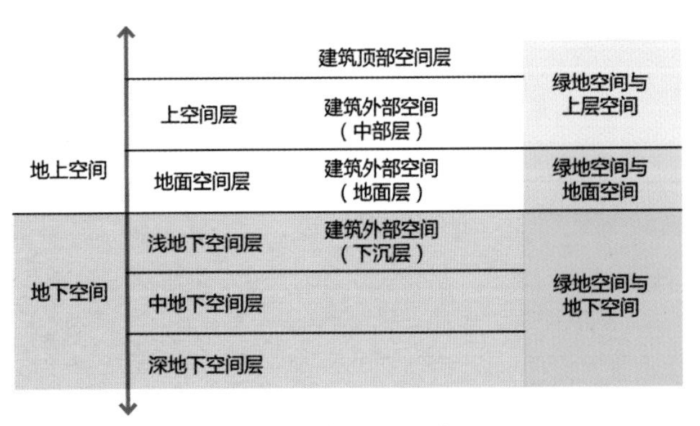

图 3.17　复合开放空间

① 绿地空间与地下空间。绿地空间位于地面层，通过对地下空间的开发利用，如建立车行通道、商业街等形式，为地面留出宝贵的开放空间，有助于实现用地紧张条件下各项功能的均衡分配。

② 绿地空间与上层空间。绿地空间位于地面层，在其上层构筑其他功能空间，或者在其周围建立半围合空间，表现为绿地空间上层架构廊道、平台等，可以丰富竖向空间和塑造亲近宜人的尺度。

③ 绿地空间与建筑空间。绿地空间通常不在地面层，建筑空间除了房屋以外，还包括人工构筑如桥、塔、烟囱等，在人工构筑上进行绿化甚至建立活动场地。绿地空间以软景设计为主，创造柔性空间与场地。

（3）采用高技节能的地域景观手法

① 利用可再生能源节省场地能效。将太阳能、风能转换成场地的功能性照明和智慧管理系统，实现可调节微气候温度的雾喷降温、智能充电、智慧照明等功能，在节省能效的同时提升参与体验。

② AR 可视化系统。结合最新 AR 技术，将用户的智能移动端产品与场地深度融合，虚拟三维可视的真实场景，体现新时代深圳作为大湾区高科技技术龙头的示范作用。

综合宏观、中观和微观的分析，应该牢固树立和践行绿水青山就是金山银山的理念，像对待生命一样对待生态环境，实行最严格的生态环境保护制度。坚持节约优先、保护优先、自然恢复为主的方针，以建设美丽湾区为引领，着力提升生态环境质量，形成节约资源和保护环境的空间格局、产业结构、生产方式、生活方式，实现绿色低碳循环发展，使大湾区天更蓝、山更绿、水更清、环境更优美。

3.5　逻辑与产品

产城一体项目业态可概括为产业、商业、居住三大类，形成一体的同时与所在地块有着关联。

产业类别涵盖通常所说的办公楼、新型产业楼两大类，区别主要是土地的性质带来的产权、面积划分、可售比及可售条件不同。

商业类分别来自商业性质地块，产业地块配套或居住地块配套，形式包括集中式、街区式、临街铺等。

居住类主要包括住宅（住宅建筑面积占整个产城一体项目的百分比因各城市规定不同而不同）与作为产业配套的宿舍及作为商业配套的公寓。

3.5.1 产业产品分类

产业产品按使用性质可划分为低层企业总部、多层创新产业楼、高层产业楼，以及地标性超高层产业楼四类。根据项目区位、定位、密度、规模等，实际项目中往往出现两种或两种以上产业产品组合（表3.6）。

- **低层企业总部：**建筑独立性好，私密性高，造型独特，可彰显企业特质。在城市外围很受欢迎，但在核心区往往因基地有限、密度高、单栋总价过高而很难寻找匹配的企业。
- **多层产业楼：**同样适用非城市核心区，通常是偏筒单元式的拼接，形成“—”形、“L”形、“U”形等多变的平面形式。每个单元500～1000m²，以2～3个单元拼接。
- **高层产业楼：**主要适用于城市核心区，建筑多为中心筒或偏筒布局，单层面积1500～2000m²。
- **地标性超高层产业楼：**往往作为大型产业园区的核心标志，多出现在城市核心区。

3.5.2 商业产品分类

产业园区中的商业产品可概括为集中商业、街区商业、临街商业三类，针对不同的园区，商业配套有着不同的组合（表3.7）。

情景、体验、互联成为近年园区商业特点

- **情景化街区：**整体运营的室外商业街区相比Shopping Mall体验上更加亲近自然，空间变化也更丰富，近年来室外步行街与Shopping Mall搭配打造的项目逐渐成为热门。街区随季节、节日不断变化街区主题特色，以特色部品营造街区主题氛围，通过各种主题活动吸引年轻潮人聚集打卡。
- **室内外空间渗透：**与室外商业街区相呼应，Shopping Mall室内空间设计也逐渐偏向情景化和体验化。同时室内空间与室外空间的边界逐渐模糊，在Shopping Mall设计实践中，外部核心商业广场甚至成为整个商业项目的重要核心。
- **概念体验店：**受电商影响，实体商户正在

产业建筑分类表 **表3.6**

	单体建筑规模	标准层面积	标准层形式	标准层高	电梯设置标准	常用空调形式
低层企业总部	500～1500m²	200～500m²	大平层	4.5m	每栋不少于1台	VAV变风量系统/VRV可变冷媒流量系统
多层产业楼	15000～30000m²	1500～3000m²	偏筒	3.9～4.5m	客梯每栋不少于1台且不少于1台/5000m²；货梯每栋不少于1台	VRV可变冷媒流量系统/FCU＋PAU风机盘管加新风系统
高层产业楼	30000～50000m²	1500～2000m²	中心筒、偏筒	3.9～4.5m	客梯1台/5000～5500m²，货梯每栋不少于1台	VRV可变冷媒流量系统
地标性超高层产业楼	50000～100000m²	2000～3000m²	中心筒	4.5m	电梯设置标准：客梯1台/4000～4500m²，货梯：每栋不少于2台	VRV可变冷媒流量系统，VAV

商业建筑分类 **表3.7**

	园区规模	集中商业规模	街区商业规模	街铺商业规模	主力店规模	案例
集中商业＋街区	50万m²以上	5万～8万m²	1万～2万m²			深圳星河WORD
街区＋主力店	20万～50万m²		2万～3万m²		1万～3万m²	望京SOHO
街铺＋主力店	20万m²以下			1万～2万m²	0.5万～1万m²	澳康达上海

努力将客户拉回线下。如何激发人们的好奇心、探索欲，满足人们线下交流、娱乐以及如何以实际产品刺激客户下单成为实体商户研究与发展的方向。苹果、华为、特斯拉等科技企业大规模布局购物中心，说明未来高新科技给人的体验感将成为线下商业重要的获客渠道。

• **多向立体互联：**伴随 TOD 理念的普及，地铁上盖物业设计大规模涌现，Shopping Mall 与地铁联通几乎成为标配。依托交通枢纽带来的人流，购物中心整合地铁、机场快线、城铁、公交总站、码头等基础设施实现多维度联通。另外办公楼、酒店等人流集中物业也与购物中心充分连通，一方面更方便快捷地共享基础设施，另一方面也增加了购物中心的基础客流。

3.5.3 居住产品分类

产城融合的模式中，居住产品是园区留住人才必要的保障，同时帮助实现开发中的资金平衡。虽然每个园区居住与产业人数未必相等，但对于一座城市，产业人数与城中居住人口必然匹配。

居住类产品主要包括住宅、作为产业配套的宿舍及作为商业配套的公寓，一般可分为商品住宅、保障住宅、返迁住宅、公寓、宿舍 5 种产品。

3.5.4 形式逻辑

虽然说形式服从功能，但鲜明的形式逻辑树立了一个个园区鲜明的形象、独特有序的空间序列并建立了有机的产品组合（表 3.8）。

1）“风过密林”的逻辑

星河 WORLD 项目特点是位于都市中，有着高容积率和高产业配比（产业占比接近 80%），设计概念取“风”为题，以中央 2 栋 369m 双子塔旋转升腾而形成核心。通过动感的裙楼与不同标高进行水平向联系，如风过密林。园区外围塔楼相对静态，越靠近中心动感越强，形如海螺的剧场，仿佛被风吹响，广场上金属天棚如扬起的风帆。（图 3.18、图 3.19）。

形式逻辑产品案例 **表 3.8**

形式逻辑	占地面积（万 m^2）	容积率	相关经验
“风过密林”，单核心组团竖向生长	21	5.0	深圳龙岗星河 WORLD
“地被蔓延”，水平生长，蓝绿交织	105	1.5	南京江宁方山生态智慧谷
“长藤结果”，带状多核心组团发展	61.5	4.0	东莞黄江大冚人工智能小镇
“向心跌落”，单一组团横向分层	30.5	3.0	惠州市仲恺高新区人工智能产业园

图 3.18 星河 WORLD 总平面图

图 3.19 星河 WORLD 鸟瞰图

2）"地被蔓延"的逻辑

南京方山生态智慧谷特点是位于郊区，容积率低（1.5），匍匐于方山脚下，场地环境借鉴大脑神经元连接模式，构建整体规划格局。建筑单体由多个模块化单元自由交错，呈放射状成组布局。错落变化的产业建筑是山水的延伸，如地被蔓延，自然组成湿地滨水灵动的产业集群空间。外向旋转组合的新一代信息技术组团，对接活力十足的商业的金融科技电商组团等，组合方式灵活，多组产业组团构成复合多元的创新"大脑式"新一代信息技术+生命健康的数字生命产业体系。依托本地产业资源及要素禀赋，构成具有内生动力的产业体系，打造真正的生态智慧谷。同时景观规划蓝绿网络与建筑布局呼应，提供富有变化的办公空间及共享户外的庭院空间（图 3.20、图 3.21）。

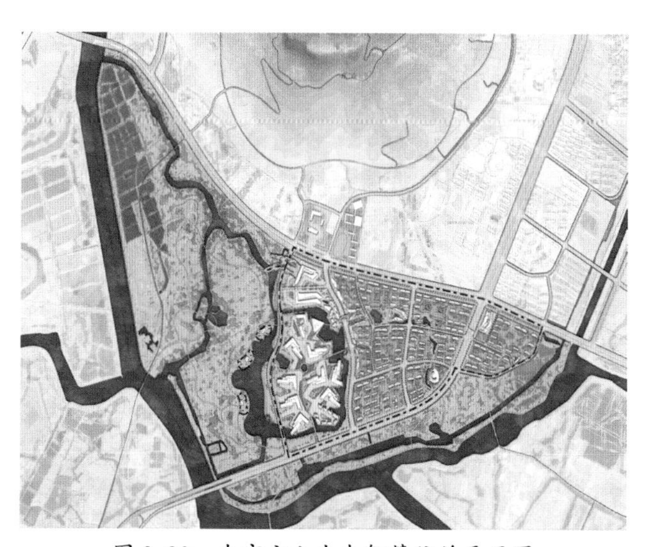

图 3.20 南京方山生态智慧谷总平面图

图 3.21 南京方山生态智慧谷鸟瞰图

3）"长藤结果"逻辑

东莞大亚智慧城项目特点是穿插于郊村旧村旧厂中，平均容积率 4.0，以两条城市主要干道作为产业发展轴与生态融合轴，将现有生态景观相互串联形成区域生态景观环，串联强化每个功能组团成为一个个闪亮的节点，以各服务节点为核心发展不同功能组团，通过串联不同组团，形成产城融合服务环。核心区容积率最高，设置超高层地标以及会展中心，承担起基地全域的公共服务职能。

产业组团以低密生态为主题，建筑之间相互围合形成具有多样功能的公共开放交流空间，各组团通过二层连廊相互连接，形成连续统一的产业组团。

居住组团通过建筑之间的围合形成中央花园，结合山体景观栈道以及基地内部资源，打造生态宜居的高端社区（图 3.22）。

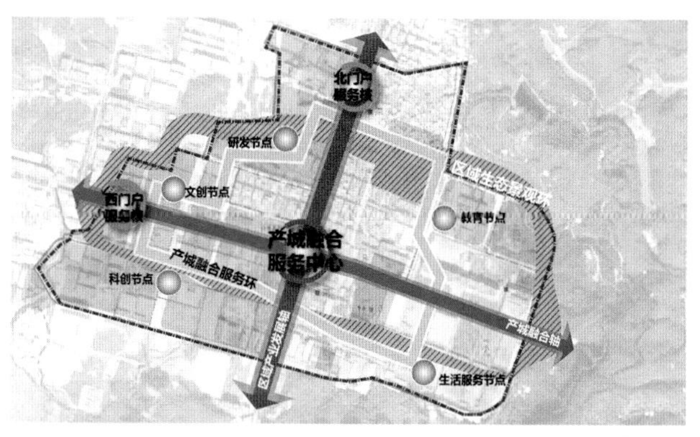

图 3.22 东莞大亚智慧城

4）"向心跌落"逻辑

惠州仲恺智谷项目，因历史原因，低容积率的产业地块被围合在高容积率的居住与商业地块中央，项目以复合、立体、山水、联通为整体概念，外围高层社区向中央产业区跌落，打造一个功能混合的活力街区，一个生态提升、社区凝聚的市民幸福公园，一个高效立体、高度融合的科创中心。

采用“两轴一网”的城市设计框架：以东西向生态绿廊作为串联产业园区的空间骨架，打造宜人的园区会客厅；以两轴交点为中心，向外建立圈层化且多样的城市功能单元分布；在主城市界面塑造其悦动的门户意象，通过在城市发展通廊规划有秩序的建筑体量与高差变化，加入垂直立体、丰富多变的流动空间（图 3.23）。

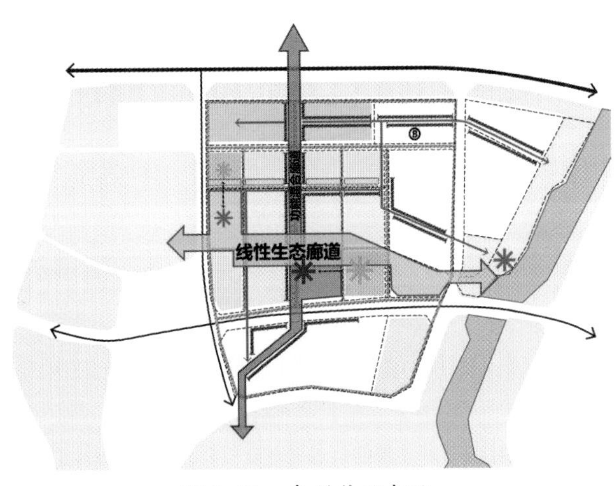

图 3.23 惠州仲恺智谷

以立体开放空间为基础，通过地面层和架空层双平面连接不同尺度的产业空间，营造园区热点。在 6 ～ 24m 高度范围内的空中平台、庭院空间及建筑内部，共同构成 7 天 × 24 小时的全覆盖无间断的产城活力空间。其中包括服务于产业办公人群、社区居住人群以及商务往来人群的多种服务设施。

利用交通枢纽和地下空间，使地块间充分联动，实现社区、园区和商业区三区融合。

多层次城市立体空间，通过地下环廊、公共交通及服务车辆分层等策略解决人车分流，疏解区域交通拥堵。

同时通过单元网络框架，在二层平台置入高效立体交通网络、立体慢行网络、公共服务设施网络、生态海绵网络以及智慧基础设施网络等，营造智慧、宜居、舒适的立体城市空间体验。

立体分层策略使产业园区内用地高效集约，是实现项目产、城、人融合的关键。

垂直多维空间的打造呈现了丰富多元的城市体验，强化功能混合，激发项目活力。

3.6 结语

“湾区经济”是世界经济发展的重要增长极。粤港澳大湾区规划出炉标志着中国以最先进的区域城市一体化战略加入世界顶尖的都市圈竞争中来。未来，粤港澳大湾区将凭借它独一无二的先天条件和优越的政策优势加入世界湾区城市群行列。在这样的时代背景下，湾区城市发展迎来了前所未有的历史机遇。

4 科技产业园

深圳市同济人建筑设计有限公司　顾　锋

科技产业园是一个产学研高度融合，以实现科研成果产品化、市场化或以高科技改造传统工业为目的的园区。它将创新科技的各个要素有机结合起来，实现从研发到市场产品的全过程。世界各国在产业技术上的重大突破多数都是以产学研合作模式来实施，如带动美国硅谷崛起的斯坦福科技产业园区，东京湾区边上的筑波科学城，因此科技产业园在湾区的发展中扮演灵魂性的角色，为大湾区崛起贡献良多。

从大湾区建设本身来看，成立粤港澳大湾区科技产业园，有助于先易后难地为湾区建设与粤港澳融合提供经验。粤港澳大湾区与世界其他湾区相比最大的不同在于，分属不同的社会制度，在多方面的融合中，“一国两制”既是优势，也是难处。如果先从易于整合的地方着手，先行先试，可以实现较早起步，事半功倍。

本章从科技产业园规划设计的角度，通过对科技产业园的规模、发展模式、生态链、盈利模式、配套设施等设计要点进行分析，整理形成科技产业园设计的数据支撑，希望为粤港澳大湾区的科技产业园建设提供经验。

4.1 科技产业园概述（表 4.1、图 4.1）

科技产业园概述　　表 4.1

项　目	内　容
科技产业园的由来	在产业的发展过程中，处在一个特定领域内相关的科技企业或机构，由于相互之间的共性和互补性等特征而紧密联系在一起，这些科技企业通过相互之间的溢出效应，使得技术、信息、人才、政策以及相关产业要素等资源得到充分共享
科技产业园的特征	聚集于该区域的企业因此而获得更高的效率，进而大大提高整个产业群的竞争力，形成一组在地理上集中的相互联系、相互支撑的科技产业群
科技产业园的类别	目前，我国产业园从大的分类上可以划分为科技园区、一般工业园区、专业园区等。科技产业园可以细分为：高新技术科技园区，生物科技园区，孵化科技园区，留学生科技园区，大数据、数字创意、新能源、机器人和航空产业园区等

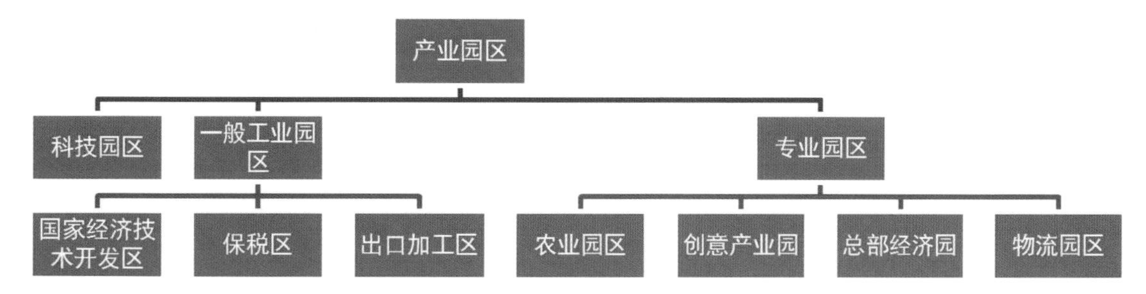

图 4.1　产业园区结构

4.2 科技产业园规划设计要点

4.2.1 科技产业园的建设规模

在产业园区市场规模的测算上，主要采用如表 4.2 中的几种方法。

科技产业园区市场规模测算方法　　表 4.2

名　称	内　容
源推算法	即将本行业的市场规模追溯到催生本行业的源行业，通过对源行业数据的解读，推导出产业园区行业的数据
强相关数据推算法	所谓强相关，可以理解为两个行业的产品的销售有很强的关系，通过与产业园区行业强相关行业的分析，印证市场规模数据的准确性
需求推算法	即根据产业园区产品的目标客户的需求，来测算目标市场的规模
抽样分析法	即在总体中通过抽样法抽取一定的样本，再根据样本的情况推断总体的情况。抽样方法主要包括随机抽样、分层抽样、整体抽样、系统抽样和滚雪球抽样等
典型反推法	依据研究团队对于单个品牌（尤其是龙头品牌）的销售额和市场份额的研究，倒推整个行业的规模

4.2.2 科技产业园的发展模式（图 4.2、表 4.3）

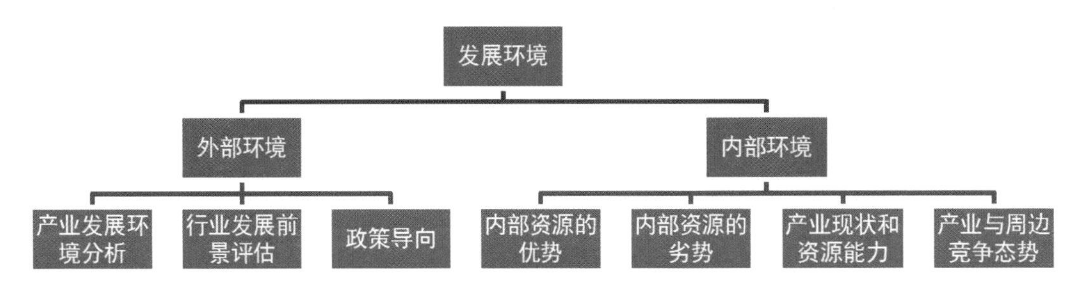

图 4.2　科技产业园发展模式

科技产业园发展模式　　表 4.3

项　目	园区 1.0	园区 2.0	园区 3.0	园区 4.0
阶段属性	要素聚集阶段	产业主导阶段	创新突破阶段	财富聚集阶段
核心驱动	政府政策优惠的外力因素	政府政策和企业竞争力双驱动	内部因素为主，技术推动	财富链驱动
产业聚集动力	低成本导向，政策优惠	产业链导向，整合要素，形成配件良好的上中下游产业链	创新导向	高势能优势导向
产业空间形态	单个企业或同类企业聚集	围绕核心企业产业链聚集	围绕产业集群同层布局	城市功能与产业功能融合
主要产业类型	低附加值，劳动密集型传统产业	资金密集型产业	技术密集型，创新企业	科技创新型企业，高端现代服务型企业
园区功能	单一产品制造加工	多种产品制造	科技研发制造复合功能	现代化城市综合功能，产业及资本聚集功能
与城市的发展关系	基本脱离	相对脱离	中枢辐射	多级耦合

4.2.3 科技产业园的生态链（表 4.4）

科技产业园的产业链 **表 4.4**

名　称	定　义	内容依据
产业链	产业链是一种以产业分工为基础，以企业为载体，以产业关联为纽带，以价值增值为导向，以提高企业和产业的竞争力为目标，按照特定的逻辑关系形成的，具有中间性组织和网络组织特性的新型产业组织模式。同时，产业链的含义有广义和狭义之分。狭义的产业链是产业技术层次的表达，反映的是通过社会分工将初始自然资源进行加工和处理，变成某种产品和服务，关键在于产品特性和生产技术。广义的产业链是产业关联层次的表达，不仅反映了产业内上下游环节之间的产业纵深延伸关系，也反映了产业发展的其他链环与产业主体之间的关联	华西大学学报：《产业链的概念界定》

1）空间要素视角下产业链的分类（表 4.5）

产业链分类 **表 4.5**

<table>
<tr><th>产业分类</th><th>要素内涵</th><th colspan="2">产品对象示例</th></tr>
<tr><td>科技要素导向型</td><td>大学、实验室、研究院所</td><td colspan="2">高新技术产业、战略新兴产业研发、中试、孵化等环节</td></tr>
<tr><td>服务要素导向型</td><td>交通便捷、潜在客户集聚</td><td>金融、法律、咨询、会计及其他商务服务等</td><td rowspan="2">制造业的规模生产环节以及部分服务业的数据存储与计算、客户呼叫服务等环节</td></tr>
<tr><td>成本要素导向型</td><td>土地、资金、劳动力等成本低廉</td><td>制造业的规模生产环节以及部分服务业的数据存储与计算、客户呼叫服务等环节</td></tr>
<tr><td rowspan="3">特色资源要素导向型</td><td>交通区位</td><td colspan="2">专业物流与商贸会展等</td></tr>
<tr><td>特殊政策</td><td colspan="2">保税物流、服务外包等</td></tr>
<tr><td>滨海资源</td><td colspan="2">滨海特色旅游等</td></tr>
<tr><td>生态资源要素导向型</td><td colspan="3">现代农业、观光旅游等</td></tr>
</table>

2）基于空间要素差异的产业分类（表 4.6）

基于空间要素的产业分类 **表 4.6**

<table>
<tr><th>产业分类</th><th colspan="6">产业链环节</th></tr>
<tr><td>新材料生物</td><td>科学研究</td><td>技术开发</td><td>中试孵化</td><td>规模生产</td><td>规模生产</td><td></td></tr>
<tr><td>新能源
新一代信息技术
电子信息先进
装备制造</td><td></td><td>技术开发</td><td>中试孵化</td><td>规模生产</td><td>市场应用</td><td></td></tr>
<tr><td>金融业
互联网</td><td></td><td>技术开发</td><td></td><td>后台支持</td><td></td><td>市场服务</td></tr>
<tr><td>传统优势（服装、珠宝、文化产品）</td><td></td><td></td><td></td><td>规模生产</td><td>规模生产</td><td>市场服务</td></tr>
<tr><td>空间要素需求</td><td>特色要素导向型</td><td colspan="2">科技要素导向型</td><td colspan="2">成本要素导向型</td><td>服务要素导向型</td></tr>
</table>

部分资料来源：空间视角下的产业结构优化机制：粤港区域产业战略性调整优化研究.

4.2.4 科技产业园的盈利模式

1）投资成本与收益估算——科技产业园盈利模式类型（表 4.7）

科技产业园盈利模式　　表 4.7

模式类型	收益项目	内　容
土地运营	土地增值	原有土地只租不售，获得土地增值；以产业名义成本获取土地
	租金收入	产业用房的租金收入
	商业地产	配套的商业性房产开发，商业房产的出租和出售
	住宅地产	获得住宅配套，住宅出租和出售
增值服务	产业技术性服务	公共性技术平台
	产业发展性服务	融资、咨询、培训、信息、政府关系、孵化、知识、媒体、网络、物流、人力资源、软件服务外包等服务
	生活配套性服务	餐饮、娱乐、购物、医疗等
	园区运营性服务	物业管理（污水处理、供水、供暖、供电）
金融投资	产业投资	VC/PE
	专业性公司投资	投资专业性公司并实现 IPO
	专业用地资本运作	不允许直接转售情况下，探索作价入股方式
	现有房产的资本运作	产业型房产股权、信托、证券化运作
模式输出	生地开发	土地的一级开发建设、BOT 运营、以土地入股共同开发
	熟地改造	原有物业改造与功能变更
	委托经营	分享税收或服务型收益

2）投资成本与收益估算——科技产业园盈利模式比较（表 4.8）

科技产业园盈利模式比较　　表 4.8

盈利方式	工业用地转让	商贸用地转让	住宅用地转让	BOT运营	住宅出售	商贸出租	商贸出售	厂房出租	厂房出售	厂房代理建设	物业服务	物流服务	园区广告服务	参股园区企业	园区商贸经营
收益水平	低	高	较高	低	高	高	高	低	较高	较高	较低	高	高	难以估计	高
投资额度	小	小	小	较大	较大	大	大	大	大	大	较小	较大	小	大	大
投资回收期	短	短	短	中/长	短	长	短	长	短	中	短	短	短	长	短

部分资料来源：深圳市同济人建筑设计有限公司．产业园规划设计与分析．

4.2.5 科技产业园的配套设施

1）科技产业园配套服务项目与传统的科技产业园相比（表 4.9）

新一代科技产业园中聚集的人群和企业将会有所不同，其配套需求在层次、内涵上也都将发展转变。规划要根据目标企业和人群的需求，设置相应的配套服务项目。

科技产业园配套服务项目　　表 4.9

服务功能						
园区 2.0	商店	宿舍	医疗	教育	物流	食堂
园区 3.0	购物中心	高尚公寓	国际医疗	国际教育	多方物流	餐饮美食
园区 4.0	休闲娱乐	金融保险	文化培训	星级酒店	会展办公	......

2）企业需求示意图（表 4.10、表 4.11）

科技产业园与不同企业匹配的形态　　表 4.10

园区对应人群	需要的服务设施
科技研发、高端管理和高技术群体	独立住宅、养生会所、文化艺术沙龙、开放交流空间、活动中心等
居住群体	国际社区、康体中心、健身会所、精品影剧院、精品商业、国际学校、国际医院、生态公园、休闲绿地等
商务和休闲群体	商务酒店、娱乐中心、特色餐饮、特色酒吧等

科技产业园与企业不同发展阶段匹配的形态　　表 4.11

企业不同发展阶段的需求	需要的服务功能	需要的服务设施
基础需求	管理、交易、办公、交流、研发等功能	科技研发中心、技术信息中心、综合服务大厦（包括咨询、金融、会计、代理、信息等功能）等项目
高端需求	会议、学习、接待、脑库、展览、联谊等功能	启动区设置相应的星级酒店、图书馆、培训中心、会议中心、会展中心、企业会所等

资料来源：深圳市同济人建筑设计有限公司. 产业园规划设计与分析.

3）科技产业园生活性公共服务设施的需求构成（表 4.12）

科技产业园生活性公共服务设施的需求构成　　表 4.12

服务类别	设施类型	需求程度 / 使用频率（次 / 周）	优选的交通方式（过半比率）	可承受距离（m）
居住	商品住宅	必须	公交 / 自行车 / 步行	3000 ～ 3500
	单身公寓	必须	公交 / 自行车 / 步行	3000 ～ 3500
	集体宿舍	必须	步行（55%）	400 ～ 500
教育	幼儿园	必须	自行车 / 步行	1200 ～ 1500
	小学	必须	自行车 / 步行	1200 ～ 1500
	专业培训机构	必须	自行车 / 步行	1200 ～ 1500

续表

服务类别	设施类型	需求程度 / 使用频率（次 / 周）	优选的交通方式（过半比率）	可承受距离（m）
商业服务设施	便利店	3.7	步行（80%）	400 ~ 500
	中、大型超市	2.5	步行（65%）	400 ~ 500
	购物中心	1.6	公交车（53%）	1200 ~ 1500
	药店	0.7	步行（69%）	400 ~ 500
	美容美发	0.6	步行（53%）	400 ~ 500
餐宿休闲设施	企业自办食堂	5.4	步行（94%）	400 ~ 500
	公共食堂	3.0	步行（86%）	400 ~ 500
	小型餐饮店	2.2	步行（86%）	400 ~ 500
	大型餐厅	1.2	自行车 / 步行	1200 ~ 1500
	酒店	0.8	公交车（50%）	3000 ~ 3500
	休息娱乐设施	0.9	公交 / 自行车	3000 ~ 3500
医疗卫生设施需求	社区卫生站	必须	步行（80%）	400 ~ 500
	社区卫生服务中心	必须	步行（63%）	400 ~ 500
	综合医院	必须	步行（61%）	400 ~ 500
文化体育设施	文化室	2.7	步行（75%）	400 ~ 500
	文化站	2.2	步行（67%）	400 ~ 500
	图书馆	2.2	步行（73%）	400 ~ 500
	影剧院	0.9	公交车（50%）	3000 ~ 3500
	居民健身场所	2.0	步行（67%）	400 ~ 500
	群众性健身场地	2.1	步行（65%）	400 ~ 500
绿地广场	公园	2.8	步行（73%）	400 ~ 500
	市民广场	1.8	步行（59%）	400 ~ 500
社区服务设施	社区服务中心	1.1	步行（51%）	400 ~ 500
	老年人服务网点、托老所	0.9	自行车 / 步行	1200 ~ 1500
邮电金融设施	邮局	1.0	步行（65%）	400 ~ 500
	银行	1.7	步行（75%）	400 ~ 500
	保险	0.7	公交 / 自行车	3000 ~ 3500
	证券	1.0	公交 / 自行车	3000 ~ 3500
交通设施	普通公交站点	3.8	步行（75%）	400 ~ 500
	自行车寄存与出租点	2.2	步行（63%）	400 ~ 500
	社会停车场	1.3	步行（65%）	400 ~ 500
	加气加油站	1.1	自驾车（45%）	3000 ~ 3500

数据来源：广州市城市规划勘测设计研究院．广州市民营科技企业创新基地核心区北部地块控制性详细规划调整．

4）现代先进科技产业园各功能建筑面积占比（表 4.13）

现代先进科技产业园功能建筑面积占比 表 4.13

功能用房	占比
研发 / 生产用房	67%
住宅及公寓、员工宿舍	21%
商业 / 综合配套（社区生活型商超、便利店、银行、餐饮、咖啡厅、健身房、KTV、洗衣、理发、花店、礼品店、外币代兑机构等）	9%
文化设施	2%
其他配套（研发检测中心、物流仓储中心）	1%

4.2.6 科技产业园规划设计要点

1）产业用房和研发办公的需求特征汇总（表 4.14）

产业用房和研发办公的需求特征 表 4.14

企业类型	目标客户细分	产品需求总结	主要服务配套需求
大型企业	科研及相关的总部企业，以研发中心等职能型总部为主，包括本土企业总部及外地或跨国企业的区域总部	高端纯办公物业 产品具有一定标志性、特色与先进性 需求面积在整层以上（1000 ～ 2000m^2） 以购买需求为主，价格承受能力高	服务：企业高层社交平台；跨领域交流平台 配套：充足停车位；高档餐饮；高档酒店及公寓
	大中型金融研发、保险、基金、证券企业	高端纯办公物业 产品具有一定标志性、特色与先进性，注重商务氛围 需求面积多在半层以内（500 ～ 1000m^2） 以购买需求为主，价格承受能力高	服务：企业高层社交平台 配套：充足停车位；高档餐饮；高档酒店及公寓
	主板上市企业及拟上市的大型科技及相关企业	高端纯办公物业 商务形象好，办公空间生态、人性化 需求面积较大，在 2 万～ 3 万 m^2 以购买需求为主，价格承受能力高	服务：企业高层社交平台；跨领域交流平台 配套：充足停车位；高档餐饮；中高档酒店及公寓
	以拟上市企业为核心的大中型科技及相关企业	高端研发办公复合型物业 商务形象好，办公空间生态、人性化 需求面积较大，在 500m^2 以上 以购买需求为主，价格承受能力较高	服务：投融资服务、IPO 服务；管理咨询服务；企业交流平台 配套：宣传展示空间；充足停车位；高档餐饮；中高档酒店及公寓
成长型中小企业	中小板及创业板上市企业与拟上市的中小企业成长型总部	高端研发办公复合型物业 要求形象好 需求面积较大，在 1 万～ 2 万 m^2，需要一定研发空间 以购买需求为主，价格承受能力较高	服务：投融资服务、IPO 服务；管理咨询服务 配套：宣传展示空间；充足停车位；高档餐饮；中高档酒店及公寓
	以未来“新三板”企业为核心的优质中小型科技企业	标准研发办公复合型物业 偏好有利于创新的舒适环境与人性化产业空间 需求面积集中在 500 ～ 2000m^2 以租赁为主，价格承受能力中等	服务：技术辅导及企业培育等园区多层次平台服务；人才培训；优惠政策支持 配套：大众餐饮；公共交通便利
	以初创型及成长型中小企业为核心的扶持型科技企业	标准研发办公复合型物业 物业要求不高 需求面积较小，在 200m^2 以下 以租赁为主，价格承受能力低	服务：投融资服务；技术交流平台；管理咨询服务 配套：大众餐饮；公共交通便利

数据来源：深圳市高新技术产业园客户调研.

2）科技园入园企业所属行业统计

科技产业园企业所属行业按照企业数量多少依次为：电子信息／互联网／信息技术业（55%）、电子通信（26.6%）、新材料（4%）、新能源（3%）、技术服务（3.5%）、生物医药（2.3%）、文化创意（0.5%）、金融（0.5%）、环境保护（1.5%）、其他（3.1%）（图 4.3）。

深圳已认定的战略性新兴产业包含生物、新能源、新材料、互联网、文化创意、新一代信息技术六大产业，上述统计已经包含此六大产业。

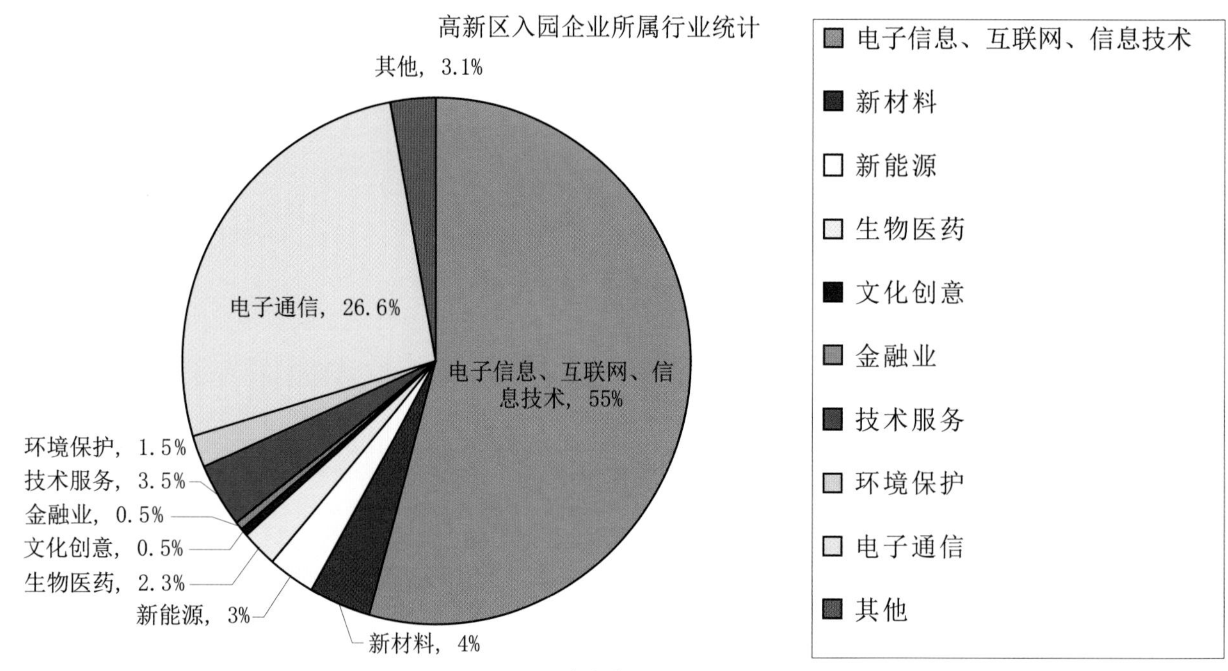

图 4.3　科技产业园企业行业

3）部分行业对产业用房和研发办公产品需求汇总（表 4.15）

部分行业对产业用房和研发办公产品需求　　表 4.15

企业类型	产品需求	目标客户群	数据来源
新能源／新材料	面积需求 小单元面积需求：100 ～ 300m²（占比 31.6%） 半层到整层面积需求：700 ～ 1800m²（占比 26.3%） 整层到多层面积需求：1900m² 以上（占比 21%） 建筑要求 建筑层高：3.5 ～ 4.2m 净层高：2.5 ～ 2.6m 偏好主题办公场所为复合型办公物业形态，能同时办公与研发 办公空间及设施的人性化、生态化 注重园区管理及服务 实验室要求面积较大，部分实验涉及危险品处理，此类实验室具有排他性，其他入园企业不希望与此类企业相邻，须建设符合要求的实验室，并独立处理	粤港澳大湾区及国内外： 重点引入新能源、生物、信息技术、节能环保、现代交通等领域的新材料研发、总部企业	深圳市高新技术产业园客户调研

续表

企业类型	产品需求	目标客户群	数据来源
生物	面积需求 小单元面积需求：100 ～ 600m^2（占比 46.2%） 半层到整层面积需求：700 ～ 1800m^2（占比 7.7%） 整层到多层面积需求：1900 ～ 3300m^2 以上（15.3%） 建筑要求 建筑层高：3.5 ～ 4.2m 净层高：2.5 ～ 2.6m 偏好主题办公场所为复合型办公物业形态，能同时办公与研发 办公空间及设施的人性化、生态化 注重园区管理及服务 灵活的办公空间 实验室要求面积较大，实验室要求有排污、排废气系统，但不影响建筑设计，此类实验室具有排他性，其他入园企业不希望与此类企业相邻	粤港澳大湾区及国内外：生物行业内的总部型企业	深圳市高新技术产业园客户调研

4）不同规模企业对产业用房和研发办公产品需求汇总

企业规模的分类标准，参照国内通行的工业企业分类方法，并照顾到高新技术企业发展的现实状况，通过从业人员数、资产总额和销售额这三个指标的综合衡量，将统计样本企业共划分为三类：大型、中型和小型企业（表 4.16）。

企业规模分类 **表 4.16**

指标名称（单位）	大　型	中　型	小　型
从业人数（人）	2000 及以上	300 ～ 2000 以下	300 以下
销售额（万元）	30000 及以上	3000 ～ 30000 以下	3000 以下
资产总额（万元）	40000 及以上	4000 ～ 40000 以下	4000 以下

企业性质特征

调研企业中，民营企业占绝大多数，客户比例约占 42%；其次是中外合资企业，约占 16%；港、澳、台资企业约占 14%；外资与国企均只占了较小的比例。

企业规模现状

20 ～ 50 人的企业占 30.9%，100 人以上的企业占 29.4%，50 ～ 100 人的企业占 25%。可见科技产业园中企业以中型企业为主。

科技产业园 32% 的企业，办公需求面积在 800m^2 以上，需求最为强烈；50% 的企业需求面积在 400m^2 以下，其中 100 ～ 200m^2 的需求较为强烈；受访企业中，66% 的企业偏好的单元面积在 100m^2 和 200m^2；17% 的企业偏好 800m^2 的单元面积。

研发用房单套套内建筑面积不得小于 300m^2（图 4.4）。

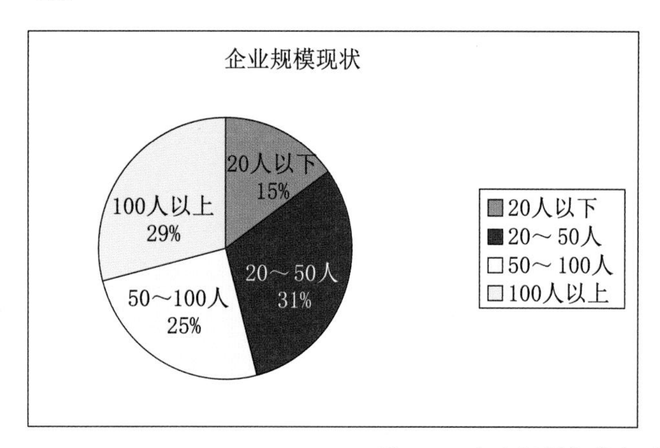

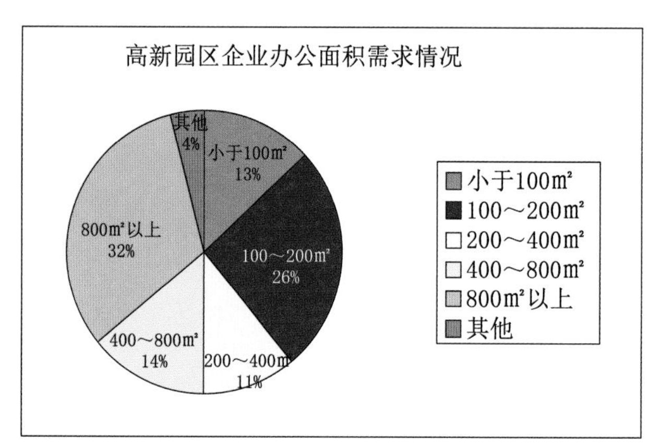

图 4.4 企业规模与高新园区企业办公面积需求情况

部分依据来自：《深圳市工业区块线管理办法》2018；深圳市高新技术产业园客户调研。

5）不同发展阶段企业需求分析（表 4.17、表 4.18）

不同发展阶段企业对园区服务平台的需求差异 表 4.17

需求类型	成熟期企业	成长期企业	初创期企业
政策支持需求	土地政策、解决人才职称评定和福利待遇问题	解决人才职称评定和福利待遇问题，税收减免，土地面积	场地租金优惠、税收减免、其他资金政策支持
技术支持需求	科技咨询和交流平台，跨领域交流平台，产学研合作平台	科技咨询和交流平台，产学研合作平台	科技咨询和交流平台
资金供给需求	拓宽投融资渠道	拓宽投融资渠道、风险投资支持	投资政策、政府支持（如专项资金、创新基金等）
设施配套需求	文化设施、生活配套	文化设施、生活配套	文化设施
中介服务需求	科技中介服务机构	科技中介、管理咨询、广告营销公司等商务中介服务机构	科技中介服务机构、人才培训等机构
创新人才需求	中高管理与技术人才	中层管理技术人才	技术人才

不同发展阶段企业对办公产品需求总结 表 4.18

企业发展阶段	产品需求分析
高新技术上市企业	需求面积：大于 10000m²；以购地自建及购买办公物业为主；少数有租赁需求 企业类型：深圳主板、中小板、创业板上市企业；通过上市募集资金或者获得科研基金，具备一定的资本运作能力，注重企业形象、办公环境以及配置，同时关注企业运营成本
拟上市高新技术大中型企业	需求面积：在 1000 ～ 10000m²；约 40% 有购买需求，其余租赁为主，少数自建 企业类型：快速发展期的大中型企业，需要较大面积研发，且具备一定置业能力；达到上市要求、处于上市培育期或有上市准备的企业，需要购置资产以增加上市的砝码
创新型中小企业	需求面积：在 200 ～ 1000m²；以租赁为主，少数有购买需求 企业类型：成长型的企业，发展前景良好；对办公需求面积不高，整体承受能力有限，价格敏感度较高；有部分购置小面积物业用于注册公司，大多为需要园区政策支持的企业，多为租用

6）科技产业园办公物业产品硬件特征（表 4.19）

科技产业园办公物业产品硬件特征 **表 4.19**

类别		主要硬件描述与发展趋势
空间指标	办公面积	主要集中在 40000 ～ 60000m²，超高层建筑除外
	标准层面积	主要集中在 1800 ～ 2200m²
	实用率	70% 基本能够满足客户需求，75% 以上的实用率受到客户追捧
外墙材料		从 20 世纪 90 年代末使用的反光玻璃幕墙到镀膜玻璃幕墙、中空玻璃幕墙，再到 Low-E 玻璃幕墙，总体朝着环保、节能、生态方向发展，反映研发用房设计除了考虑美观外，还越来越关注办公的舒适程度
设备配套	电梯	对于以销售为目的的研发楼，为追逐实用率及短期商业利益，普遍电梯供给较少，平均每部电梯服务的办公面积均超过 5300m²；只租不售的产品定位考虑得更长远，注重客户使用的好评度，以谋求长期稳定的租金汇报，因此电梯配置较高，平均每部电梯服务的办公面积一般不超过 5000m²。单独设置客梯，至少配备 1 台载重 2t 以上的货梯
	空调设备	向高效低能耗、灵活供冷、独立控温、降低用户成本方向发展。VAV（变风量）空调系统代表了目前空调配置的最高水平；而 VRV（变冷媒）空调系统则在高级研发用房中运用比较普遍
	停车位	客户对车位配置要求越来越高，停车位配置相应提高。目前一般的停车位与建筑面积比为 1 ：150

部分依据来自：《深圳市工业区块线管理办法》2018.

7）科技产业园配套产品——酒店（图 4.5、图 4.6，表 4.20、表 4.21）

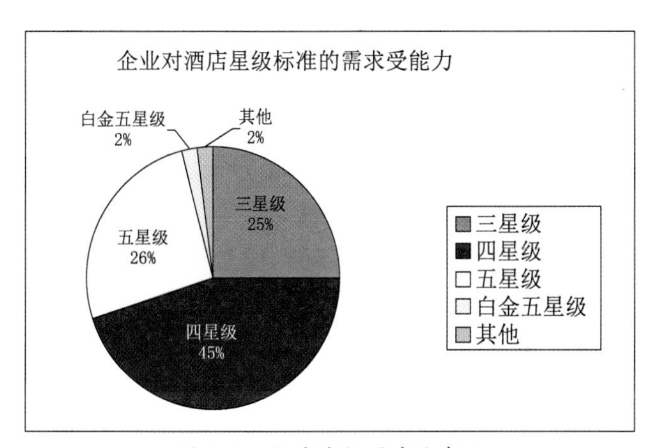

图 4.5 酒店市场需求分析 1

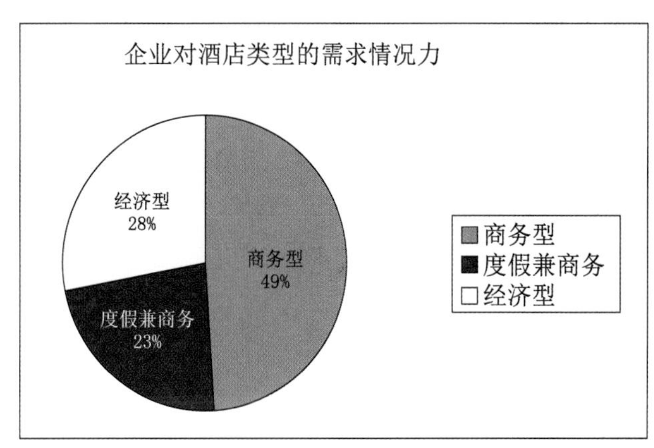

图 4.6 酒店市场需求分析 2

酒店市场需求分析 1 **表 4.20**

因素	规模	测算
企业规模	500 人以上企业	采购部门：涉及的供应链、供应商较多 工程技术人员和办公室：相对数量较少，波动加大 销售部门：来访客户，考察有一定规模
	100 ～ 500 人企业	减半
	100 人以下企业	产生的商务旅行住宿需求很少

酒店市场需求分析 2　　表 4.21

星　级	建筑规模	客房数	客房套内面积
五星级	4.5 万～ 7 万 m^2	300 ～ 500 间	套内面积 38 ～ 45m^2
精品商务酒店（四星级）	1 万～ 2 万 m^2	100 ～ 250 间	套内面积 28 ～ 32m^2

8）科技产业园配套产品——公寓（表 4.22，图 4.7、图 4.8）

公寓市场需求分析　　表 4.22

类　型	户　型	面　积	占　比
服务式公寓	一室	50 ～ 80m^2	30%
	二房	80 ～ 120m^2	50%
	三房	130m^2 以上	15%
	四房	200m^2	5%
居住型公寓	一房一厅	40 ～ 60m^2	40%
	二房一厅	70 ～ 90m^2	45%
	三房两厅	100 ～ 130m^2 及以上	15%

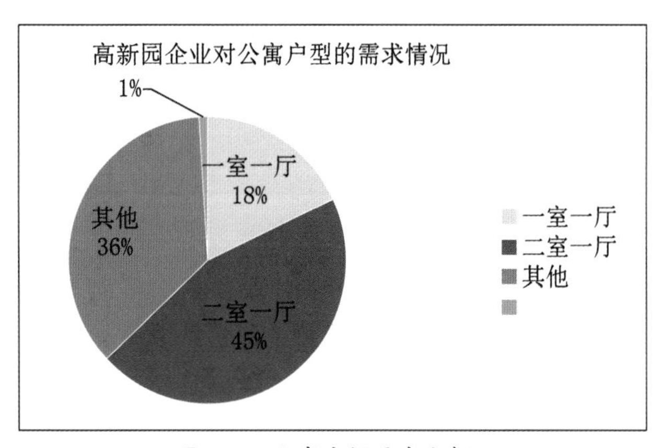

图 4.7　公寓市场需求分析 1

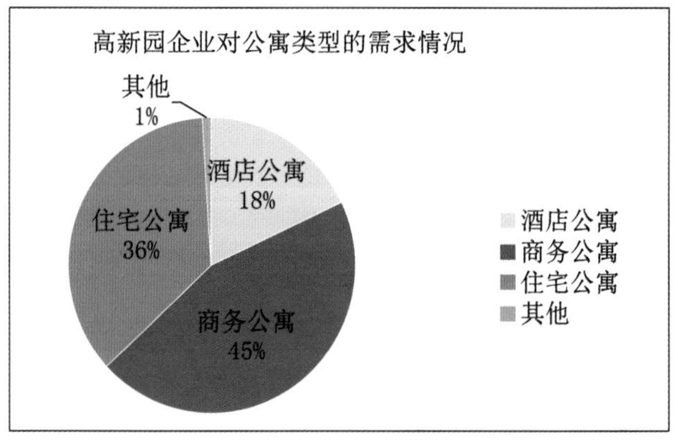

图 4.8　公寓市场需求分析 2

9）建筑类别分析（表 4.23、图 4.9）

建筑类别分析　　表 4.23

建筑类别	楼层	产品类型
底层 / 多层	3 ～ 4 层	总部基地
中高层	7 ～ 9 层	公寓、研发用房
高层	13 层以上	公寓、研发用房

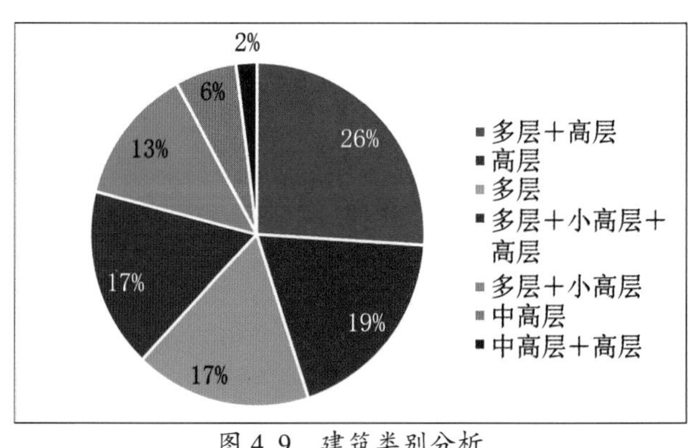

图 4.9　建筑类别分析

10）建筑产品结构分析（图 4.10）

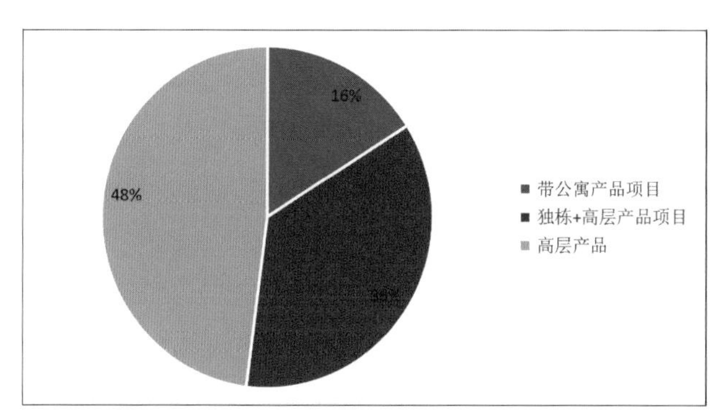

图 4.10 建筑产品结构分析

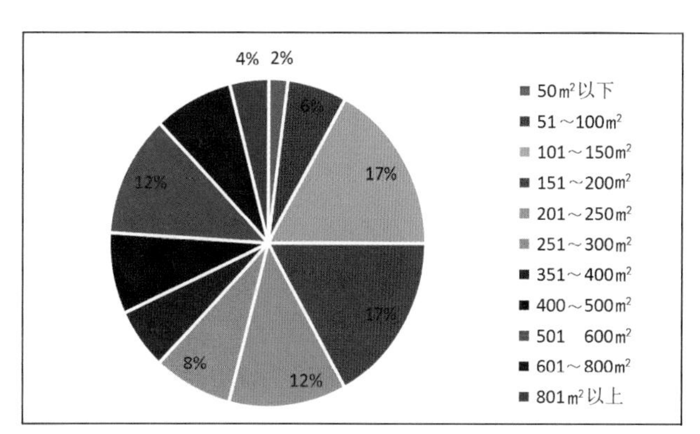

图 4.12 高层办公主力面积

11）各类型产品主力面积段分析（图 4.11～图 4.13）

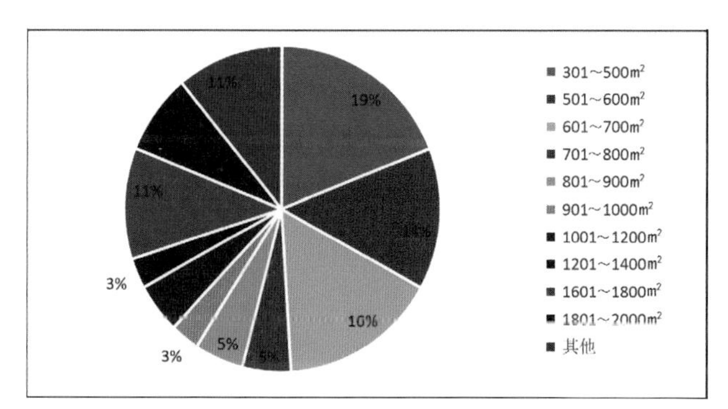

图 4.11 低层 / 多层总部基地主力面积

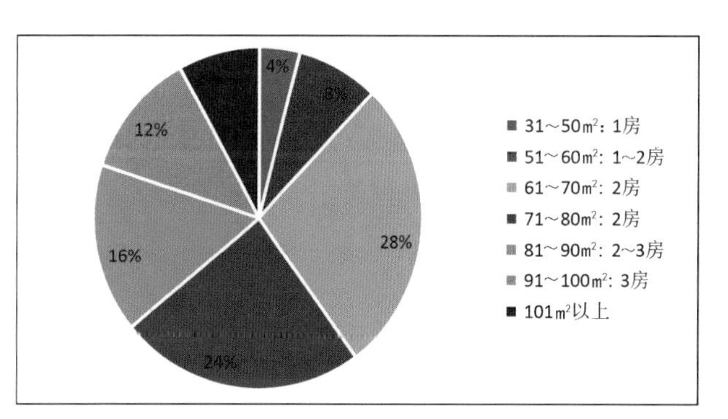

图 4.13 公寓主力面积

12）建筑层高分析（表 4.24、表 4.25，图 4.14、图 4.15）

企业独栋总部研发楼层高分析表 **表 4.24**

企业独栋总部	层　高	比　例
首层	4.2～5m	85%
	7～8m	15%
二、三层	3.5～4.0m	22%
	4.0～4.2m	34%
	4.2～4.5m	38%

研发 / 办公产品层高分析表 **表 4.25**

研发用房	层高	依　据	新型产业建筑	层高	依据	厂房	层高	依据
首层	≥5.0m	《深圳市工业区块线管理法》第二十九条	首层	≤6.0m	《深圳市建筑设计规则》第 6.15.2.3 条	首层	≥6.0m	《深圳市工业区块线管理法》第二十九条
二层及以上	≥4.2m		二层及以上	≤4.5m		二层及以上	≥4.5m	

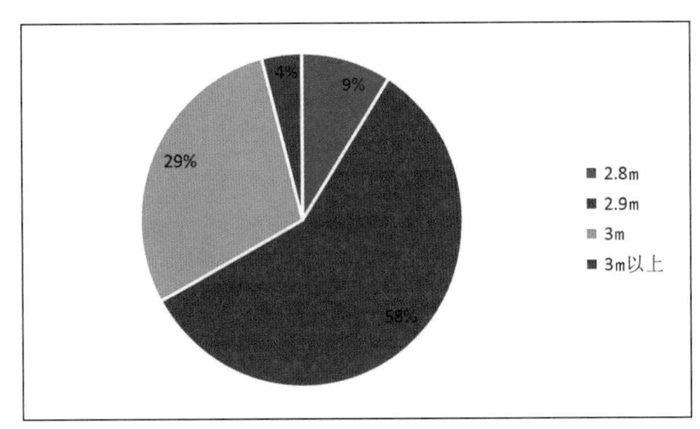

图 4.14　公寓产品层高分析表

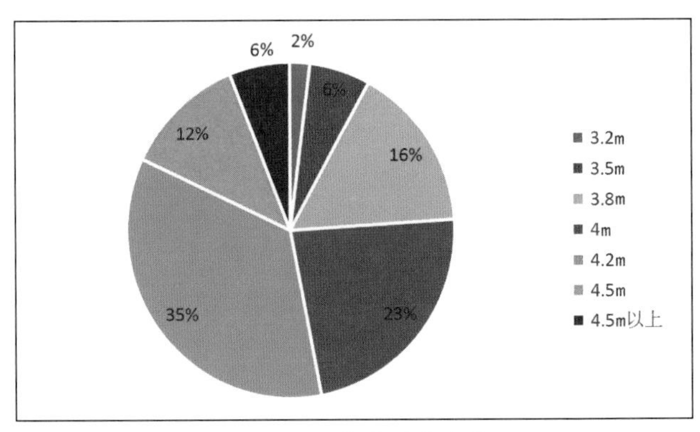

图 4.15　建筑层高分析

13）建筑楼面荷载分析（表 4.26）

建筑楼面荷载表　　表 4.26

<table>
<tr><th></th><th>产品类型</th><th>活荷载（kN/m²）</th><th>依　据</th><th>研发用房</th><th>地面荷载 / 楼层荷载</th><th>依　据</th></tr>
<tr><td>1</td><td>宿舍</td><td>2.0</td><td rowspan="7">活荷载取值均参照《广东荷载规范》DBJ 15-101-2014 第 5.1.1 条 表 5.1.1 中的相关规定</td><td>首层</td><td>≥ 800kg/m²</td><td rowspan="7">《深圳市工业区块线管理法》第二十九条</td></tr>
<tr><td>2</td><td>试验室</td><td>2.0</td><td>二、三层</td><td>≥ 650kg/m²</td></tr>
<tr><td>3</td><td>办公楼</td><td>2.0</td><td>四层以上</td><td>≥ 500kg/m²</td></tr>
<tr><td>4</td><td>食堂、餐厅</td><td>2.5</td><td>厂房</td><td>地面荷载 / 楼层荷载</td></tr>
<tr><td>5</td><td>书库、档案库</td><td>5.0</td><td>首层</td><td>≥ 1200kg/m²</td></tr>
<tr><td></td><td></td><td></td><td>二、三层</td><td>≥ 800kg/m²</td></tr>
<tr><td></td><td></td><td></td><td>四层以上</td><td>≥ 650kg/m²</td></tr>
</table>

14）建筑柱距分析（表 4.27）

建筑柱距分析　　表 4.27

产品类型	柱　距
独栋总部楼	4.0 ～ 6.0m
公寓	6.0 ～ 8.0m
高层研发楼	8.0 ～ 10.0m

15）科技产业园服务体系分析

目前较多科技产业园往“一站式服务平台”发展，提供多项便利性服务，满足中小企业入驻需求，同时也有部分科技产业园在产业专项平台进行突破（表 4.28）。

科技产业园服务体系分析　　表 4.28

服务体系	服务内容
一站式服务平台	办理工商注册、专利申请、专项资金补贴申请等
人才服务平台	为企业提供招聘、猎头、培训、职业规划等
咨询管理平台	管理咨询、市场咨询、法律咨询、行业交流等
金融平台	风险基金、融资推介、股权交易、上市改制辅导和审计等
产业专项平台	复合材料 O2O 平台、国际第三方检测等

部分资料来源：深圳市同济人建筑设计有限公司《产业园规划设计与分析》

4.3 结语

目前，世界新一轮的科技革命和产业转型方兴未艾。国家高度重视创新发展，不断发挥创新的第一推动力，引领发展。粤港澳大湾区在国家整体战略规划中发挥着重要作用，是国家重塑产业结构，实现产业转型升级的重要途径。大湾区内有产业门类较全的科技产业园，不仅可以吸纳创新科技成果，实现创科成果向应用转变，同时为创新科技提供丰富、齐全的产业链配套和技术孵化空间。

大湾区的科技产业园经过多年建设发展，规模日渐扩大、模式不断创新，取得了显著成绩，已经成为改革创新的试验基地、科技人员创新创业的核心载体、资源融合共享的枢纽平台，是支撑创新驱动发展的重要力量。

未来科技园的发展必然是从关注人的角度出发，更加偏向于对科技园内服务业的发展。因此，科技园区的发展趋势包含两个方面：一是完善软环境建设；二是创新服务理念。未来的产业园区在空间形态上主要表现为产业新城、产业综合体以及专业产业园三种空间模式。

5　湾区人居环境思考

深圳艺洲建筑工程设计有限公司　蔡　明

从人居环境科学的角度思考，世界三大湾区和我国粤港澳大湾区具有的优越地理位置，是其始终处于区域经济发展和开放前沿的重要原因。湾区地理区域形状一般为半圆形或弧形，能够聚集更多的城市；湾区拥有优良海港，面向海洋，海运便利；与内核相连，水运可快速通达湾区腹地。这也正是各大湾区能成为世界顶尖发达地区的原因之所在。

5.1　世界湾区的形成背景及其人居环境

5.1.1　人居环境相关理论

希腊建筑规划学家、人类聚居学理论的创立者——道萨迪亚斯大师在其人居环境科学理论中提到：人居环境是人类工作劳动、生活居住、休息游乐和社会交往的空间场所。人居环境科学是以包括乡村、城镇、城市等在内的所有人类聚居形式为研究对象的科学，它着重研究人与环境之间的相互关系，强调把人类聚居作为一个整体，从政治、社会、文化、技术等各个方面，全面系统地、综合地加以研究，其目的是了解、掌握人类聚居发生、发展的客观规律，从而更好地建设符合人类理想的聚居环境。

人居环境的五大要素是人、社会、自然、建筑、网络。人居环境实质可概括为人的物质性、社会性、精神性的存在，与人群的共同属性息息相关。城市建设的目标就是让居住其中的居民健康地生活，一个城市的建设最终都要聚焦人们的使用和生活，它由人们的生产生活所决定。随着人们的居住环境在人口迅速增长高压下不断恶化，人居问题越来越受到人们的关注。无论是发达国家还是发展中国家，在人居领域都面临同样的问题：空间拥挤、基本服务经费不足、住房缺少、基础设施不完善等。在湾区优越的地理条件背景下，人居环境课题备受关注。在笔者看来，优越的人居环境是在满足人们物质需求的前提下，满足更高的精神生活层面的需求，最终使生活在其中的人们更具有幸福感，具有更有素质的生活水平、更高层面的舒适度及精神满足感（图 5.1、图 5.2）。

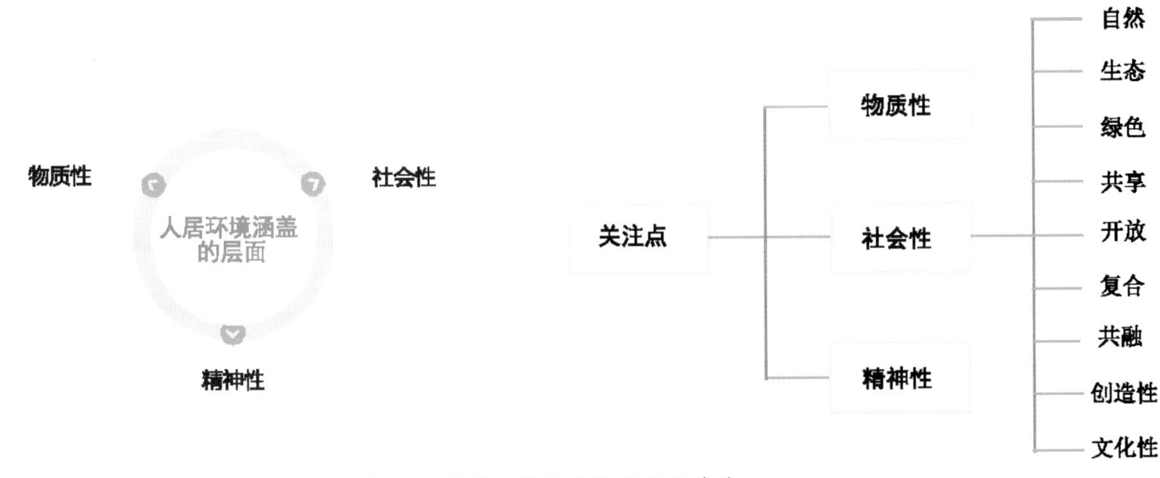

图 5.1　人居环境涵盖的层面及关系

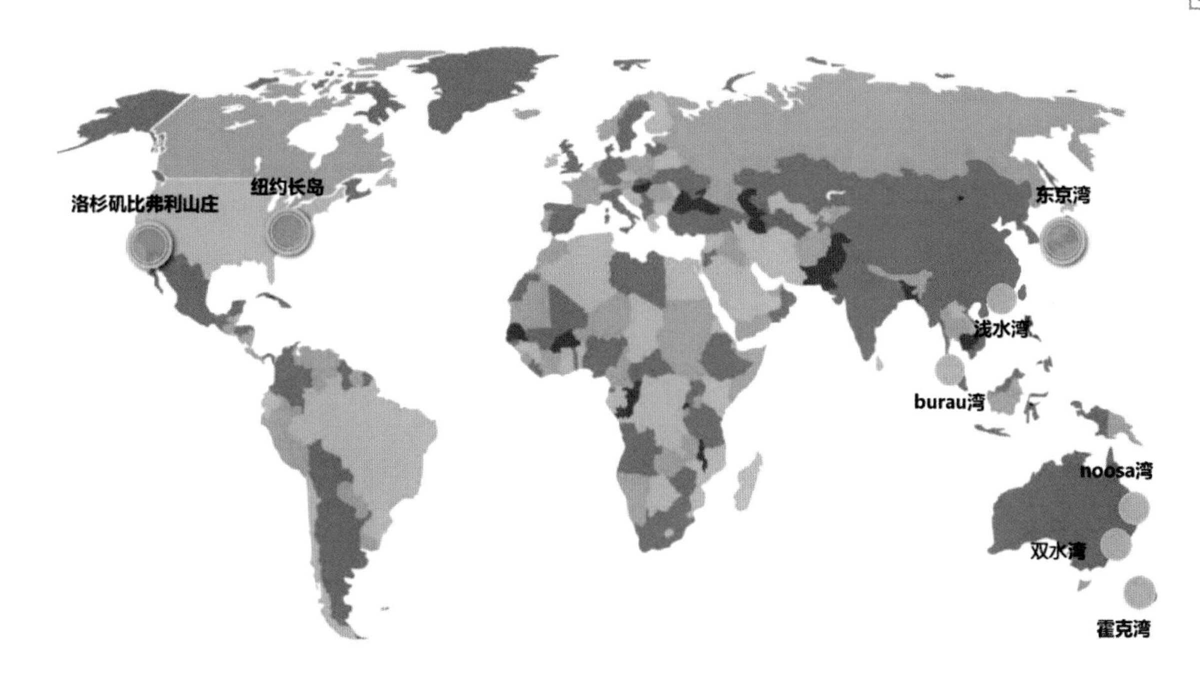

八大豪宅湾区——

长岛
坐标：美国纽约
特色鲜明的教区、富人区
环境非常优美，治安良好
城市与休闲生活的理想结合

Noosa 湾
坐标：澳大利亚布里斯班
有“艳阳之都”的美誉
世界顶级滨海休闲生活之地
街区式别墅强调友邻关系的建立

比弗利山庄
坐标：美国洛杉矶
洛杉矶临湾最有名的富人区
完善的生活配套
世界闻名的旅游景点之一

Burau 湾
坐标：马来西亚兰卡威
全球达人竞相折腰的“贵族湾”
条件超一流的现代化酒店
各种特色风情的惬意度假村

东京湾
坐标：日本本州岛中东部
人工规划湾区富人区的典范
一直以制造业为主导产业
营造了国际一流的海湾生态圈

霍克湾
坐标：新西兰北岛东岸中部
以 ARTDECO 建筑风格享誉全球
海岸上的豪宅数不胜数
散布着许多历史悠久的葡萄园

双水湾
坐标：澳大利亚悉尼东郊
KELTIE 海湾和 BLACKBURN 海湾
充满浓郁的地中海城镇的气息
环境优美、风光旖旎、生活质量高

浅水湾
坐标：中国香港岛南部
海湾呈新月形，号称“天下第一湾”
以香港最高档的住宅区而闻名于世
依山傍水的建筑，构成独特风景

图 5.2 世界八大豪宅湾区

世界银行统计资料显示，全球 60% 的经济总量集中在入海口，75% 的大城市、70% 的工业资本和人口集中在距海岸 100km 以内的湾区。当世界八大豪宅湾区生活成为世界富豪追求的极高生活境界和目标的时候，湾区这个词汇因此而成为“金钱与智慧并得”的符号。追求奢侈的湾区生活，是富豪的生活梦想，更是顶级配置意义的人居梦想

5.1.2 湾区背景及特点

纽约湾区（金融湾区）：亦称上纽约港或上湾，位于纽约州东南哈德逊河口，濒临大西洋。它由五个区组成：布朗克斯区（Bronx）、布鲁克林区（Brooklyn）、曼哈顿（Manhattan）、皇后区（Queens）、斯塔滕岛（Staten Island）。全市总面积 1214.4km^2。这里还是联合国总部所在地，总部大厦坐落在曼哈顿岛东河河畔。纽约湾区又称世界“金融湾区”，是世界金融核心中枢，每年创造 1.3 万亿美元产值，近半数产生于不足 1km^2 的华尔街金融区内。这里是世界湾区之首，世界金融的核心中枢以及国际航运中心，美国的经济中心，人口 6500 万，占美国总人口的 20%，城市化水平达到 90% 以上，制造业产值占全美国的 30% 以上。附近有纽约大学、哥伦比亚大学、康奈尔大学、耶鲁大学、普林斯顿大学等国际知名大学（图 5.3）。

旧金山湾区（科技创新湾区）：是美国加利福尼亚州北部大旧金山湾区都会区，位于沙加缅度河（Sacarmento River）下游出海口的旧金山湾四周，由 9 县 101 个大小城市组成，核心城市包括旧金山半岛上的旧金山（San Francisco），东部的奥克兰（Oakland），以及南部的圣荷西（San Jose）等。萨克拉门托河和圣华金河两条河流在旧金山湾交汇入海，萨克拉门托河自发源地流向西南，穿过加利福尼亚中央谷地北部，与圣华金河形成三角洲，拥有皮特河、番泽河、梅克劳德河等众多支流，连通美国内陆，使得湾区的开放和发展拥有广阔的腹地。旧金山湾区通过政府较少干预的区域社会治理机制，发挥科技巨头和高等院校的虹吸效应，成为全球科技创新中心，人均 GDP 达到 8 万美元。旧金山湾区是高新技术研发基地，也是美国加利福尼亚州太平洋沿岸港口城市，世界著名旅游胜地，加利福尼亚州人口第四大城市，临近世界著名高新技术产业区硅谷，是世界最重要的高新技术研发基地和美国西部最重要的金融中心，也是联合国的诞生地。

东京湾区（产业升级湾区）：位于日本关东海湾，在日本本州岛关东平原南端，旧称江户湾。有狭义和广义之分。狭义的东京湾即由三浦半岛观音

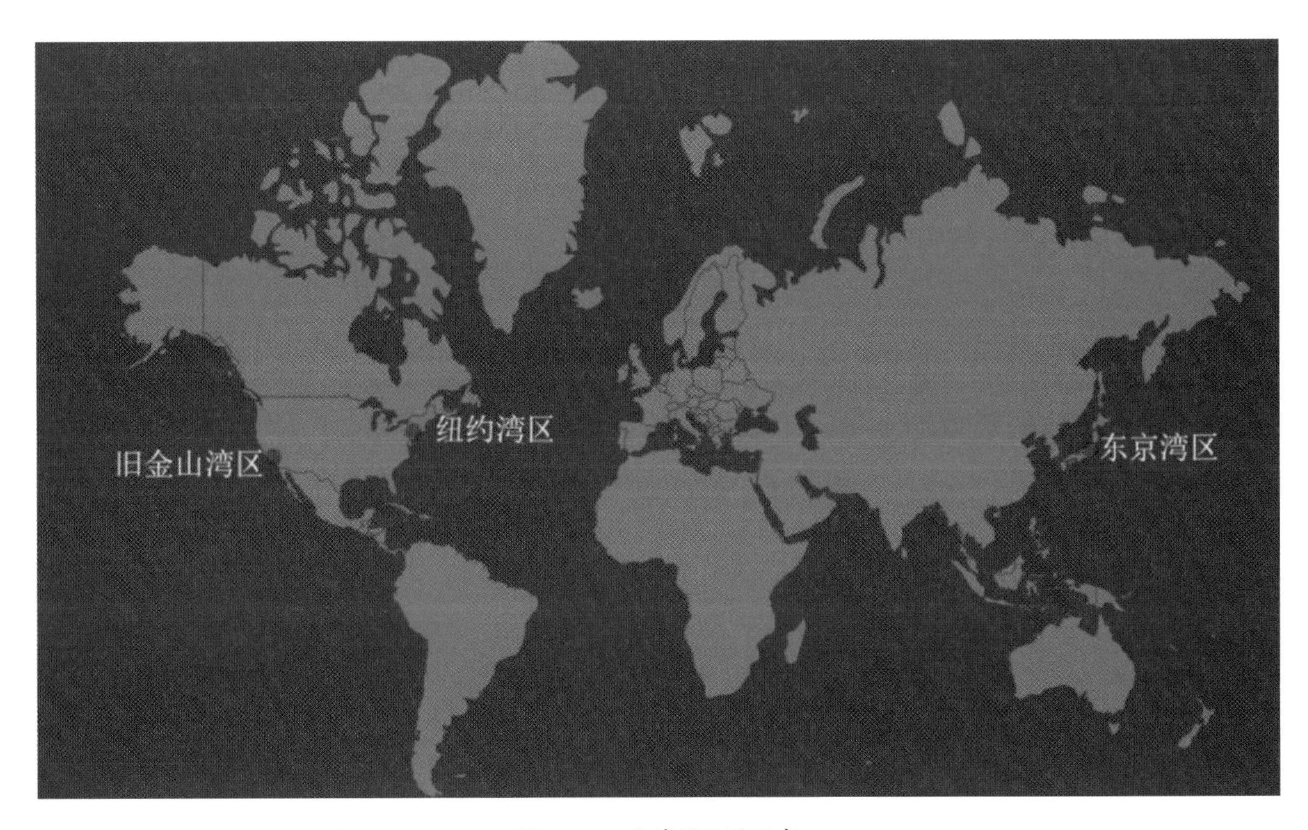

图 5.3　三大湾区位置示意

崎及房总半岛富津岬所连成的直线以北的范围，面积约 922km^2；广义的东京湾则包括浦贺水道，即由三浦半岛剑崎和房总半岛洲崎所连成的直线以北的范围，面积约 1320km^2。东京湾区以东京为中心，以关东平原为腹地，人口 4383 万，是日本政治、经济和产业中心，也是世界知名的高端制造业走廊。东京湾区通过制定发展规划等实施总体管控，聚集了日本现代制造业的“精华”，在占国土面积 3% 的范围内，创造了全国 GDP 总量的 35%。它以房总、三浦两个半岛为两翼，包括一都三县，拥有关东平原腹地，比邻太平洋，由鹤见川、江户川等多条内河连接腹地。

5.1.3 基于湾区背景下人居环境标杆解读

国际知名湾区如纽约湾区、旧金山湾区、东京湾区等，以开放性、创新性、宜居性和国际化为最重要特征，具有开放的经济结构、高效的资源配置能力、强大的集聚外溢功能和发达的国际交往网络，发挥着引领创新、聚集辐射的核心功能，已成为带动全球经济发展的重要增长极和引领技术变革的领头羊。作为世界湾区的先行者，在经济、科技、产业升级的背景下，三大湾区的人居环境是世界各大湾区学习的榜样和借鉴的对象。

1）城市规划原理之人居环境

凯文・林奇对人的“城市感知”意象要素进行了较深入的研究。他说：“一个可读的城市，它的街区、标志或是道路，应该容易认知，进而组成一个完整的形态。”一座城市，无论景象多么普通都可以给人们带来欢乐，城市如同建筑，是一种空间的结构，只是尺度相对于建筑更加巨大，需要用更长的时间去感知，在不同的条件下，不同的人群对于城市的认知和感受是不同的，但相同点都基于城市设计的五要素：路径、边界、区域、节点、标志。

（1）路径：习惯或顺其移动的路径、方向，延续、交叉。特点：建立鲜明的特征；道路的延续性；做到方向明确。

（2）边界：非路的线性要素，自然的界线和人工边际，使人形成文化心理界标。特点：增加边界使用强度；增加与城市结构的联系；明确和延续性；有一定的界定性。

（3）区域：城市中相对大的范围，有普遍意义的特征，产生场所效应。

（4）节点：城市结构空间及主要要素的联结点，不同程度上表现为城市意象的汇聚点、浓缩点，有的节点更有可能是城市与区域的中心及意义上的核心；在城市中观察者能够由此进入的具有战略意义的点，是人们往来行程和集中的焦点；交通线路中的休息站、道路的交叉或汇聚点，从一种结构向另一种结构的转换处。特点：有特色；与道路关系明确，交代清楚；共同的使用功能；尺度适宜。

（5）标志：另一类型的点状参照物，观察者只是位于其外部，而并未进入其中，如建筑标志、店铺或山峦，也就是在许多可能元素中挑选出一个突出元素。特点：强化与背景之间的对比；产生联想；组织标志群体（图 5.4）。

2）世界三大湾区的人居环境

纽约湾区建立在金融中心纽约向外辐射的基础之上。1914 年，巴拿马运河开通后，湾区正式进入大发展时代；“二战”后，纽约湾区逐步进入工业化后期发展阶段；到 20 世纪七八十年代，纽约金融保险等服务业快速兴起，促使纽约湾区向知识经济主导阶段演进。纽约湾以纽约为中心聚集了众多的城市，湾区具有优良的海港、便利的海运交通，通过水运可快速通达湾区的各个经济腹地，而这种模式形成的原因主要是城市的建设与城市的凝聚力、集聚力的建设，在纽约中央公园、高线公园、哈德逊园区就出现了很多极具吸引力的建筑与空间，这正是人们在这种生活高压情况下所需要的人居环境。由于纽约人口增长速度极快，很多人就去到比较开放的空间居住，避开嘈杂及混乱的城市生活。美国的第一位景观建筑师唐宁大师就努力宣传纽约市需要一个公园、一个公共空间来给生活在此的人们以足够的空间，以便交流和释放工作压力。中央公园建成后就出现了新的变化，近年来纽约中央

旧金山十七英里礁石海滩

纽约布鲁克林大桥

纽约中央公园

纽约曼哈顿哈德逊河河景

图 5.4 美国城市初识意象

笔者在游历美国的时候随笔涂抹的建筑，也是对一座陌生城市的初识意象，画笔下的城市景象均为具有代表性的建筑和地标性建筑，从画中我们一眼就能看到城市的道路、边界、区域、节点、标志，这些也正是人们对城市的初识意象

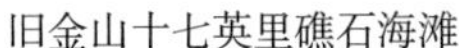

公园附近出现了一些超高层公寓，俗称“筷子楼”，从侧面验证了中央公园作为城市公共开放空间，随着城市人口增加、土地减少而显得日趋重要，也正反映了人们对人居环境（即人与自然建立共生关系）的一种迫切的心理需求。

纽约中央公园建立于 1873 年，其建成为生活在这里的人们及纽约的人居环境带来了新的变革，可以称为“一公里生活圈”。以中央公园为原点，1 公里半径圈内坐落着华尔街、第五大道、帝国大厦、现代艺术博物馆等。如果说华盛顿白宫代表着“政治”，那么纽约中央公园的一公里，则意味着“财富”以及一系列衍生词：“健康、权利、繁华、艺术”（图 5.5）。

纽约高线公园始建于 1930 年，是旧城保护与更新非常具有代表性的案例。它是位于纽约曼哈顿中城西侧的线型空中花园，始建时是一条连接肉类加工区和三十四街的哈德逊港口的铁路货运专用线，1934 ～ 1980 年间曾是重要的“交通生命线”，1980 ～ 1999 年功成身退，一度面临“拆与不拆”的争议。在纽约高线公园组织的大力保护下，高线终于在争议声中存活下来，并建成今日独具特色的空中花园走廊，将原有高架铁路线创新性改造为一条城市景观走廊，为纽约赢得了巨大的社会经济效益，成为国际设计和改造重建的典范。旧城的保护与更新是城市永恒的话题，高线公园的成功落地离不开设计团队对文脉历史性的延续、对旧城创造性的利用、对人群参与的人性关怀、对人们乡愁情怀的一一回应（图 5.6）。舒适、具有活力的人居环境是大量创新人才涌入的主要原因，也因而带动了金融经济和创新科技的大规模发展。

纽约哈德逊园区始建于 2012 年，位于曼哈顿的心脏地带，是曼哈顿仅剩的一块可开发用地，占

健康：高节奏的工作生活与休闲舒适的日常生活相互并存与融合

权利：帝国大厦被誉为“世界七大工程奇迹”之一，华尔街以“美国金融中心”闻名于世

繁华：纽约第五大道，是大荧幕上出现频率最高的商业街

艺术：如 MOMA 纽约现代艺术博物馆、哈德逊园区巨型观景楼梯“vessel”，无不代表着艺术、创新、共享、人与建筑的融合

图 5.5　纽约中央公园 1 公里半径圈

市民休憩空间

城市沙滩浪漫感觉的椅子

飘浮在曼哈顿空中的绿毯

“植—筑”融合的策略——手指状的草地和混凝土铺装融合

图 5.6　纽约高线公园

地达 10.5hm^2，项目及周边配套设施、地铁线路改造等已被纽约市政府纳入重点市政工程项目，并被美国国土安全局提升为“国家利益”优先等级。园区是满足气候变化、公共开放空间设计需要，符合可持续发展、人与自然和谐相处的城中城示范性园区。

哈德逊园区设计采用了全新的城市景观绿洲概念。数以百计的沉箱（地下混凝土支柱）支撑园区，并将其抬升至铁路系统之上。地下铁路产生的热量温度可达 150℃，园区内设置喷气动力式通风系统，利用地下铁路产生的热量，通过复杂的分层系统，提供适当的通风和灌溉。园区内树木多达 200 多棵，植物多达 2.8 万种。

旧金山硅谷广场。旧金山是高新技术研发基地，地处加利福尼亚州北部，是世界上最重要的高科技研发中心之一，拥有全美第二多的世界 500 强企业，包括谷歌、苹果、Facebook 等互联网巨头和特斯拉等企业全球总部。硅谷位于美国旧金山湾南端的狭长地带，是美国和全世界高新科技产业的象征。硅谷总面积 3800 多 km^2，核心地带南北长 48km，东西宽 16km，面积 800km^2，人口达 480 万。入住的企业集中了近 7000 家高新技术公司，是美国微电子业的摇篮和创新基地。硅谷的成功有以下四个要素：1. 品牌的集聚效应、政府对创新性技术的支持及金融资助，为硅谷的快速发展奠定了基础；2. 研究型大学与本地企业联合起来，对技术人员进行教育与培训，是硅谷持续发展的动力所在；3. 良好的生产、生活基础设施配套建设和环境是稳定发展的保障；4. 从 1950 ～ 2010 年发展路线看，硅谷一直引领新型产业发展，创意产业、生物科技和环保新能源产业是近几年高速成长的新型产业。

东京多摩广场。东京湾区位于日本本州岛关东平原南端，以东京为中心，以关东平原为腹地，人口 4383 万，是日本政治、经济和产业中心，也是世界知名的高端制造业走廊。主要的工业区为京滨工业带向横滨市发展，京叶工业带向千叶县发展，鹿岛工业带向茨城发展，三大工业带以东京都为核心。多摩广场人口过密，产业聚集度过高，供不应求、地价飞涨，交通设计效率极致化，但基础设施完善，住宅呈现多元化形态。湾区核心驱动主要是发展可消化东京人口外溢的卫星城市、交通便捷的大都市 TOD 新城、生态绿色的宜居新城、大东京的住宅价格洼地。宜居 TOD 新城是绿色低密度住宅区，是东京都副中心，产业和高效的城外附属基地，能满足日常消费的社区商业中心，服务于东京的目的性消费中心，是工作、生活、娱乐、消费全功能新城、产学结合的教区商业中心（图 5.7）。

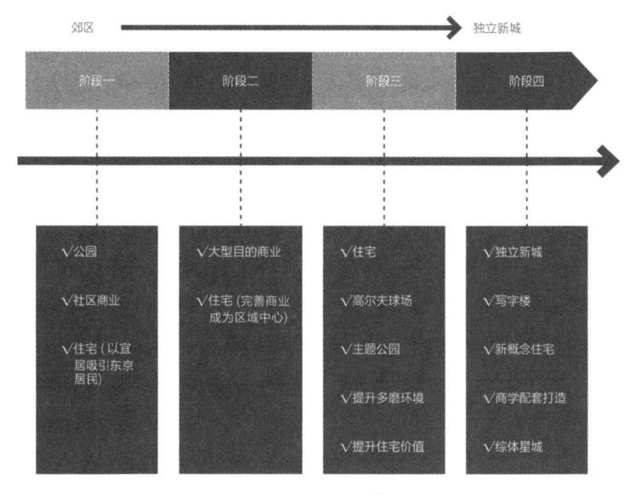

图 5.7　东京多摩广场

东京六本木新城总建筑面积 78 万 m^2，历经多年建设，由美国捷得、KPF 等多家设计公司联合完成。它是一座集办公、住宅、商业设施、文化设施、酒店、豪华影院和广播中心于一身的建筑综合体，具有居住、工作、游玩、休憩、学习和创造等多项功能。六本木将大体量的高层建筑与宽阔的人行道、大量的露天空间交织在一起。建筑间与屋顶上大面积的园林景观，在拥挤的东京都成为举足轻重的绿化空间，已经成为著名的旧城改造、城市综合体的代表性项目。人居环境的主要特点是地区发展与都市整体规划相结合；保留水系和绿化，整合了公园和广场空间；规划户外空间与都市之间融合与协调；利用地铁交通与公共交通，将地区商业活动与东京整体观光旅游相结合，集聚效应、特色差异、多元科技、低碳生态、专享生态、专享平台、便利生活的特征充分融于其中（图 5.8 ～图 5.10）。

图 5.8 东京六本木新城

图 5.9 共享室内空间

图 5.10 景观与建筑结合

5.1.4 启示

三大湾区案例是国外设计行业多年理论研究和实践的成果，可以说是世界人居环境的标杆。人居环境在现代文明建设中影响最为深远，当代建筑设计不可能满足每一个个体对理想空间的渴望，在AI高速发展的当今时代，使用者对于空间的能动性有了一个更高的要求，使用者本身审美素养的提高，编辑工具的便捷化，都让他们对于空间编辑的参与度有了较大的提升，而一座好的单体建筑，应是内外兼修的，外部设计应是令人印象深刻的，在造型上应是创新有活力的。在当今时代背景下，建筑已成为能被人们使用的巨大艺术品之一，应具备美观与实用两方面的特征，在艺术的基础之上更应注重使用者的需求，追求内部设计的舒适，所以在设计中思考应更多落脚于人与人、人与空间、个体空间与私密空间以及共享空间之间的关系，塑造都市城市空间的邻里关系，一定程度上平衡建筑空间与形式的关系。

5.2 未来的超级湾区——粤港澳大湾区

5.2.1 粤港澳大湾区背景及特点

粤港澳大湾区目前经历了三大阶段。第一阶段（1978～2003年）：以前店后厂为形式的制造业垂直分工；第二阶段（2003～2016年）：以服务贸易自由化为核心的产业横向整合；第三阶段（2017年至今）：以湾区经济为载体参与国际中高端竞争。粤港澳大湾区于2017年3月5日在十二届全国人大五次会议上首次由李克强总理在政府工作报告中明确提出："支持港澳在泛珠三角区域合作中发挥重要作用，推动粤港澳大湾区和跨省区重大合作平台建设，要推动内地与港澳深化合作，研究制定大湾区城市群发展规划，发挥港澳独特优势，提升在国家经济发展和对外开放中的地位与功能。我们对香港、澳门保持长期繁荣稳定始终充满信心。"

从《粤港澳大湾区发展规划纲要》（下文简称《纲要》）的角度看总体框架，主要是由一个目标、两个阶段、三个层次、四大中心城市、五大定位、六条原则、七大任务构成。其中一个目标为国际一流湾区和世界级城市群。两个阶段：第一阶段2017～2022年，建设阶段，基本形成国际一流湾区和世界级城市群框架；第二阶段2022～2035年，发展阶段，全面建成宜居宜业宜游的国际一流湾区。三个层次：城市、城市群、泛珠三角。四大中心城市：香港、澳门、广州、深圳。四大意义：有利于丰富"一国两制"实践内涵，有利于贯彻落实新发展理念，有利于进一步深化改革，有利于推进"一带一路"建设。五大定位：充满活力的世界级城市群，具有全球影响力的国际科技创新中心，"一带一路"建设的重要支撑，内地与港澳深度合作示范区，宜居宜业宜游的优质生活圈。六条原则：创新驱动，改革引领；协调发展，统筹兼顾；绿色发展，保护生态；开放合作，互利共赢；共享发展，改善民生；一国两制，依法办事。七大任务：建设国际科创中心；加快基础设施互联互通；构建现代产业体系；推进生态文明建设；建设优质生活圈；紧密参与"一带一路"建设；共建粤港澳合作发展平台。

大湾区城市一体化："广州—深圳—香港—澳门"是粤港澳大湾区四大中心城市，是区域发展核心引擎，而广佛同城、深莞惠一体化、深汕合作、港珠澳联通，都是围绕这个核心展开的。广州是华南区中心，拥有厚重的岭南文化；香港是世界金融中心之一，代表先进文明；深圳是中国金融科创中心，其民营经济与制造和科创能力突出，连接周边东莞、惠州、中山、江门湾区制造业等基地，将引领湾区硅谷起飞。

改革开放以来，特别是香港、澳门回归后，粤港澳合作不断深化实化，粤港澳大湾区经济实力、区域竞争力显著增强，已具备建成国际一流湾区和世界级城市群的基础条件。在政府的大力推动下，经济实力不断提高，高新技术人才大量引进，创新驱动下科技水平日新月异，粤港澳大湾区发展的远景目标就是成为未来的超级湾区。

5.2.2 创新驱动下人居环境的发展方向

粤港澳大湾区的发展离不开湾区的创新驱动。创新驱动是建立在一定的矛盾与冲突之下的，从马克思主义哲学辩证唯物主义角度讲，矛盾无处不在，无时不有，也正因为有矛盾的存在，要想突破矛盾与冲突，就必须另辟蹊径，也就是我们所说的创新。粤港澳大湾区存在不同地域间的不同政治、经济、人文间的矛盾，在不同制度的条件下，国家大力推动需要突破很多障碍。在目前条件下看湾区未来的竞争核心将会落脚在人才的竞争上，而最终决定高等教育人才大量涌入的前提就是好的人居环境。相同地域背景下差异化的制度、发展轨迹、城市分工和社会背景由此相互激发，其所产生的催化作用将异常巨大，观念的撞击决定了创新是发展的原动力。正如香港特别行政区前财政司司长梁锦松接受媒体所言：粤港澳大湾区综合了纽约、东京、旧金山三大湾区的功能。如纽约湾区是金融中心，香港也是国际金融中心；东京有先进的制造业，深莞惠也是全球最好的制造业平台；旧金山是科研湾区，而深圳是全世界最具创新能力的城市之一。由此，我们可以预见，创新驱动下湾区优势叠加的未来粤港澳湾区发展，无疑将释放更大潜力，而未来湾区的人居更加令人充满想象。

5.2.3 湾区人居环境创新案例解读

创新驱动的湾区建设，离不开创新人才，而优质的人居环境即“优质生活圈”，也正是世界级大湾区城市群的核心特征之一，打造世界级湾区城市必然要先打造世界级的优质生活环境。《纲要》中提到的“建设宜居宜业宜游的优质生活圈”在发布后成为媒体及社会高度聚焦的一个关键词。笔者在近年的建筑实践中，有一些项目无论是地理位置还是设计定位，均是为与湾区优质生活圈匹配而精心打磨，在此分享其三。

1）宜居湾区建设——深圳南山赤湾庙北项目

《纲要》指出，塑造健康湾区，发展健康产业，提供优质医疗保健服务，完善紧急医疗救援联动机制。推进健康城市、健康村镇建设。共建人文湾区，塑造湾区人文精神，共同推动文化繁荣发展。完善大湾区内公共文化服务体系和文化创意产业体系，巩固创意之都地位。支持深圳引进世界高端创意设计资源，大力发展时尚文化产业。

深圳南山赤湾庙北项目是湾区生态宜居家园典型案例之一。项目位于大湾区四大中心城市核心引擎之一的深圳。所在深圳赤湾片区，紧邻南山前海自贸区和蛇口自贸区，利用坐山面海的资源，挖掘地块价值，打造片区标杆。项目规划以景观最大化为主，三面环山，一面望海，精心排布，保证每一栋楼、每一户都能最大限度地欣赏到景观，拥有出色的先天资源和人文价值，在规划设计与建筑设计上讲求独特的空间体验和高品质生活空间。

项目规划结构是“一带一环三苑四园两广场”，以联动、生态、活力作为项目的关键词，中央景观组团由连桥链式连接；设计亮点在于项目的活力之环，“空中连桥”着眼于社群黏性，整合社区生活。体育健身、亲子乐园、休闲娱乐等形成最关键的系带作用。在现状道路标高前提下，连桥在保证净高6m处设置，同时不影响三个地块连接的通畅性；空间及视线互不遮挡，塔楼朝向避免出现视线对视情况；开阔的视野，开敞的空间，使人们生活在其中有非常舒适的尺度感（图5.11、图5.12）。

2）宜业湾区建设——深圳满京华国际艺展中心

《纲要》指出，拓展就业创业空间，支持港澳青年和中小微企业在内地发展，积极推进青年创新创业基地、青年梦工场、青年创新创业合作平台、华侨华人创新产业聚集区。深圳满京华国际艺展中心项目位于大湾区四大中心城市核心引擎之一的深圳。所在基地东界107国道，北界松福大道，周边有广深高速、宝安大道及在建广深城际铁路等重要交通设施。

图5.11　南山赤湾庙北项目总平面

图 5.12　南山赤湾庙北鸟瞰

在满京华国际艺展中心设计中，美学介入人们生活方式带来了变革，通过解析深圳在粤港澳大湾区的定位（创新创意之都），打造一个优质生活圈，以生态、新生活模式、新科技和体现建筑设计风格为原则，使绿化和建筑相互融合，相辅相成，使环境成为文化的延续。其设计的亮点，在于首层设计公共开放空间，打破以往的封闭空间，在首层设计下沉庭院，创造错落高低的庭院景观，并且设计立体行人网络，丰富人流路线的趣味性，使得整个社区的宜居、宜业影响力大大提高（图 5.13、图 5.14）。

图 5.13　满京华国际艺展中心总平面

图 5.14 满京华国际艺展中心实景

3）宜游湾区建设——肇庆鼎湖新区项目

《纲要》指出，构筑休闲湾区，建设国家全域旅游示范区，促进滨海旅游业高品质发展，加快“海洋—海岛—海岸”旅游立体开发，完善滨海旅游基础设施与公共服务体系。推动形成连通港澳的滨海旅游发展轴线，建设一批滨海特色风情小镇。项目位于大湾区连接大西南的门户城市肇庆市、通往大西南东盟的西部通道、大湾区三大经济带交汇点。基地面积约 8000 亩（约 533hm^2）。西侧为砚阳湖，南面为西江，长利河纵穿基地中央。基地紧邻肇庆CBD，周边有肇庆体育馆、砚洲渡口及肇庆新港，4km 内可到达肇庆东站及市政府，是肇庆市的核心区。

项目坚持居住、旅游、创意三位一体理念，以广府文化与山水特色相融，在城市内兼具生态和文化特征的核心地段，打造城市运营标杆，以独特的文化旅游竞争力，推动新型旅游新城建设。重述水乡肌理，历史文脉与城市发展共生共荣。在新区规划中按照“大山水、新画卷”主题思路启动设计，重点体现“中国特色、岭南文化”和肇庆元素，深入探索新区建设与周边景区、西江之间的共生共荣关系（图 5.15、图 5.16）。

图 5.15　项目鸟瞰效果

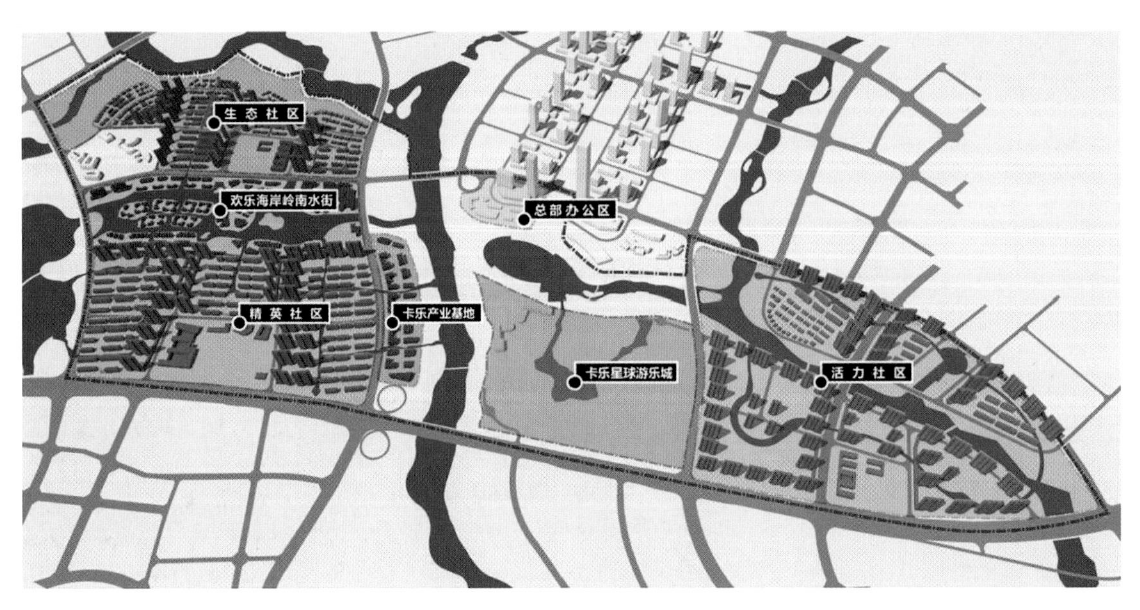

图 5.16　项目总平面

5.3 未来居住空间研究与展望

5.3.1 科技之光——世界湾区智慧城市技术应用

湾区建设是创新和科技驱动的。目前城市发展已经迎来智慧城市技术逐步成熟并走向综合应用的时代。据《爱尔兰新岛周报》报道，2018年的“IESE城市动态指数”排行出炉（IESE城市动态指数来自西班牙纳瓦拉大学全球化中心，该中心每年对全球165个城市进行人力资本、社会凝聚力、经济、环境、治理、城市规划、国际推广、技术、机动性和交通这九项内容的综合评估，对城市的“智慧”程度进行排名），纽约、伦敦和巴黎获评“全球最佳智慧城市”。在亚洲，排名最高的城市是东京。可以看到，世界级湾区在智慧城市建设方面亦同样走在世界前端，先来看看智慧城市技术分别在世界级湾区的应用情况：

纽约湾区

21世纪初提出旨在促进城市信息基础设施建设、提高公共服务水平的“智慧城市”计划，并于2009年宣布启动“城市互联”行动。通过信息化建设的纽约市已经成为全球知识和信息交流中心及创新中心。

东京湾区

日本2000年开始加速国家ICT战略，继“E-Japan”“U-Japan”之后推出“I-Japan战略2015”，旨在到2015年实现以人为本“安心且充满活力的数字化社会”，让数字信息融入社会生产、生活的每一个角落。东京作为日本的政治中心、文化教育中心以及海陆空交通枢纽，在社会公共服务、智能交通建设、绿色城市建设等方面取得了显著成绩。

表5.1～表5.3为纽约湾区和东京湾区在社会公共服务应用、城市建设管理应用、电子政务应用、绿色城市建设等方面的智慧城市发展情况。

社会公共服务应用　　表5.1

纽约湾区	东京湾区
医疗：2005年纽约市启动电子健康记录系统，并于2009年由美国联邦政府与纽约市健康和心理卫生局共同推进该系统的建设和升级。目前，纽约市各大医院和社区医疗保健机构普遍采用全套电子病历系统，该系统极大方便了医生对病人病历的调档会诊，提高了医疗措施的准确性。建立网上医疗信息交换系统，促进系统之间医疗信息交换和信息共享。开发移动医疗应用程序，为居民提供随时随地的医疗健康服务。随着信息技术在医疗领域的深入应用，电子医疗已经成为纽约吸引人才和创造就业关键的三大领域之一	医疗：东京电子病历系统在各类医院已基本普及，该系统整合了各种临床信息系统和知识库，极大方便了医生进行检查、治疗、注射等诊疗活动。医院采用笔记本电脑和PDA移动终端，方便医生移动查房和护士床旁操作，实现医护环节无线网络化和移动化。通过在家中设置感应器及无线网络，随时随地将患者的生理状况传送到医院数据系统，以提供更快速、便捷的远程医疗服务。“医疗健康云计算”系统作为“个人健康记录”的环节之一，将用户在家中测量的血压及体重等生命体征数据进行统一管理，与医院、诊所及保健所等保持联动
教育：加快推进宽带服务校园计划，扩大宽带铺设和数字服务覆盖率，打造美国最大的无线网络覆盖城市。各大校园广泛推进智能图书馆和智能校务管理计划，利用无线射频识别、传感器等技术，创建智慧读者服务大厅和教学管理信息系统，实现自动图书管理和教务信息智能管理等。纽约大学致力于推进信息化在教学管理中的应用，通过升级Blackboard教学管理平台为基于Java语言开发Sakai平台，实现对教学管理特殊功能的个性化定制和设置，力争通过物联网等信息技术实现其连接全球各个社区的战略目标	教育：东京校园信息化服务项目主要包括：建立电子账户，使学生及时方便地与学校各部门沟通信息相互联系；借助校园网平台公布相关信息，其中主要包括学校作息时间、各项活动通知、就业信息，就业指导和就业服务等信息；在各大高校普遍建设“电子图书馆和数字化校园”，增加电子图书和电子期刊等资源数量，为教学和科研活动提供丰富的信息资源，实现整个校园从硬件基础设施、信息资源到组织活动的全方位数字化建设；各大高校提供基于BS模式的远程教育系统，通过提高远程教育画面的清晰度，实现教学资源的信息共享

城市建设管理应用 表 5.2

纽约湾区	东京湾区
纽约智慧交通的建设始于 20 世纪末，目前已建成一套智能化、覆盖全市的智慧交通信息系统，是全美最发达的公共运输系统之一。纽约智能交通信息服务系统可以及时跟踪、监测全市所有交通状态的动态变化，纽约在全市范围内广泛推行 E-Zpass 电子不停车收费系统，这种收费系统每车收费耗时不到 2s，而收费通道的通行能力是人工收费通道的 5 ～ 10 倍	2007 年，日本政府推出了智能交通系统（ITS）新的实施方案，希望利用信息技术建立环境友好型的社会来节能减排。目前，日本已经建立了 1700 万个 ETC 收费点，ETC 的普及率已经达到了 70%。通过使用 ETC 系统，在收费站出现的拥堵状况已经得到了全面的解决，智能交通管理的效果显而易见
集成的 311 代理呼叫热线解决方案面向全体居民、游客及企业提供政府部门的单点连接，从根本上转变了城市公用事业运作方式。首次启动先进城市报警系统，该系统能实时汇总并综合分析各种公共安全数据和潜在威胁资料，为执法人员快速准确应对提供科学依据，指挥人员也可以参照各种数据对不同来源的资料进行综合分析，制定相应作战指挥图。近年来纽约市政府对下水道系统进行了一系列维修改造工程，建立了全市下水道电子地图，清晰显示市内下水管道和相关设施，方便施工人员的下水道清淤等作业活动	东京市政府的新干线，已经实现了全智能控制，通过数据采集和分析，地铁运营和控制中心能够第一时间获得各个车站的客流情况、早晚高峰时段的线路拥堵状况以及其他的突发情况，并有效而快速地找到相应的解决措施和方案。智能化的东京地铁无疑将为东京未来的进一步发展提供坚实的保障
纽约市制定 PLANYC 和市民行为设计指南等项目，从土地、水源、交通、能源、基础设施、气候等方面制订相应实施计划，通过对城市温室气体排放的智能管理和市民参与式城市治理，实现到 2030 年将纽约建成“21 世纪第一个可持续发展的城市”的战略目标。目前，纽约市启动“纽约市规划计划”，对该市每座面积超过 5 万平方英尺（约 4645m^2）的建筑物的能源使用情况进行年度测量和披露，旨在将纽约建设成一个更加绿色、更加美好的城市	东京的公路交通、铁道运输系统以及通勤车站十分复杂，优化城市交通解决方案势在必行。东京市政府提出的“智能化高速公路”计划包括汽车、高速公路和交通管理三大块的优化方案。其中，在汽车方面，实现汽车高度信息化，车载终端可以利用外部信息选择最佳行驶方案，从而避免追尾、碰撞障碍物和违规行驶等问题。其次，包括高速公路在内的所有公路均由信息技术控制和监测，随时提供重组的信息服务，避免各种自然灾害的发生，进一步提升城市公路运行安全管理智能化水平

电子政务应用与绿色城市建设 表 5.3

电子政务应用（纽约湾区）	绿色城市建设（东京湾区）
纽约市通过《开放数据法案》将各部门所有已对公众开放的数据纳入统一的网络入口，通过便于使用、机器可读的形式在互联网上开放。这些数据主要涉及人口统计信息、用电量、犯罪记录、中小学教学评估、交通、小区噪声指标、停车位信息、住房租售、旅游景点汇总等与公众生活密切相关的信息，同时也包括饭店卫生检查、注册公司基本信息等与商业密切相关的数据。同时改造升级政府部门的电子邮件系统，并建立“纽约市商业快递”网站，进一步提高政府工作效率和服务水平	2008 年推行“绿色东京大学计划”，利用信息技术以智能和智慧的方式降低电能消耗，减少碳排放量，改善城市环境。该计划以东京大学工程院信息网络为样板实验平台，利用传感器等先进元件及 IPV6 下一代互联网协议平台，将建筑内的空调、照明、电源、安全设施等子系统联网，形成兼容性综合系统并进行智能数据分析，实现对电能控制和消耗的动态、有效的智能化配置和管理。在松下、埃森哲、东京煤气的合作下，建成包含太阳能电池板、蓄电池以及高效节能家电全部连接到智能电网的住宅，同时致力于推广智能移动解决方案

5.3.2 深圳样本——微小居住空间探索

由于近年来城市建设高速发展，人口密度日益增大，以深圳为代表的一线城市呈现出居住空间紧张、房价急剧增高的特点，住房成本的水涨船高令新一代年轻人难以承受。因此，笔者开始探索更小更经济的住宅产品的可能。

另一方面，随着时代的发展和社会的进步，当代青年生活与上一辈相比有巨大的差异。当代青年更加强调个性化和独立性，因此产生了多种多样的生活方式，如“独居”“宠物”“丁克”“周居”“兄弟 / 闺蜜”“独立空间”等。未来家庭的组成单元越来越复杂多元，同时又强调一定的独立性。

现有的常规户型产品不能满足当代青年个性化的使用需求。因此，空间研究方面有必要研发更小、更经济、更符合当代青年生活方式的微小空间居住产品。

1）目前相关领域已有的研究成果与实践

众所周知，日本在社会文化和经济发展上与我国有较多相似之处，其主要城市亦呈现出人口密度大、商品房单价高等特点。在类似的社会和时代背景下，一些日本建筑师已经作了一些探索。下面为两个有参考价值的案例成果。

案例 1

“地域社会圈”——共享社区（Local Community Area Principles-Sharing Community）

设计：山本理显

“地域社会圈”的概念是基于日本社会现状（“老龄化”“少子化”现象加剧，政府能提供的补助已到极限），居民在社区内部相互扶持已成未来趋势。

以 500 多人作为一个生活单元，地域社会圈的住宅尽量减少私有部分，增加共享部分。这一概念试图彻底改变私有和共享的关系，重新审视能源、交通、看护、护理、福利、地区经济在“一处住宅=一家人”的前提下形成的关系，最终形成“地域社会圈”的概念，以租赁模式减轻个人经济负担（图 5.17）。

这一社区生活模式的建立需要较强的公共约束力以保证社区内生活秩序，未必适合中国国情。社区内互助的生活模式有一定探索价值，与中国过去的集体生活模式有一定相似之处，但出于自发的分享更有可持续性。

案例 2

编辑之家（Edited House）

设计：东京 R 不动产 马场正尊、林厚见、吉里裕也

“编辑之家”的概念是把“家”这一空间进行初始化，从零开始编辑。准备一个空无一物的空间骨架，让实际使用此空间的人根据自己的需求营造自己的生活场景，亲身体验并亲手打造个人住宅空间（图 5.18）。

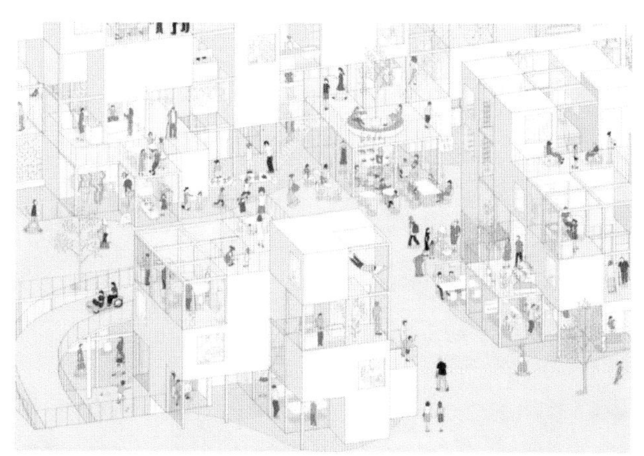

图 5.17 共享社区

图片来源：HOUSE VISION 探索家 1——家的未来 2013

1. 公共餐厅、办公室、厨房、卫生间、淋浴房公用。淋浴空间扩大且数量充足
2. 社区内相互扶持的居住模式，可独立居住、两人合住或更多人合住
3. 能源自给自足

图 5.18 编辑之家

图片来源：HOUSE VISION 探索家 1——家的未来 2013

1. 空无一物的房间骨架
2. 提供“编辑工具箱”，在工具箱中选择配件，让居住者亲手创建符合自己需求的住宅
3. 卧室控制到最小，增大客厅
4. 设置可自由移动的单间，供一人独自使用，保持专注

此模式需要向住户提供大量标准化家具，强大的室内配套支持十分必要，适合动手能力强、重视参与感、不怕麻烦的居住者。

2）艺洲团队现阶段研究内容及成果

在当前社会环境下，艺洲致力于探索与开发面向未来青年一代的住宅空间设计，面向特定人群（以深圳为代表的湾区一线城市 90 后青年），开发在当前社会背景下适应青年一代生活需求的居住单元，在其能够负担得起的情况下提供个性化的未来居住空间单元。

（1）青年住宅调研及分析、艺洲小住宅概念及某地产未来户型竞赛初稿

为了收集更多的辅助设计资料、了解当代青年对住宅户型的实际需求，艺洲以问卷调查的形式进行了一次调研。针对 33 岁以下青年，通过设置一些户型相关问题来尝试了解当代青年对住宅功能的不同需求，启发建筑师的创造性思维与灵感，使最终的设计成果更贴近青年使用者的实际需求，也为今后的户型设计提供更多的启发性思路。

问卷共设 17 题，根据内容大致可分为以下三类：一、关于被试（填写问卷的人）基本信息的调查;二、关于现在以及未来家庭生活方式的探讨;三、关于年轻人对现有住宅空间的使用偏好以及对于未来住宅空间功能的需求。

考虑到当代年轻人的特点和行为习惯，本问卷采用较为诙谐幽默的语言，融合时下的流行元素，最终以微信小程序的形式，以公司员工为核心经由微信朋友圈分发出去，历时 3 天，总共收集到 203 份有效问卷。

问卷显示出的一些关于未来住宅的趋势对于本次户型设计竞赛以及未来的小户型住宅设计仍具有一些参考价值（图 5.19）。

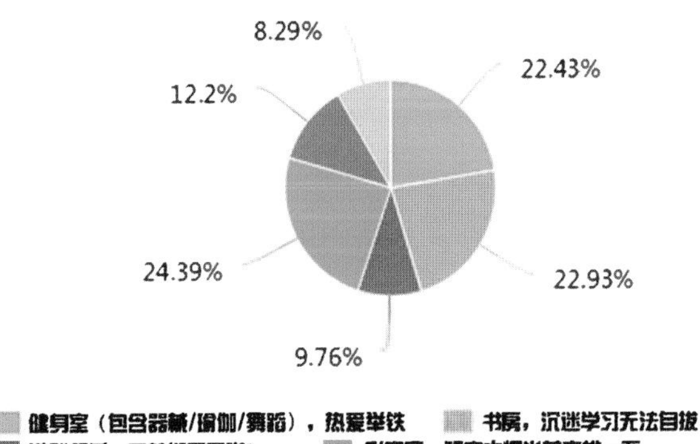

图 5.19 问卷调查

通过调查可以看出，当代青年对于住宅空间的需求与现有的户型有一定的矛盾之处。其中，卧室

是年轻人最关注的功能空间，而客餐厅的功能则有所弱化，对传统中式厨房的需求仍然存在，对卫浴、阳台等空间的需求呈现出“实用＋高品质”的特点。此外，显而易见的是，青年一代对个性化生活空间的需求十分强烈，无论是宠物、游戏、健身还是影音空间，年轻人迫切希望在未来的住宅中为自己个性化的需求留有一定的空间。未来将是个性化的时代，未来的家庭生活模式也将是多种多样的，因此“满足个性化需求”将在今后的住宅户型设计中扮演越来越重要的角色。

由于问卷主体结构尚不够严谨，加之被试对象没有采取分段随机抽样的方式筛选，而是以公司员工为核心，通过微信朋友圈传播，导致取样有一定随机性并有较大可能性集中在建筑设计行业，因此本次调研得出的结果较为粗糙，不足以作为严谨的学术依据，仍需更多深入的调查研究来分析得出更深入、更准确的结论。

受本次调研的启发，艺洲设计了第一版青年一代小户型概念方案：A 和 B 分别代表两位使用者的个性化空间，O 代表共同使用的功能空间。在此基础上设计了两种空间结构形式（图 5.20、图 5.21）。

结构形式一：小个性，大共性

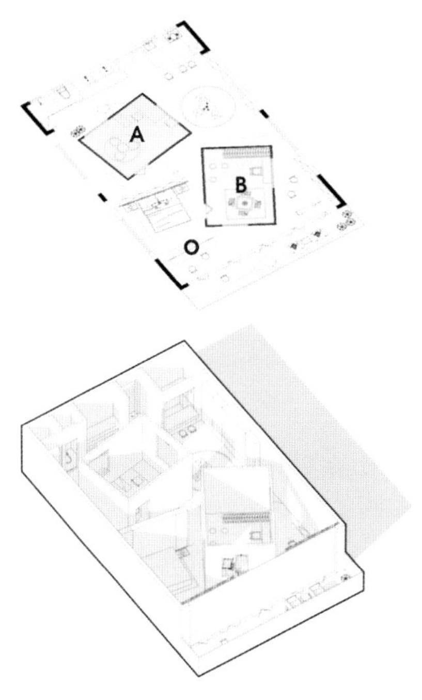

图 5.20 A、B 空间为图，O 空间为底。在共同生活的基础上保持自己的兴趣空间

结构形式二：大个性，小共性

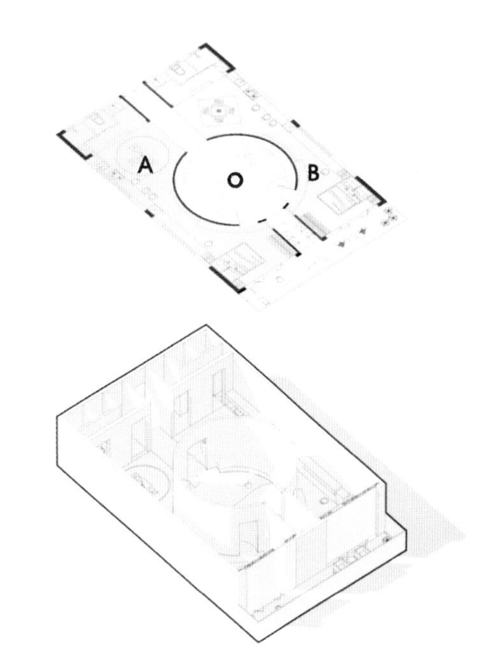

图 5.21 O 空间为图，A、B 空间为底。在各自生活的基础上共享共性空间

这一版户型空间概念设计主要考虑了未来小家庭模式下，男女主人分别拥有各自的个性化生活的需求。户型空间不再围绕一家人围坐在电视机前的生活模式来进行设计，而是考虑未来个人生活空间与家庭共享空间的结合。

（2）极小住宅概念深化及深化方案

随着对未来居住空间研究的深入和设计方案的深化，团队内部提出了进一步的未来居住空间概念：家＝基础功能模块＋共享多用空间＋独立个性空间（理念关键词：无属性空间；细化设计方向：整体空间尺寸设计，基础功能集合模块设计与可选择，个性化空间打造，空间变化性）。

团队将这一概念命名为：平米理想－未来家实验，即客厅＋餐厅＋厨房＋卫生间＋卧室≠未来家＝集合模块＋共享空间＋个性空间。并在此基础上设计了两大类四种空间模块：将居住空间功能进一步划分为基础功能模块、共享多用空间、独立个性空间三种，打破现有户型空间划分，按照新的空间属性重新进行空间组织。（图 5.22）。

（3）极小住宅现阶段方案（概念方案＋落地方案）

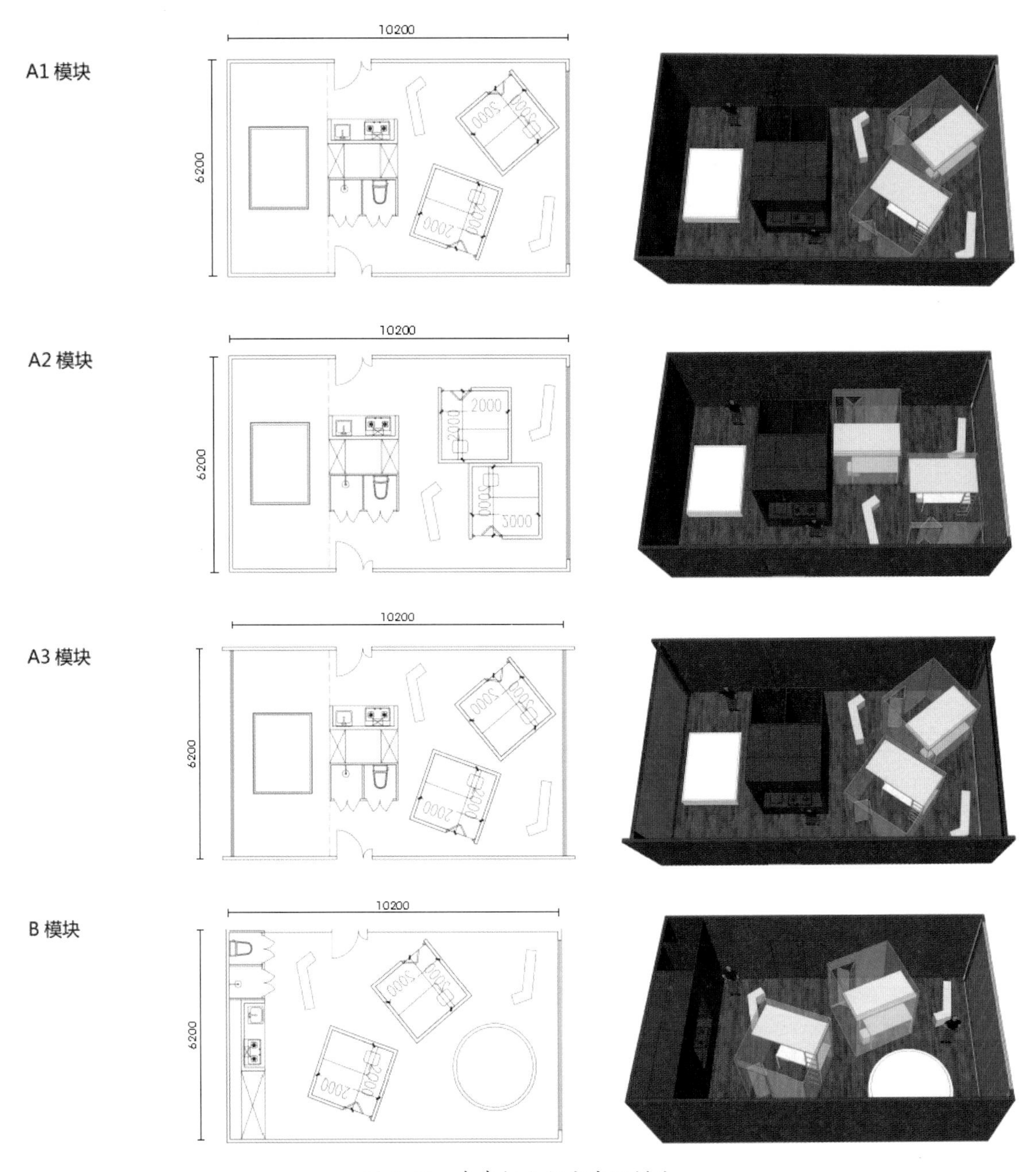

图 5.22　未来极小住宅空间模块

新一轮极小住宅概念设计在前一版基础上扩大研究范围，从城市层面深入思考，围绕“独立＋个性化”，提出“个体在崛起，家庭将消融”的未来趋势，在此趋势里，个人取代家庭团体成为城市的最小单元，未来家与城市的边界将重构。隐私，界限，共享，住宅的黑白灰空间成为建筑师的新课题。故而试图通过一种重叠状态的空间体验展示个体与外界的边界关系的变化可能，进而引发更为广泛的关于未来家的思考和讨论。

该概念装置用可移动、透明度可变的光电玻璃代替传统户型中的隔墙，通过“隔墙”位置的移动和透明度的变化，营造不同私密感的空间体验。模拟和探索不同家庭、不同人、不同情形下，家庭与个人、家庭与城市的边界关系（图 5.23）。

基于与概念装置同样的空间理念，根据当前实际条件进一步设计了一版落地户型方案，未来经过深化设计后将用于户型产品开发。此方案中，整个户型以一个完整矩形盒子的形式呈现，其中集合模块（即厨卫等功能空间）占据矩形的一边，余下的空间仍然是一个较小的矩形，在这个空间中设置一

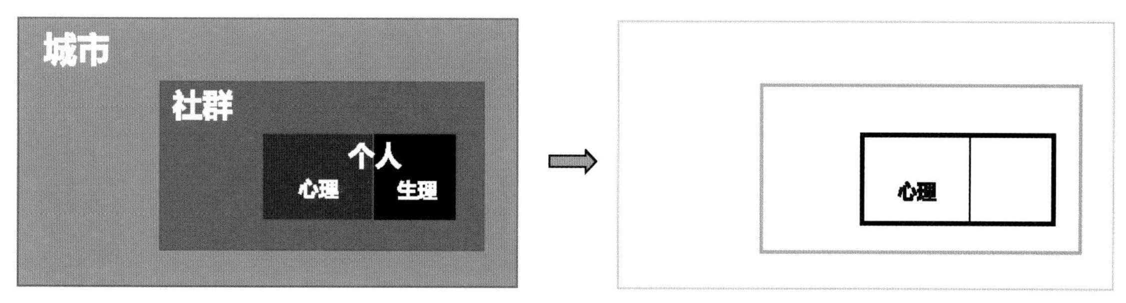

将不同边界抽象为不同透明度的空间，给概念以表达形式，在不同的透明度空间里体验不同的私密感

图 5.23 概念装置关系

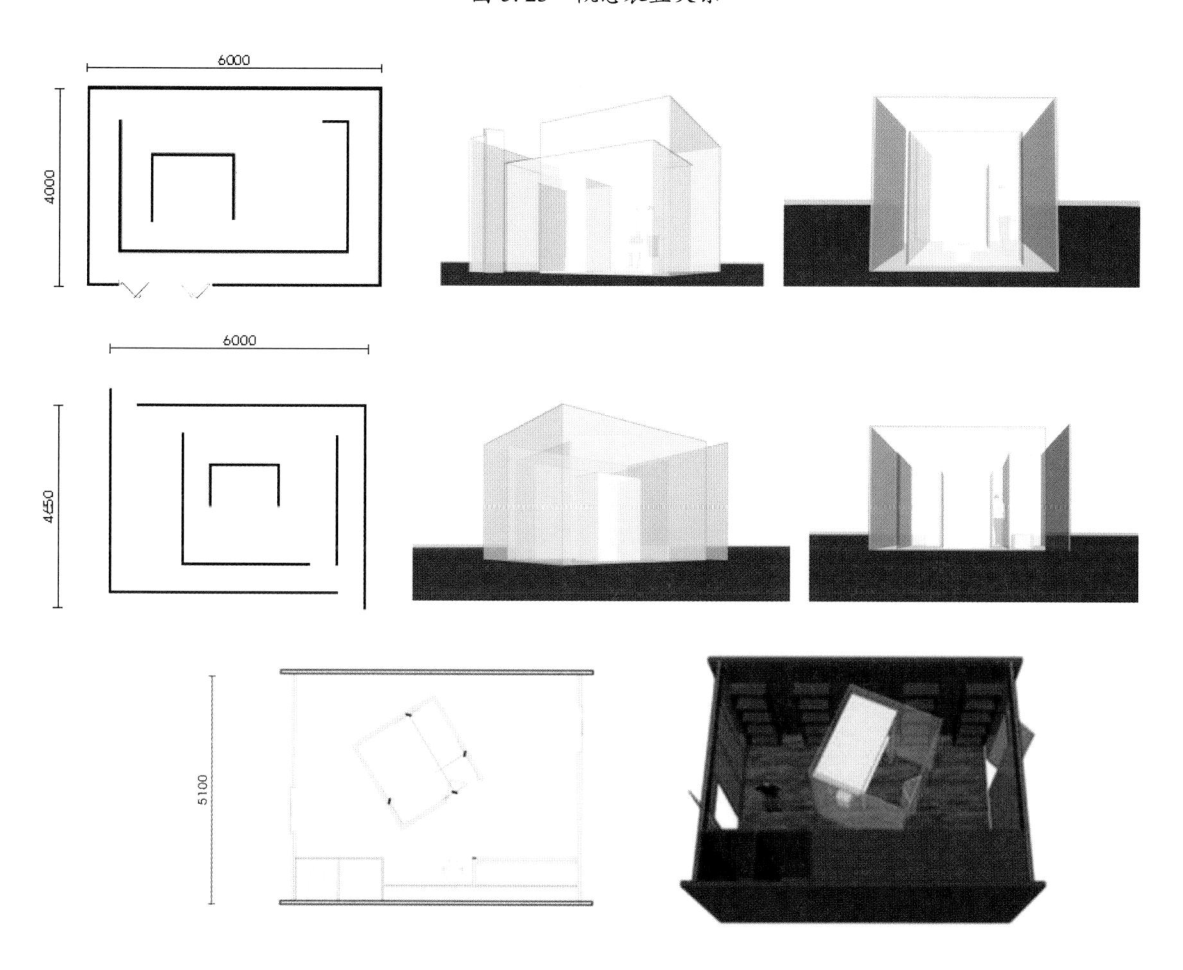

~~**客厅＋餐厅＋卫生间＋卧室＝未来家**~~

集合模块＋共享空间＋个性空间＝未来家

图 5.24 未来家

个更小的矩形小盒子，用于解决个人的基本空间需求（如睡眠、阅读等），余下的空间作为家庭共享空间使用（图 5.24）。

（4）未来研究方向及目标

未来将根据当前方案进行深化设计，深入研究当代青年对生活边界的理解，对私密空间的需求，对未来家庭、城市空间生活模式的构想。在此基础上，对未来个人、家庭、城市模式进行合理推演，针对湾区大环境下的人居空间进行基本居住单元的深化设计。

此外，也将通过收集资料、调研讨论、方案设计等方式，对未来理想家概念社区生活方式进行探讨，构想和尝试创建本土化的互助社区，探讨和研究社区内公共空间与私密空间的划分，将未来居住空间的理念推广融入更大范围的人居空间设计中。

5.4 结语

习近平总书记曾指出:“一个时代有一个时代的问题，一代人有一代人的使命。”中国的城乡发展和人居环境建设虽然已历经万水千山，但仍需继续披荆斩棘。我国正处在实现“两个一百年”奋斗目标的历史交汇期，第一个百年目标要实现，第二个百年奋斗目标要开篇。而“城市，让生活更美好”的目标，也成了广大人民群众关注的重点问题，对于城市设计而言，建筑是城市中的一个小单元，也正是人们生活在城市中所不可或缺的部分。

近年来，人居环境在居民生活中的影响越来越大，在经济高速发展的今天，居民的生活消费水平达到了一个比较高的层次。生活水平提高了，对生活条件和生活质量的要求也就增加了，人们对居住环境也就提出了更高的需求，这就需要升级原有的住宅设计方案。在质量、设计、个性和共享空间等方面都需要重新思考，怎样才能给人们带来更多的舒适感，所以当今的人居环境就备受关注，而无论是从宏观的城市设计角度来讲，还是从微观的建筑设计方面来讲，关注点的核心都在于人与人、人与建筑、人与城市、人与自然的关系。

建筑师的思考必须要回应时代的思考和痛点。粤港澳大湾区城市群概念提出的那一刻，注定粤港澳大湾区城市群将高速发展，而引进大量的创新人才也注定了未来湾区人居环境将发生嬗变，将会有多样化、多结构、新模式的湾区居住环境诞生。如何在高效高压的工作模式下，使人们仍能拥有可休息放松的居住空间，也成为建筑师当下应该思考的问题。我们的思考归根结底还是要回归人群本身。我们认为，未来将是个性化的时代，未来的家庭生活模式也将是多种多样的，因此“满足个性化需求”将在今后的住宅户型设计中扮演越来越重要的角色。是“集合模块＋共享空间＋个性空间＝未来家”也好，是极简的模式“简—间—门—日”也好，总而言之，是对人居住在其中的舒适度的思考和真实体验的回应，调研问卷的方式也正是要密切呼应现代人们的实际需求，在设计中尽可能满足人们心理和生理所需的释放空间，从而降低建造成本，创造一种可实现的、经济实惠的未来房屋居住模块。

随着时代的发展和文明的进步，人们对人居环境需求在不断提高，这就需要建筑设计师们借助更先进的科技成果，结合建筑空间的更多认知，以更为有效地规划住区、改善人居环境，并且结合生态环境和自然条件，把握地域性和人文性的特点，设计出适宜湾区居民、更具未来视野的住宅，让未来的建筑更具有活力，即使在快速进化、快速淘汰的世代，建筑本身也可以有自我修复和自我完善的能力，创造一种具有“可持续发展”特性的建筑。

陈丹子、甘雁娜、刘妙境、黎佐林、左小冬、赵怡飞、曾琴等均对本文写作有所贡献，在此一并致谢！

6 一体化装修关键技术

深圳职业技术学院艺术设计学院 何 锐
中建装饰设计研究院有限公司 郭秀峰
深圳美术集团有限公司 衣宏伟

6.1 一体化装修背景与意义

6.1.1 一体化装修背景

随着社会经济发展和物质生活水平的提高，人们对工作和生活环境有了更高层次的要求。在建筑行业，建筑室内装饰装修工程就是影响人们工作和生活环境的要素之一，优秀的室内装修不仅可以改善人们的生活质量和居住环境，还可以促进装饰装修行业的不断发展。

建筑室内装饰装修要求的提高，导致原先的建筑设计与室内装饰设计分阶段实施的模式存在着一定的矛盾。以往人们会把建筑主体和建筑装饰分为两个阶段考虑，先进行建筑主体的设计与施工，待主体完工后再进行建筑的室内装饰装修设计与施工，结果导致装饰装修工程受到原有建筑布局的制约，难以按用户需求进行室内装饰设计。为满足个性化需求，经常会出现对原有墙体、布局进行更改的情况，这会产生巨大的建设工程浪费。如果能在建设项目的初始阶段就融入室内装饰装修的设计思想，将会使整个建筑的室内装饰设计得到极大的提升。

6.1.2 一体化装修意义

随着科学技术日益发展，人们逐渐意识到设计施工一体化的发展可以带来巨大的优势，不仅能够节约时间和经济成本，还能够提升装修的整体水平和质量，更加符合市场需求和用户要求。为促进建筑装修行业的发展，装饰装修工程需要在设计与施工的关系中进行协调与处理，不断完善，不断进步，基于环保理念进行装修设计，在施工中采用工厂化制作，确保材料绿色达标，减少现场污染及材料损耗，实现从设计到施工的绿色环保。采用设计与施工一体化装修模式，将极大改善建筑工程的推进情况，符合建筑材料、人力资源及施工技术的运用。

6.2 一体化装修材料

6.2.1 一体化装修材料的基本要求

（1）建筑装饰装修工程所用材料的品种、规格和质量应符合设计要求和国家现行标准的规定。不得使用国家明令淘汰的材料。

（2）建筑装饰装修工程所用材料的燃烧性能应符合现行国家标准《建筑内部装修设计防火规范》GB 50222—2017 和《建筑设计防火规范》GB 50016—2014（2018 年版）的规定。

（3）建筑装饰装修工程所用材料应符合国家有关建筑装饰装修材料有害物质限量标准的规定。

（4）厨房、卫生间、浴室和有防滑要求的建筑地面材料应符合设计防滑要求。

6.2.2 一体化装修常用材料

1）顶棚材料

室内装饰装修的顶棚材料主要有金属龙骨、石膏板、矿棉板、金属饰面板、玻璃饰面板、木饰面板及涂饰等。

金属龙骨

（1）轻钢龙骨

吊顶骨架采用轻钢龙骨的构造形式，有很好的防火性能，再加上轻钢龙骨都是标准规格且都有标准配件，施工速度快，装配化程度高。轻钢龙骨按其截面形状可分为U型、C型、T型、L型等多种。每种类型的轻钢龙骨都应与对应配件配套使用。

（2）铝合金龙骨

铝合金吊顶龙骨按荷载类型分U60、U50、U38系列及厂家定制的专用龙骨。次龙骨一般采用T型及L型的合金龙骨，次龙骨主要承担吊顶板的承重功能，也是饰面吊顶板装饰面的封、压条。

石膏板

装饰装修工程大多采用纸面石膏板，常用类型有普通石膏板、防潮石膏板、耐火石膏板、耐水石膏板。

石膏板规格一般为1200mm×2400mm或1200mm×3000mm，厚度为6.5mm、9.5mm、12mm、15mm等。

矿棉板

矿棉板按其表面图案分有毛毛虫、满天星、中心花、十字花、核桃纹、条状纹等类型。

矿棉板规格一般有300×600mm、600×600mm、600×1200mm等，厚度有9mm、14mm、15mm、16mm、18mm、19mm、20mm等。

金属饰面板

（1）金属饰面板

金属饰面板按其材质分为不锈钢板、铝板、镀锌板等，按形其状分有金属方板、金属条板、金属造型板等。

金属方板的规格一般有300mm×300mm、600mm×600mm等多种，金属条板的规格一般有宽100mm、150mm、200mm、300mm、600mm等多种，一般用配套卡扣件将饰面板安装在龙骨上。金属造型板尺寸可根据需求由厂家定制。

（2）金属格栅

金属格栅是开敞式单体构件吊顶，其材质以铝合金材料为主，具有安装简单、防火等优点，多用于较空阔的空间。

金属格栅常用规格一般为100mm×100mm、150mm×150mm、200mm×200mm等多种。

玻璃饰面板、木饰面板

玻璃饰面板、木饰面板用作吊顶装饰材料，大多经过工厂加工，制成装饰挂板成品后运至施工现场，由专业施工人员直接挂接在基层龙骨或挂件上，这些材料样式繁多，表现形式各异，可根据设计要求由厂家定制。

涂饰

建筑涂料是涂饰于建筑物及构件表面，形成涂膜的饰面材料，主要起装饰和保护被涂覆物的作用。涂饰工程所涉及的材料主要有腻子、底涂、面涂。

（1）腻子

腻子分为一般型、耐水型、柔韧性三类，可根据设计要求选用。

（2）底涂

底涂是用于封闭水泥墙面的毛细孔，起到预防返碱、返潮及防止霉菌滋生的作用。

（3）面涂

面涂具有较好的保色性和保光性，附着力较强、硬度较高、流平性较好，涂饰于物体表面可使物体更加美观，具有较好的装饰和保护作用。可根据设计要求选购。

2）墙面材料

隔墙材料

（1）轻质条板隔墙

轻质条板按其截面分为空心条板、夹芯条板和实心条板三种类型，适用于建筑室内非承重墙；

按其材质分有加气混凝土板（ALC板）、轻质复合隔墙板（PRC）、玻璃纤维增强水泥轻质多孔板（GRC）、轻集料混凝土条板、钢丝网架轻质夹芯板（GSJ板）等种类。

实心条板规格一般为长1800～6000mm，宽600mm，厚75～250mm。

空心条板规格一般为长2500～3000mm，宽600mm，厚90mm、120mm。

夹心条板规格一般为长1830mm、2440mm、2745mm，宽610mm，厚75mm、100mm、150mm。

（2）轻钢龙骨隔墙

隔墙龙骨包括沿顶龙骨、沿地龙骨、竖向龙骨、横撑龙骨、加强龙骨等轻钢龙骨。轻钢龙骨隔墙具有耐火性好、重量轻、强度较高、安装简易等特性，且有隔声、防尘、防震等功能，同时还具有工期短、施工简便、不易变形等优点。隔墙轻钢龙骨的常用规格有50型、75型、100型、150型等。

轻钢龙骨隔墙板材 般有纸面石膏板、水泥纤维板等。规格一般为1200mm×2400mm或1200mm×3000mm，厚度为9.5mm、12mm、15mm、18mm等。

瓷砖

瓷砖主要分为釉面瓷砖、陶瓷锦砖、通体砖、抛光砖、陶瓷饰面板等。

（1）釉面瓷砖

釉面瓷砖适用于室内墙面，常用于厨房、浴室、卫生间、游泳池等空间。主要规格尺寸有150mm×200mm、200mm×200mm、200mm×300mm、250mm×300mm、300mm×400mm等。

（2）陶瓷锦砖

陶瓷锦砖又称马赛克，有方形和六角形，适用于室内墙面，常用于卫生间、浴室、游泳池等空间，也可贴于客厅、餐厅等室内空间的局部墙面以制造装饰效果。主要规格一般为300mm×300mm，称为一联。

（3）通体砖、抛光砖

通体砖表面不施釉料，外观正面和反面的材质与色泽均一致，具有较好的耐磨性。抛光砖是将通体砖的表面抛光而形成，是通体砖的一种，表面光洁、耐磨。常见规格有250mm×250mm×6mm、300mm×300mm×6mm、500mm×500mm×8mm、600mm×600mm×8mm、800mm×800mm×10mm等。

（4）陶瓷饰面板

陶瓷饰面板是一种大面积的陶瓷制品，单块面积大、厚度薄。其外观花色品种丰富，可模仿天然大理石、花岗石等花纹及质地。可用于公共、住宅建筑的室内外墙面。

石材

室内墙面用石材饰面主要分为天然石材和人造石材两大类。其中天然石材主要包括大理石和花岗石，人造石材主要包括树脂型人造石、水泥型人造石及复合石材。

（1）大理石饰面

大理石饰面主要用于建筑室内公共空间墙面、柱面、墙裙、踢脚、卫生间、浴室墙面及室内墙面的局部装饰。天然大理石尺寸可按照使用需求定制加工。

（2）花岗石饰面

花岗石具有良好的耐磨性、耐酸碱性和抗风化稳定性。花岗石饰面一般用于高级宾馆、饭店、写字楼等室内公共空间的墙、柱、踢脚等。天然花岗石尺寸可按照使用需求定制加工。

（3）树脂型人造石

树脂型人造石材具有天然花岗石和大理石的纹理和色泽花纹，其重量轻，吸水率低，抗压强度高，耐久性和耐老化性较好，具有很好的可塑性和加工性，其拼接处接缝经胶粘、打磨后可与人造石形成一体。树脂型人造石尺寸可按照使用需求定制加工。

（4）水泥型人造石

水泥型人造石材又称水磨石，是以各种水泥、细砂、碎大理石、花岗石、工业废渣等，经配料、搅拌、成型、加压蒸养、磨光、抛光制作而成。可采用工厂生产或现场预制方式制作。其价格低廉，但档次较低，多用于室内窗台板、踢脚板等。

（5）复合石材

复合石材通常由表层和基层粘接而成。其表层多为名贵的天然石材，其基层可为花岗石、瓷砖、铝蜂窝板等，表层厚度一般为 3 ～ 10mm。不同的基层复合方法有着不同的目的：以花岗石为基层通常是为提高整体的强度；以瓷砖为基层可降低成本；以蜂窝铝板为基层可减轻重量。其中以蜂窝铝板为基层的复合石材由于质量轻、强度高等特点，可用于一些普通石材难以实现的部位。

玻璃饰面板

（1）平板玻璃

普通平板玻璃为钙钠玻璃，主要用于门窗、隔断，起遮挡风雨、采光、保温的作用。厚度分别有 3mm、4mm、5mm、6mm、8mm、10mm、12mm。单片规格尺寸有 300mm×900mm、400mm×1600mm 和 600mm×2200mm 等多种。

（2）镜面玻璃

镜面玻璃是在普通玻璃上面增加膜层或上色，或在热塑成型时在内部加入一些金属粉末等，使其既能透过外部光源，又使里面反射光出不去。

（3）磨砂玻璃

磨砂玻璃是采用普通平板玻璃经机械喷砂、手工研磨或氢氟酸溶蚀等方法将玻璃表面处理成均匀毛面，使光线产生漫反射，透光而不透视。一般用于卫生间、浴室、办公室门窗及隔断。

（4）压花玻璃

压花玻璃分为普通压花玻璃、彩色膜压花玻璃和真空镀膜压花玻璃，具有透光而不透视的特点。玻璃表面压有各种花纹、图案，具有良好的装饰效果。压花玻璃规格尺寸从 300mm×900mm 到 1600mm×900mm 不等，厚度一般有 3mm、4mm、5mm 多种。

（5）夹层玻璃

夹层玻璃是一种安全玻璃，是在两片或多片玻璃之间，夹放一层或多层有机聚合物薄膜，经高温高压粘合而成的复合玻璃制品。大多用于室内外隔墙、门窗、隔断、玻璃栏杆等。夹层玻璃最大尺寸为 2440mm×5500mm，最小尺寸为 250mm×250mm，厚度为 9 ～ 100mm。

（6）钢化玻璃

钢化玻璃又称强化玻璃，属于安全玻璃，受到外力破坏时，玻璃会破碎成细小的钝角颗粒，不易对人体造成伤害。主要用于建筑门窗、室内隔断、隔墙、玻璃护栏等。钢化玻璃最大尺寸为 3300mm×14000mm，最小尺寸为 50mm×50mm，厚度为 3 ～ 19mm。

（7）中空玻璃

中空玻璃是由两片或多片玻璃用高强气密性复合胶粘剂与铝合金框架粘接制成，具有良好的保温、隔声、隔热功能。主要用于酒店、宾馆、商场、住宅、学校、办公楼、医院等。中空玻璃尺寸可按照使用需求定制加工。

（8）雕花玻璃

雕花玻璃是在平板玻璃上，通过机器磨制或化学方法雕出花纹、图案的玻璃，具有立体感强、装饰效果高雅、透光而不透视的特点。雕花玻璃尺寸可按照使用需求定制加工。常用厚度为 3mm、5mm、6mm，尺寸从 150mm×150mm 到 2500mm×1800mm 不等。

（9）玻璃砖

玻璃砖是用透明或有色玻璃料压制而成的块状玻璃，分为空心砖和实心砖，具有透光、防火、隔声、隔热、保温的效果，适用于建筑物的墙体、屏风、隔断等。尺寸一般有 145mm×145mm、190mm×190mm、240mm×240mm、300mm×300mm 等规格，厚度有 80mm、95mm、100mm。

金属饰面板

（1）彩色涂层钢板

彩色涂层钢板是以冷轧钢板、热镀锌钢板、镀铝锌钢板为基板，经表面处理后，涂覆有机或复合涂料烘烤而成，具有耐腐蚀、耐磨等性能。其中塑料复合钢板可用做墙板、屋面板等。彩色涂层钢板厚度有 0.35mm、0.4mm、0.5mm、0.6mm、0.7mm、0.8mm、1.4mm、1.5mm、2.0mm，长度有 1800mm、2000mm，宽度有 450mm、500mm、1000mm 等。

（2）彩色不锈钢板

彩色不锈钢板是在不锈钢板材上进行技术加工处理而成，具有色彩绚丽、光泽明亮的特点。适用于高级建筑中的墙面装饰。

彩色不锈钢板厚度有0.2mm、0.3mm、0.4mm、0.5mm、0.6mm、0.7mm、0.8mm，长度有1000～2000mm，宽度有500～1000mm等。

（3）镜面不锈钢饰面板

镜面不锈钢板是采用不锈钢板经特殊抛光处理制作而成，具有耐潮、耐火、耐腐蚀等特点。适用于公用建筑墙面、柱面、墙裙、门厅的装饰。其规格尺寸有1219mm×2438mm、1219mm×3048mm、1000mm×2000mm、1500mm×3000mm，厚度为0.2～3.0mm。

（4）铝合金板

铝合金板按表面处理方法分有阳极氧化及喷涂处理两种，按外形尺寸分有条形板和方形板。常用铝合金板有以下品种：

① 铝合金花纹板

铝合金花纹板是用铝合金板等基料，经花纹辊压制作而成，具有耐磨、耐腐蚀、易清洁、防滑等特点，适用于建筑物的墙面、柱面装饰。

② 铝合金装饰板

铝合金装饰板是采用铝合金原料，经辊压加工制作而成，具有重量轻、强度高、耐火、耐腐蚀等特点，适用于内外墙的装饰。

③ 铝蜂窝装饰板

铝蜂窝板采用合金铝板为基材，用热压成型技术制作。芯材采用六角形铝蜂窝芯，铝箔厚度0.04～0.06mm，边长5～6mm，具有质轻、强度高、刚度大、隔声、隔热、防火、防潮的特点，适用于建筑幕墙、室内装饰工程等。铝蜂窝装饰板尺寸可按照使用需求定制加工。

木饰面板

木饰面板以人造板为基层板，并在其表面上粘贴带有木纹的面层。

（1）三聚氰胺贴面板

三聚氰胺贴面板是将带有印刷木纹的多层牛皮纸，经过三聚氰胺树脂浸渍，而后复合在刨花板或中密度纤维板上而成，具有阻燃、耐磨、耐潮湿、耐腐蚀的特点。其规格为1220mm×2440mm，表板厚度为0.6mm、0.8mm、1.0mm、1.2mm，基层板厚度为8mm、12mm、15mm、18mm。

（2）薄木贴面板

薄木贴面板是将各种木材旋切成薄木，经纹理挑选、裁切，将小块木皮用胶线缝合成所需规格，再以人造板作为基层板，将薄木粘贴在基层板上，最后对薄木表面进行涂饰处理。薄木贴面板具有天然木材的纹理和质感，具有较好的装饰效果。

墙面涂饰

参照本章顶棚材料。

3）地面材料

地面材料包括瓷砖面层、石材面层、玻璃面层、地毯面层、竹木面层等。

瓷砖面层

瓷砖面层通常采用通体砖、玻化砖、陶瓷锦砖、釉面瓷砖、抛光砖、大型陶瓷饰面板等板材在建筑地面上通过水泥砂浆、胶粘剂等结合层铺设而成。

石材面层

石材面层主要分为天然石材和人造石材两大类。天然石材包括天然大理石和天然花岗石，人造石材主要采用水泥型人造石。

玻璃面层

玻璃面层地面是指地面采用安全玻璃板材固定于钢骨架或其他骨架上。玻璃地面常用的安全玻璃主要包括单层钢化玻璃、双层夹胶钢化玻璃、多层夹胶钢化玻璃。

固定玻璃的支撑骨架一般采用钢支架、不锈钢支架、铝合金支架等，配套材料有橡胶垫、密封胶等。

地毯面层

地毯按其制作工艺可分为手工地毯、机织地

毯、簇绒编织地毯、针刺地毯等，按其外观规格分为方块地毯、卷材地毯，按其材质可分为纯毛地毯、混纺地毯、化纤地毯、塑料地毯等。

（1）纯毛地毯

纯毛地毯是采用优质绵羊毛纺纱，经染色后，用机械或人工依据设计图编织而成，具有手感柔和、色泽鲜艳、弹性好、不易老化等特点。

（2）混纺地毯

混纺地毯是以纯毛纤维和各种合成纤维混纺编织而成，具有耐磨、保温、抗虫蛀、强度高等特点。

（3）化纤地毯

化纤地毯分为机织地毯、簇绒地毯、针刺地毯、方块地毯等，具有质量轻、弹性好、色彩鲜艳、耐磨等特点，适用于建筑物的地面。

（4）塑料地毯

塑料地毯具有质地柔软、色彩鲜艳、耐磨、不易燃等特点，适用于商场、宾馆、剧院、住宅等空间。

竹木面层

竹木面层包括实木地板面层、竹地板面层、实木复合地板面层、强化木地板面层、软木地板面层等，具有脚感舒适、冬暖夏凉、易于铺设和维护等特点。适用于酒店、宾馆、商场、住宅、办公楼等地面装饰。

4）其他材料

门窗材料

门窗可分为木门窗、钢门窗、塑钢门窗、铝合金门窗、特殊门窗等。

（1）木门窗

木门窗分为实木门窗、实木复合门窗、综合木门窗。

（2）钢门窗

钢门窗分为普通钢门窗和涂色镀锌钢板门窗。普通门窗包括实腹钢门窗和空腹钢门窗；涂色镀锌钢板门窗是以涂色镀锌钢板为主要材料，经过工厂加工制作而成。

（3）塑钢门窗

塑钢门窗分为普通型塑钢门窗、保温型塑钢门窗和隔声型塑钢门窗。

（4）铝合金门窗

铝合金门窗分为外墙铝合金门窗和内墙铝合金门窗，包括铝木复合门窗、铝塑复合门窗。

（5）特殊门窗

特殊门窗包括防盗门、防火门、金属转门、卷帘门窗等。防盗门分为铁门、不锈钢门、铝合金门和铜门等。防火门分为钢质防火门和木质防火门。金属转门可分为钢制转门和铝制转门。卷帘门窗分为普通卷帘门和窗防火卷帘门。

洁具

洁具主要包括面盆、坐便器、水龙头、浴缸、淋浴房、花洒、浴室配件、五金、浴室电器等。

（1）脸盆

主要分为柱盆、台上盆、台下盆等。

（2）坐便器

主要分为分体坐便器、连体坐便器。

（3）水龙头

可分为不锈钢、黄铜、铸铁、全塑、锌合金材料、高分子复合材料水龙头等。

（4）浴缸

主要分为亚克力浴缸、钢板浴缸、木质浴缸等。

（5）淋浴房

主要分为普通淋浴房、智能淋浴房、桑拿房等。

橱柜

室内装饰工程所用橱柜一般为整体橱柜，由厂家加工制作，现场安装。整体橱柜包括橱柜、燃气具、电器、功能用具等组合体。

柜体包括装饰柜、吊柜、地柜、立柜等。

橱柜台面材质有天然石材、人造石材、防火板、不锈钢等。

五金配件包括导轨、门铰、拉手、装饰配件等。

灯具包括顶板灯、层板灯、内置材、外置灯等。

设备包括燃气灶、抽油烟机、热水器等。

6.3 一体化装修设计关键技术

6.3.1 一体化装修设计概述

一体化装修设计是指通过建筑装饰装修设计与建筑总体设计、建筑结构设计、建筑机电设计（含暖通、电气、给排水）等多专业的综合协调与配合，以及与室内外环境设计、陈设、景观及相关配套等的协调，构建标准统一的技术接口和规则，实现不同专业、不同层面间的设计协调与融合，达到一体化的装修设计。在实施路径上，利用BIM（Building Information Modeling）技术构建系统模型，以实现配置最佳及性能最优的设计方案，同时提高设计方案的落地效果，且满足未来更新及改造需求。

1）建筑装饰装修设计的内容

建筑装饰装修设计的范围包括对新建建筑的设计和既有建筑改造的设计。

既有建筑改造的装饰装修设计是指对改建工程和扩建工程的装饰装修设计。在进行设计时，应对既有建筑的结构现状、安全性和改造功能需求进行综合考虑。

涉及结构改造时，应根据国家现行标准进行可靠性鉴定，需采取加固措施时，应按照国家现行标准执行。涉及机电设备改造时，应根据改造内容和现行标准核算给排水、供电、供暖、供气等容量配置。改造前应充分收集技术资料，主要包括设计文件、原始图纸等，进行翔实的现场复核，以确认技术资料和现场实际是否存在差异。

建筑装饰装修设计的内容包括：

（1）室内空间设计

室内空间设计是指基于建筑设计的结构、功能定位和尺寸等，对建筑内部空间进行规划、调整、完善，以实现室内空间之间的衔接与协调。包括以下情况：新建建筑和改建、扩建建筑。

其中顶棚、墙面、地板、护栏等进行界面处理时，装修材料除考虑环保、防火等要求外，还需要在满足整体设计的要求下，充分考虑用户对材质、色彩、造型等方面的偏好和需求。室内物品陈列，包括灯具、家具、饰物、绿化等应将各种艺术要素进行整合优化、合理搭配。

（2）室内外环境设计

室内外环境设计主要参考条件包括地理位置、气候、光照、风向、温湿度和噪声等。

（3）人机工程学设计

人机工程学设计是在遵循人、机、环境三要素本身特性的基础上，充分考虑三要素间的系统关系和相互影响，对室内空间、部品尺寸、部品位置的适用性和合理性进行科学的设计和配置。空间布局符合使用者的操作流程，尺寸与安装位置应保证使用者操作活动的安全、便利与舒适，体现出设计对人的尊重和关怀。

（4）无障碍设计

无障碍设计是指充分考虑具有不同程度生理缺陷者和活动能力衰退者的使用需求，满足这些需求的设计和功能配置。

（5）人文设计

人文设计是指结合当地社会、历史、民族、风俗等方面文化，同时考虑使用者需求，进行和谐统一的设计。

（6）管线综合设计

管线综合设计是指对暖通、电气、给排水等专业管线进行综合的、协同的设计，对各管线的尺寸选择、功能定位、排布位置等统筹考虑，除满足使用功能外，还应满足生产、施工、安装等环节的技术和安全要求，避免在施工、安装过程中出现碰撞情况。

2）一体化装修设计的优势

（1）点位精确

一体化装修设计通过对建筑、结构、装饰、机电等设计的协调统一，并利用BIM模型进行管线的碰撞检查和综合协调，以实现点位精确和细部节点的精准设计。通过精准的末端定位，保证装修品质、节约成本及取得良好的感官效果。

通过BIM模型，对施工图设计进行精准优化，在工厂内解决剔槽与开洞，避免现场作业。对可能会引起施工冲突的地方提前进行调整，减少施工与安装之间的冲突，有效规避施工过程中的缺、漏、错、碰。如空调洞口、插座及开关面板、给水排水孔、燃气点位等，传统设计往往洞口、管线预留位置随意，造成安装的不便。

（2）模数协调统一

一体化装修设计的明显优势在于将建筑、结构、材料、设备、管线、室内外环境等进行一体化的组合优化设计，这些因素遵循了相关或统一的模数协调规则，对设计、生产、定位、安装、维修、拆除等具有积极意义。比如工厂化整体橱柜、整体卫浴、固定家具、电器、板块饰面等，通过细部空间的合理规划设计，使其在三维空间里保持整体协调。

（3）设备配置合理

一体化装修设计强调的是协同和配合，在建筑设计阶段，装饰装修设计应同步介入，将建筑的整体功能与局部功能统筹安排，通过对空间的分隔处理、建筑内设备的合理配置及装饰材料选型的协调配合，进行整体的、同步的专业化设计。比如合理考虑配电箱安放位置以提高空间的利用效率；合理考虑地暖、中央空调、新风、净水处理、智能化、同层排水等的设计，有效发挥设备功能和使用价值，提高用户的舒适感。

（4）人性化的空间细节设计

方案设计阶段就开始对空间进行人体尺度的系统分析和设计，合理安排使用空间功能，一次性精准设计到位，使空间得到有效充分利用，并且综合考虑环保、绿色、节能、隔声等要求，实现以人为本、安全、舒适的设计理念。如厨房和卫生间的储藏收纳功能、开关面板定位、操作台高度等细节的人性化设计。

6.3.2 一体化装修设计原则

（1）装饰装修与建筑、结构同步进行设计

在建筑的初步设计阶段，建筑、结构、造价、装修等各方应就建筑实现的功能与定位提出具体要求。在进行建筑单体设计时，应集中协调解决各专业间可能会出现的各种矛盾，特别是结合装修的设计及施工要求，合理确定管线走向和点位分布。在结构设计时，应充分考虑结构的安全性与合理性，选择最适合的结构形式，并作好各种预留预埋设计。

（2）装饰装修与建筑、结构设计协调一致

装饰装修设计与建筑和结构设计是相互协调、无缝对接的关系。三者关系的不可分割和相互融合是一体化装修设计的要点。装修以建筑为基础，同时也是对建筑功能的优化与创造。

（3）装饰装修与建筑、结构设计的周密性

装饰装修与建筑、结构设计的周密性体现在各专业之间的相互影响。平面尺寸、空间布局、设备点位保持高度一致。例如：空间平面布局、立面、顶棚、装饰材料、固定家具、管线等的设置都应以满足各系统功能为前提。考虑室内空间的管道预留点位和成品设备的位置关系，末端点位与固定家具的位置关系，吊顶灯具和设备管线与顶部造型的关系，涉水空间地漏定位与排水坡度和地面镶贴的关系，燃气管道施工产生的误差与灶具、柜体的位置关系等。

6.3.3 一体化装修设计主要技术要点

1）一体化装修设计的实现方法

一体化装修设计的方法是协同设计。当前最行之有效的协同设计的方法为利用BIM技术进行并行设计。通过BIM技术建模，将设计方案可视化，实现建筑全生命周期的可视与协同。BIM技术是检验管线综合协调的最有效工具，可对管线综合排布质量与效果进行可视化审查，对复杂点位提出合理修改建议，同时能够对管线综合进行碰撞检查，并给出明确的碰撞位置及修改方案。

（1）综合结构留洞图（CBWD）

CBWD是一种以BIM模型对建筑结构进行深化设计的方法。CBWD可以协调、解决建筑、结构、装饰、机电等专业之间的相对位置关系。利用BIM技术确定管线位置后，在结构模型中开洞，根据结构模型中的洞口位置，导出结构预留孔洞图，避免预留图纸不准及过多的不合理翻弯的问题，避免现场的返工和修改。

（2）机电综合管道图（CSD）

CSD是一种以BIM模型对机电安装进行深化设计的方法。CSD能够有效协调机电各专业设备、管线之间的空间关系，对管线布置和接驳合理布局。考虑到不同管线可能出现的交叉问题，要对交叉现象进行避让，设置避让框架。对于因为空间不足而必须改变管线走向的，在施工图中应明确备注，使施工图与管线图之间相互对应。管线布置的难点是满足净空要求，受建筑结构的限制，管线安排时要根据管线位置、走向进行多次调整。具体应注意两点：一是在设计前各专业之间要进行充分沟通，对工程实际情况进行论证，合理设计技术参数、管线规格；二是经过调整后还是达不到标高要求的，需与结构设计协调，采取适当措施对建筑结构进行改变。管线设计没有绝对做法，只有相对设计，必须根据实际情况灵活变通，确保机电工程管线网络更加规范、平衡。

2）一体化装修设计注意事项

为提高设计工作效率，降低材料采购难度，增强工程易用性和可维护性，一体化装修设计中应注意以下要点：

（1）建筑工程可靠性方面

① 一体化装修设计应明确内装部品和设备管线等主要材料的性能指标，满足结构抗震、受力、安全防护、防火、节能、隔声、环境保护、卫生防疫等方面的需要，符合国家相应标准。

② 设备管线接口应避开预制构件受力较大部位和节点连接区域。

③ 结构系统部件、内装部品部件和设备管线之间的连接方式应满足安全性和耐久性要求，部品部件的构造连接应安全可靠，接口及构造设计应满足施工安装和使用维护的要求。

④ 应充分考虑内装部品与室内管线、设备等的连接，预留接口、孔洞位置准确到位。

⑤ 设备管线在设计过程中应遵循有压力管道避让无压力管道、小管径管道避让大管径管道、水电管线避让风管、冷水管道避让热水管道、强弱电管线分开布置等基本原则。

（2）建筑信息模型（BIM）技术应用方面

① 为保证建筑信息模型（BIM）数据信息的兼容性，满足各专业、各阶段的信息交流需求，一体化设计应采用统一的数据格式和应用平台。

② 各专业设计单位应采用统一的三维建筑信息模型（BIM）平台，对结构系统、外围护系统、内装系统、设备管线系统等进行协同设计，利用综合协调和碰撞检查等手段减少各系统间的尺寸偏差与相互干扰。

（3）标准化设计方面

① 为提高标准化程度，建筑主要使用空间和主要部品部件应进行标准化设计。

② 个性化的装修需求，可以标准化的构造节点、部件为基础，通过变换组合方式和面层材料加以实现。

③ 建筑设计阶段预先考虑多种部品部件的接口与容错尺寸，部品与建筑设备管线系统的接口应采用统一的设计标准。

④ 根据内装部品部件的生产和安装要求，同时兼顾结构变形、材料变形和加工误差的影响，应确定适宜的制作公差和安装公差设计值。

（4）工程现场施工安装方面

① 各系统材料和构配件尽量集成设计，通过组合、融合、结合等设计手段使其形成具有符合功能的部品部件，再由部品部件相互组合形成集成技术系统，实现提高现场施工装配精度、装配速度和绿色化装配的目的。

② 一体化装修设计过程中，应尽量将施工工法设计为干式工法，提升工程质量，提高施工效率，缩短施工工期。

（5）建筑后期运维方面

① 采用易维护、易拆换的技术和部品，降低维护维修的难度和成本。

② 充分考虑新技术及新设备的应用并预留扩展条件，为后期升级改造留出空间。

③ 宜采用管线分离技术，保证使用过程中维修、改造、更新、优化的可能性和方便性，在建筑功能空间的重新划分和内装部件的维护、改造、更换过程中，避免破坏主体结构，延长建筑使用寿命。

3）一体化装修关键节点构造技术

（1）顶棚系统

① 宜在楼板（梁）内预先设置管线、吊杆安装所需预埋件。

② 吊杆、龙骨的材料和截面尺寸应根据荷载条件进行计算确定。

③ 应在吊顶内设备管线集中部位设置检修口。

④ 吊顶面板宜准确预留灯具、烟感应器、喷淋头、风口篦子、检修口等设备安装孔位。

（2）墙体系统

① 宜结合室内管线的敷设进行构造设计，避免管线安装和维修更换对墙体造成破坏。

② 应满足不同房间的隔声要求。

③ 应在吊挂空调、画框等部位设置加强板或采取其他可靠加固措施。

④ 宜选用具有高差调平作用的部件，方便对墙面系统进行调整。

（3）地面系统

① 楼地面系统的承载力应满足房间使用要求。

② 架空地板系统宜设置减震构造。

③ 架空地板系统的架空高度应根据管径尺寸、敷设路径、设置坡度等确定，并应设置检修口。

④ 架空层地板系统不应与周边墙体直接连接，墙体间应该留设伸缩缝隙，并对缝隙采取美化遮盖措施。

（4）集成式厨房

① 应合理设置洗涤池、灶具、操作台、排油烟机等设施，并预留厨房电气设施的位置和接口。

② 应预留燃气热水器及排烟管道的安装及留孔条件。

③ 给排水、电气、燃气管线等应集中设置、合理定位，设备管线设置在吊顶内，并应在连接处设置检修口。

（5）集成式卫生间

① 集成式卫生间应宜采用干湿分离设计。

② 应综合考虑洗衣机、排气扇（管）、暖风机等的设置。

③ 应在给排水、电气管线等连接处设置检修口。

④ 应做等电位连接。

6.4 一体化装修施工技术

6.4.1 一体化装修施工准备

（1）一体化装饰装修工程应在基体和基层完成并检验合格后施工。

（2）施工单位应建立完善的质量、安全、环境和职业健康管理体系及具备相应的资质，具备必要的标识、器具和设备。

（3）施工单位应对施工人员进行技术交底，经组织进行培训并通过考核，并严格按照设计文件编制施工方案。

（4）安装施工中各专业工种应合理安排工序，做好专业交换，加强施工配合，对已完成工序的半成品及成品制定专项保护方案并落实到位。

（5）室内装配式装修工程施工前应完成设备、管线等的安装及调试，如有必要同步进行时，须在面层安装前完成。室内装配式装修工程应考虑设备、管线等的使用与维修，并符合相关的安全方面管理规定。

（6）一体化装饰装修工程的电气施工必须符合国家现行标准的规定和设计要求，严禁不规范施工造成安全隐患。

（7）所有材料、部品进场时应进行进场报验工作，按照设计要求对进场材料及部品进行检验，并具有相关证书。所有材料在转运、施工过程中应对边角和表面等易损坏处采取相应措施处理。

（8）一体化装饰装修工程施工前应实行样板先行要求，并经相关专业人员确认。

（9）施工现场环境条件需满足施工技术的要求。施工环境温度过低时，应制定相应保证工程质量的有效措施。

（10）其他规定应符合现行国家标准施工规范规定。

6.4.2 一体化设备与管线施工

（1）室内给水系统工程的施工

① 生活给水系统所用的材料需满足国家现行标

准的相关规定。

② 分水器给水系统施工时，分水器应安装牢固，分水器与用水器具中间不能设置连接接口。

③ 分水器给水系统施工结束，应完成隐蔽验收检查工作，并进行水压试验。

（2）室内排水系统工程的施工安装

① 按设计坡度对架空层内敷设排水管道的支架及管座进行安装施工，管道与支架连接紧密，金属支架采用非金属排水管道时应在金属管卡与管道外壁接触面安装弹性垫片。

② 排水立管和排水横支管的安装连接应紧实可靠。

③ 户内排水系统的施工应满足国家现行标准的相关规定。

（3）供暖设备及管线的施工

① 装配式楼地面架空层内安装的管道应按设计图纸定位放线，之后根据放线位置进行施工，管道不能采用接头。

② 分集水器应按设计要求的高度安装，分集水器与管道安装须连接密实。

（4）电气管路的施工

① 严格按照设计施工图纸要求放线定位，确认后进行装配式墙体空腔内及架空层的电气管道施工。

② 采用轻钢龙骨隔墙施工的，其内部的配管应按明管施工，连接套管的材料应使用专用接头或丝接。

③ 吊顶内敷设明管的接线盒、灯头盒、吊杆等连接件应牢固且管路应横平竖直。

④ 安装在架空地板下的管路不允许穿过设备基础。

6.4.3 一体化装修施工

（1）贴面墙系统与装配式隔墙的施工

① 贴面墙系统、装配式隔墙的节点、龙骨要求连接方式及相应处理应符合国家现行设计规范要求。

② 应用于空腔层的填充材料各项指标应符合国家现行设计规范要求并具有相关证书。

③ 贴面墙或隔墙内管线、填充材料在隐蔽工程验收合格后进行面板安装。

④ 不同材料施工的交界处需做好防开裂等相关技术处理。

（2）装配式墙面的施工

① 基层表面应保证平整度及垂直度要求。

② 安装施工应符合设计要求，并与基层连接安装牢固。

③ 不同工作面及不同材料等交界处的技术处理应符合国家现行设计规定。

④ 墙面装配施工与强弱电开关插座面板等之间的闭合措施应符合国家现行设计规定。

⑤ 装配式墙面施工前，墙体空腔层强弱电等管线施工应完成，隐蔽工程验收合格。

（3）装配式吊顶的施工

① 吊顶内管道、设备及支架高度、房间层高、洞口标高的交接验收应符合设计要求。

② 吊杆、龙骨的施工应符合现场条件及设计要求。

③ 饰面板施工前需完成架空层内的管道管线敷设，隐蔽工程验收通过。

（4）装配式楼地面的施工

① 装配式楼地面施工前，架空层内的管线敷设应完成并通过隐蔽工程验收。

② 装配式楼地面连接基层地面应牢固，堆积重物处、检修口处等技术措施应符合设计要求。

③ 当采取地暖系统时，地暖加水管需进行水压试验并通过隐蔽工程验收后才能铺设面层（根据设计要求进行处理）。

（5）整体厨房、集成式厨房的施工

① 整体厨房家具与墙面的连接须符合设计要求，并安装坚实牢固。

② 水、电、暖、通风管线和燃气设施的施工应符合国家相关标准规定及设计要求。

③ 应在合理位置设置检修口。

（6）集成式卫生间、整体卫生间的施工

① 壁板、顶板、防水盘应安装牢固，所用结构构件、金属材料的表面应经过防腐处理。

② 卫生间地面应方便清洗和具备防滑等功能，地漏安装符合设计要求，高度低于排水表面且周边

无渗漏。

③ 卫生间各配件安装需互相匹配，连接方法符合设计要求，保证安全可靠、无渗漏。

④ 卫生间的电器、采光照明及电源插座等电气设施应符合国家现行规范规定，电源插座应独立设置回路。

⑤ 卫生间交付使用前应进行灌水及通水试验，合格后方可使用。

（7）其他内装部品的施工

① 窗帘盒杆的施工应与墙面安装牢固并符合设计要求。

② 踢脚线、顶角线、阳角线等施工应与墙面安装牢固并符合设计要求。

③ 楼梯的施工尺寸等要求应符合设计规定，扶手、护栏应安装牢固，安装件不允许外露。

④ 门窗系统应符合设计规定并安装牢固，不同工作面交界连接处安装施工应密封可靠。

6.5 一体化装修智能制造技术

6.5.1 一体化装修智能制造概述

智能家居通过物联网技术将家中的各种设备（如采光系统、家用控制、安防系统、家电等）链接到一起，提供便利实用、人性化的多种功能和手段。与传统家居相比，智能家居不仅具有原始的居住功能，还具有建筑、信息家电、设备自动化等功能，提供全方位的信息交互功能，并同时也能满足节能减耗、降低成本的要求。智能家居涉及的范围广泛、功能丰富，涉及灯光、电器、视屏、窗帘、音乐、安防等多个场景。智能家居是在多个场景下，使家庭生活更为智能化的系统，为了实现上述目标，需遵循以下原则：

1）实用便利

智能家居的目标是为人们提供一个舒适、安全、方便和高效的生活环境。对其产品来说，最重要的是以实用功能为核心，以人为本，所研发的产品以实用性、操作便利性和人性化为主。

在研发设计系统时，应根据用户对使用功能的需求，整合最实用、最基本的家居控制功能，包括智能家电控制、智能灯光控制、电动窗帘控制、安防系统、可视对讲等，并需预留可以拓展的增值功能。对智能家居的控制方式可以设计得很个性化，如手机控制、PC 端遥控控制、针对老年人的简易控制等，其本质是让人们操作便利，提高效率，如操作系统设置过于烦琐，容易让用户产生排斥心理。故在对智能家居进行原始设计时必须充分考虑用户的体验感，强调操作直观性和便利化。

2）可靠性

各个智能家居操作系统需能 24 小时保持运转，必须高度重视系统的可靠性和安全性以及容错能力。从系统备份、电源等多方面采取容错措施，保证系统安全高效，质量、性能良好，以应付各种复杂的环境变化。

3）标准性

智能家居系统方案的设计应依照国家和地区的有关标准进行，在系统传输上采用标准的网络技术，保证系统的可扩充性和可扩展性，并保证不同生产商之间系统可以互联与兼容。系统的前端设备必须是开放的、多功能的、可以拓展的设备。所用设备采用标准化接口设计，为智能家居系统外部厂商提供集成的平台，保证其功能可以扩展，方便节约，简单安全。采用的系统和产品能够使本系统与不断更新发展的第三方受控设备进行互通互连。

4）方便性

考虑到项目成本，可扩展性、可维护性的问题，施工时要选择布线简单的系统，可考虑与小区宽带一起布线，简单、容易；设备方面要求容易学习掌握，操作和维护简便。家庭智能化有一个显著的特点，就是安装、调试与维护的工作需要大量的人力物力投入，因此系统在工程安装调试中的方便设计也非常重要。通过网络，不仅住户能够实现家庭智能化系统的控制，工程人员也可以在远程检查系统的工作状况，对系统出现的故障进行诊断。针对类似问题，系统在开始设计时，就应考虑安装与维护的便捷性，可通过远程进行调试与维护。这样，系统维护可以在异地进行，方便系统的应用、安装及维护，降低维护成本，提高响应速度。

5）轻巧型

智能家居系统尽可能简单、实用、灵巧，这也是其与传统智能家居系统最大的区别。不需要施工部署，功能可自由组合搭配且价格相对便宜，轻巧型智能家居产品是可直接面对终端消费者的智能家居产品。

根据2012年4月5日中国室内装饰协会智能化委员会《智能家居系统产品分类指导手册》的分类依据，智能家居系统产品共有二十个分类：

（1）控制主机（集中控制器）Smarthome Control Center

（2）智能照明系统 Intelligent Lighting System（ILS）

（3）电器控制系统 Electrical Apparatus Control System（EACS）

（4）家庭背景音乐 Whole Home Audio（WHA）

（5）家庭影院系统 Speakers, A/V & Home Theater

（6）对讲系统 Video Door Phone（VDP）

（7）视频监控 Cameras and Surveillance

（8）防盗报警 Home Alarm System

（9）电锁门禁 Door Locks & Access Control

（10）智能遮阳（电动窗帘）Intelligent Sunshading System/Electric Curtain

（11）暖通空调系统 Thermostats & HVAC Controls

（12）太阳能与节能设备 Solar & Energy Savers

（13）自动抄表 Automatic Meter Reading System（AMR）

（14）智能家居软件 Smarthome Software

（15）家居布线系统 Cable & Structured Wiring

（16）家庭网络 Home Networking

（17）厨卫电视系统 Kitchen TV & Bathroom Built-In TV System

（18）运动与健康监测 Exercise and Health Monitoring

（19）花草自动浇灌 Automatic Watering Circuit

（20）宠物照看与动物管制 Pet Care & Pest Control

6.5.2 一体化装修智能制造实施要点

1）一体化装修智能制造管理要点

一体化装修智能制造主要任务是为用户创造安全、便利、节能、舒适、人性化、环保的科技居住环境，通过物联网技术将家中的各种设备，如电话通信系统、网络通信系统、数字影院系统、背景音乐系统、安防监控门禁系统、智能灯光控制系统、电器智能控制系统、电动窗帘门控制系统等系统结合起来，使用统一的标准协议，实现各子操作系统功能之间的无缝对接，可以用手动开关、无线遥控、一键场景、传感感应控制、定时事件管理、手机远程、PC端远程控制等多种智能控制方式实现对全屋系统——家电、灯光、窗帘、家居安全、背景音乐等的智能管理与控制。

（1）全过程管理：对设计到组装成品的整个过程进行管理。

（2）全方位：有序协调各项工艺、进度、质量、成本等。

（3）全员协同参与：不同人员根据自身的专业参与指导执行过程，及时沟通和协调，确保有序、可控、高效的执行效果。

（4）交叉管理：注意和遵循项目施工规律，装饰及智能化工程互相交叉进行，以达到完美结合。

（5）系统调试开通及装饰的细部优化：先单体设备或部件调试，而后局部或区域调试，最后整体系统调试，在保证智能化系统各项功能的前提下实现原有设计装饰效果。

2）一体化装修智能制造施工要点

（1）电气点位确定

① 点位确定的依据：根据智能家居布线设计图纸，结合墙面的点位布置图，用铅笔、墨斗等工具将各点位处的接线盒位置标注出来。

② 接线盒高度的确定：根据设计要求，接线盒的高度与原强电插座一致，弱电开关应与原强电开关的高度保持一致。若有多个并排暗盒安装，接线盒之间的距离至少为 10mm。

（2）综合布线

① 确定线缆畅通

a. 网线、电话线的测试：分别做水晶头，用网络测试仪测试通断。

b. 有线电视线、音视频线、音响线的测试：采用万用表测试通断。

c. 其他线缆：用相应专业仪表测试通断。

② 确定各点位用线长度

a. 根据现场测出配线箱槽到各点位端的长度。

b. 加上各点位及配线箱槽处的冗余线长度：各点位出口处线的长度为 200 ～ 300mm。

③ 确定标签

将各类线缆按一定长度剪断后在线的两端分别标示弱电种类、房间、序号等。

④ 确定管内线数

管内线的横截面积不得超过管横截面积的 80%。

（3）施工要点

① 应根据设计图纸及设备位置，确定管线走向、标高。

a. 电源插座间距不大于 3000mm，距门道不超过 1500mm，距地面 300mm。

b. 所有插座距地高度 300mm。

c. 开关安装距地 1200 ～ 1400mm，距门框 150 ～ 200mm。

② 电源线配线时，所用导线截面积应满足用电设备的最大输出功率。

③ 卫生间、厨房的灯具选用防水灯具，插座选用防水插座，开关宜安装在门外的墙体上。

④ 暗盒接线头预留长度 30cm，线头应贴上标示，并标明类型、规格、日期等。

⑤ 穿线管与暗盒连接处，暗盒不许切割，须打开原有管孔，将穿线管穿出。穿线管在暗盒中保留 5mm。

⑥ 暗线敷设必须配管。

⑦ 同一回路电线应穿入同一根管内，但管内总根数不应超过 4 根。

⑧ 强弱电电线不得穿入同一根管内。

⑨ 电源线及电源插座与弱电插座的水平间距不应小于 500mm。

⑩ 电线与暖气、热水、煤气管之间的平行距离不应小于 300mm，交叉距离不应小于 100mm。

⑪ 穿入配管导线的接头应安装在线盒内，搭接应牢固，绝缘带包缠均匀紧密。

⑫ 安装电源插座时，面向插座的左侧应接零线（N），右侧应接相线（L），中间上方应接保护地线（PE）。

⑬ 顶棚上安装重型设备和有振动荷载的设备，须在原有结构上安装承重挂件后，将设备固定在承重挂件上。严禁安装在木质结构上。

⑭ 导线间和导线对地间电阻必须大于 0.5MΩ。

⑮ 同一室内的电源、电话、电视、网络、音视频等插座及面板应在同一水平高度上（除用户特殊要求外），高差应小于 5mm。

⑯ 水、电、气的开关盒预留 220V 电源，电源线直径 1.5mm，盒体适当预留一定空间加装电磁阀。

⑰ 不间断电源应有专线专用插座，如设置自备电源，须设立转换开关，以保证安防及电脑设备的不间断运行，匹配大于实际荷载 20% 功率的发电机组。

6.6 一体化装修案例

6.6.1 北京住博会

1）工程概况

（1）工程名称：ARTSMARTT HOUSE 绿色艺术智能装配式房屋

（2）建设地点：北京

（3）组装时间：3 天（内外装饰、软装完成）

（4）建筑物高度：6.8m

（5）建筑物层数：2 层

（6）建筑面积：约 168m^2

2）操作流程

设计创意→图纸深化→工厂工业化加工→现场内外组装（全程干法施工，全屋无醛体系，全程能化操控，灵动空间分隔及可移动组合等）。

3）设计说明

（1）此次设计的艺术智能装配式别墅在建筑整体外观上采用现代欧式古典风格，局部墙面采用几何图案装饰点缀，形成独特高贵的建筑品位。

（2）别墅共两层，用地约 168m²。在设计上强调"生活化"和"艺术化"以及融"智能化""功能化"于一体，包括所有露台、阳台、天窗设计的实用完美性。

（3）在空间设计上强调空间的整体性，风格的统一性，通过虚实互换的空间形象取得局部与整个空间的和谐，注重整体空间的色调、格局和艺术感（图 6.1 ～图 6.6）。

图 6.1 绿色艺术智能装配式房屋客厅

图 6.2 绿色艺术智能装配式房屋厨房

图 6.3 绿色艺术智能装配式房屋卧室

图 6.4 绿色艺术智能装配式房屋过道

图 6.5 绿色艺术智能装配式房屋卫生间

图 6.6 绿色艺术智能装配式房屋书房

6.6.2 上海湾谷科技园 C5 办公楼

1）工程概况

工程名称：中兵北斗产业投资有限公司湾谷科技园 C5 办公楼改造装饰工程设计

项目地址：上海市湾谷科技园区南端

项目面积：建筑面积 24352.38m^2，地上 13 层

2）项目背景

千寻位置网络有限公司由中国兵器工业集团和阿里巴巴集团合资成立，以“互联网+位置（北斗）”的理念，通过北斗地基一张网的整合与建设，基于云计算和大数据技术，构建位置服务开放平台，以满足国家、行业、大众市场对精准位置服务的需求。

千寻位置网络有限公司是一家面向企业和开发者、提供精准位置服务运营的平台型公司，致力于让位置创造价值，将公司打造成为提供精准位置服务、数据积累与挖掘、数据融合增值服务、具备全球竞争力的新兴产业集团。

3）工程设计内容

C5 楼建筑面积 24352.38m^2，地上 13 层，设计范围一层、九至十二层及其他各层的交通核（含电梯厅、卫生间）等。

4）设计说明

本次设计结合公司文化、客户要求以及现代设计表现手法，秉承安全第一、功能至上、以人为本的原则。

互联网作为阿里巴巴的起源和根基，也是这个优秀的公司的创业核心。北斗卫星导航系统同样建立于覆盖整个地球的信号网，是国家的重器。

以“位置网”为主题，打造千寻位置网社区文化，注重群体感，为员工营造工作、学习交流的平台，分享观点，增进员工们的创造性，从而增强员工归属感及企业的凝聚力，营造一种千寻位置网社区精神。同时坚持绿色、低碳、可循环的绿色、健康、环保理念，坚持以设计为先导，以低碳环保、可循环材料为特色，利用独特的新型工艺，打造适用、舒适、精致、温馨、美观、充满活力的办公环境，让员工在工作中感受到科技时代的同时体验到科技、绿色、环保所带来的健康环境，体现千寻位置网的企业特色（图 6.7 ～图 6.9）。

图 6.7 湾谷科技园 C5 办公楼前台

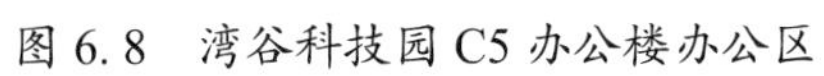
图6.8 湾谷科技园C5办公楼办公区

图6.9 湾谷科技园C5办公楼过道

7 智慧立体停车设施的技术创新

深圳市建筑设计研究总院有限公司 唐大为

7.1 停车行业背景与现状

7.1.1 行业背景

随着我国城市经济的快速发展，机动车保有量呈现井喷式增长态势，然而城市停车位的供给却严重不足，“停车难”一时成为各大城市的通病。近年来，国家及各级地方政府相继出台了促进智慧立体停车产业发展的相关政策，这一举措激发了停车行业上下游企业的创新动力。据统计，2010 年我国停车市场规模仅为 14.5 亿元，但到 2017 年，停车市场规模已达到了 76 亿元。未来几年，市场规模将以每年 20% 左右的速度递增，预计 2020 年，我国智慧停车市场规模总额将达到 154 亿元（图 7.1）。

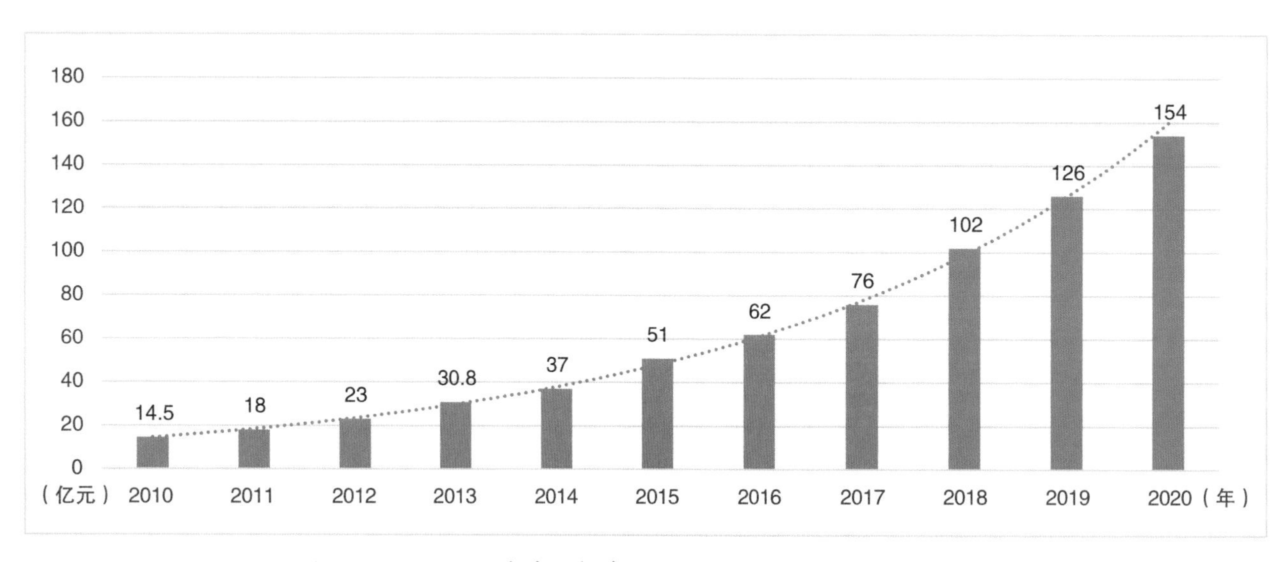

图 7.1 2010-2020 年中国智慧停车行业市场规模统计情况及预测

7.1.2 行业现状

粤港澳大湾区各城市汽车保有量及停车位缺口 表 7.1

区域		小汽车保有量（万辆）	停车位缺口（万辆）
全球		150000	26000
中国		34000	5000
粤港澳大湾区		1737	787
其中	广州	318	150
	深圳	336	136

续表

区　域		小汽车保有量（万辆）	停车位缺口（万辆）
其中	东莞	308	140
	惠州	148	68
	佛山	312	150
	中山	111	56
	珠海	71	32
	肇庆	55	20
	江门	78	35

注：数据来源为交通部及各地交通局官网，统计截止时间为 2018 年 12 月

7.2 发展智慧立体停车设施的相关政策

2019 年 2 月 18 日《粤港澳大湾区发展规划纲要》正式发布，文件提出粤港澳大湾区将打造全球最具影响力的智慧城市群。智慧立体停车设施作为智慧城市的重要组成部分，将在大湾区智慧城市群建设中发挥重要的支撑作用。目前在国家、广东省以及深圳市层面均已出台智慧立体停车设施相关政策，汇总如表 7.2。

智慧立体停车设施相关政策一览表（国家层面、广东省层面及深圳层面）　　表 7.2

政策层级	发布时间	政策名称	政策要点解读
国家层面	2015.08	《关于加强城市停车设施建设的指导意见》	鼓励建设停车楼、地下停车场、机械式立体停车库等集约化停车设施，并按照一定比例配建电动汽车充电设施，同时在智能化建设方面，大力推动智慧停车系统等高新技术应用
	2016.09	《关于进一步完善城市停车场规划建设及用地政策的通知》	加大停车场建设中节地技术和节地模式的总结及研究，合理配置停车设施，提高空间利用效率
	2016.11	《关于开展城市停车场试点示范工作的通知》	重点提到了推动“互联网＋停车”的产业发展及资金扶持
	2017.02	《“十三五”现代综合交通运输体系发展规划》	提出提升交通发展智能化水平，促进交通产业智能化变革，加强安全应急保障体系的建设，加强安全生产管理
广东层面	2018.11	《广东省自然资源厅关于印发完善城市停车场用地配套政策若干措施的通知》	充分运用节地技术和节地模式，在符合规划、不增加占用建设用地的前提下，利用地下空间建设“井筒式”等机械式立体停车库、地面安装可拆卸机械立体停车设施、简易自走停车设施等
深圳层面	2017.09	《深圳市加强停车设施建设工作实施意见》	重点提出深圳加强立体停车设施建设的具体思路及发展目标，并列出责任部门及任务分工
	2018.06	《深圳市停车设施专项规划（2018-2020 年）》	对深圳发展立体停车设施的目标进一步细化，并提出相应规划方案、建设模式、保障措施等，并罗列了深圳上千个具体项目信息
	2018.12	《深圳市机械式立体停车设施管理暂行办法》	由深圳 7 个政府职能机构联合发文，对推动立体停车设施发展的职能部门、机构职责、申报流程、运营管理作了明确具体的表述
	2019.07	《深圳市福田区社会资本建设停车设施投资补助实施细则（试行）的通知》	对深圳市福田区发展立体停车设施提出具体的资金补助方案，进一步提高停车产业创新发展的积极性

7.3 智慧立体停车设施设计关键技术

智慧立体停车设施设计涉及面非常广泛，从专业角度看，包括规划、交通、建筑、结构、机电、设备、智能化、幕墙、泛光、景观、室内等，各专业的协同一体化设计是确保停车设施高品质建设的前提条件。同时，从全生命周期角度看，停车设施建设包括设计、设备制造、设施安装、装饰装修以及后期运维与管理。各个环节在设计阶段的统筹思考，将为立体停车设施高质量运行提供重要保障。

7.3.1 场地一体化设计

智慧立体停车设施的“场地一体化设计”是指将停车设施与其所处的空间与交通环境有机结合、一体化思考，提出合理的规划与场地设计方案。

1）场地交通与设施布局一体化设计

立体停车设施的总平面布局应综合考虑场地周边道路交通现状、建筑现状，场地内部交通环境以及场地建设条件等设计要素。

场地设计需根据停车需求、周边城市交通情况合理确定停车设施规模与容量。依据建筑防火规范以及日照要求合理控制停车设施与周边建成建筑物间距。同时顺应场地内车流和人流组织，选择设施出入口位置，避免人车混行，并预留合适的候车空间与排队距离。

2）场地交通与车厅空间一体化设计

车厅是停车设施与场地的重要接口，是人车交互的重要区域，也是场地交通与停车设施一体化设计的重点。

设计阶段应充分考虑场地现有条件对出入车厅位置和出入车方式选择的影响。行车道宽度的确定可参照规范建议值，也可通过 AutoTurn 等交通分析软件模拟车辆运行轨迹对行车道宽度进行验证（图 7.2）。

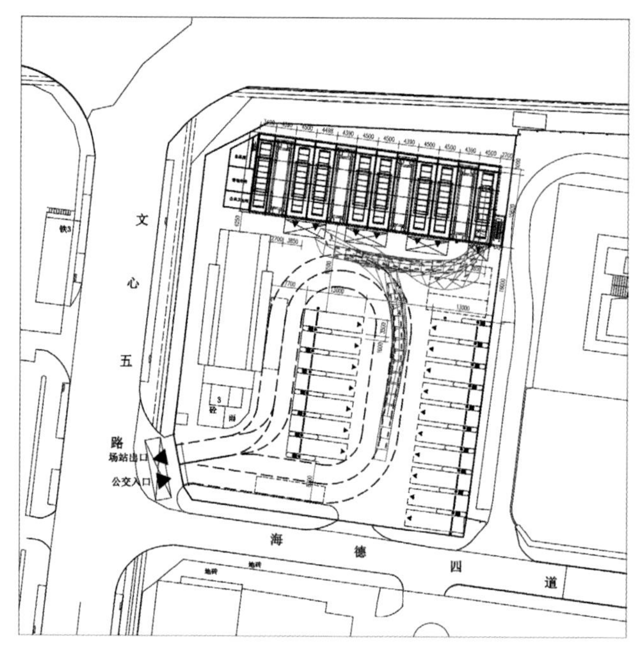

图 7.2 停车场地轨迹模拟

智慧立体停车设施由于自动化的存取车过程需要一定时间，出入车厅前需考虑一定的候车空间。同时，考虑到存取车过程中人车分离的情况，设施前或设施内还需考虑人的等候区域，并按照无障碍和场地景观要求进行相应的人性化设计。

7.3.2 停车设施一体化设计

智慧立体停车设施由建筑结构、停车设备、建筑设备及配套设施构成。一体化设计理念要求设计阶段充分了解各专业的设计重点及之间的关系，通过加强沟通、建立平台、数据共享，有效组织各专业协调配合，促进机械制造业与建筑业的产业融合。

1）建筑结构与停车设备一体化设计

智慧立体停车设施的停车设备选型应与建筑工程设计同步进行，停车设备与建筑结构之间的互动关系成为一体化设计的基础。就独立式立体停车设施而言，建筑结构的柱距和层高需综合考虑适停车辆车位最小外廓尺寸、相应停车设备和辅助设施的尺寸以及所需预留安装空间。而附属式停车设施，其停车设备则应根据主体建筑柱距和层高合理选型和排布并进行隔振和防噪处理，同时主体建筑的柱网设置也应提前将停车尺寸作为重要参考因素（图 7.3）。

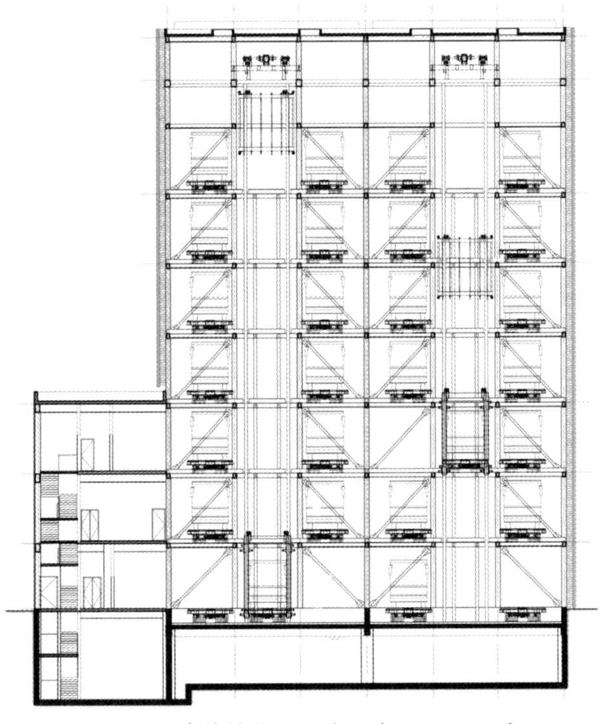

图 7.3 建筑结构与停车设备一体化设计

立体停车设施的结构设计除了满足场地条件下的安全规范，也应充分考虑停车设备的相关技术要求，包括安装空间、运行荷载、检修空间等。停车设备地上一般由顶置提升系统、消防设施、载车板、库位轨道、升降平台等组成，各部分尺寸会根据不同设备厂家和停车类型而变化，结构设计需在支持设备安装到位的前提下，与各设备组成部分协同设计，同时停车设备设计人员需要将各项荷载形式、位置以及结构变形要求准确提给建筑结构专业，保证整个停车设施安全、稳定、高效运行。

2）停车设施的配套设施一体化设计

除了满足停车需求，智慧立体停车设施应根据辅助设施和配套设施等进行建筑、形式、空间一体化设计。常见的配套设施包括管理监控用房、配电用房、消防给排水设施用房、充电设施及管理用房等。各专业需紧密配合，共同完善各设备系统的配置和空间布局。

管理用房可与消防控制室共用，且宜设置在临近出入口处，便于观察车辆进出。配电用房需集成一定面积的公共开闭所、高压变电所和低压配电房。当地面空间有限时可将备用发电机房置于地下，与消防水泵房、消防水池和车库基坑并置，协调利用地下空间。为顺应新能源车辆的发展，立体停车设施中一般需要加装充电设施，因此需要在停车设备、配电用房和管理用房中预留一定空间和管线，满足未来使用需求。

3）停车设施消防设施一体化设计

智慧立体停车设施由于密集化的停车与贯通的传输通道，火灾扑救难度较大，新能源车与充电设施的普及更是增加了火灾安全隐患，因此，车辆与停车设施信息与消防系统、消防设施间的关联性需要进一步提升。在消防设计过程中，需要新能源电池供应商、充电设施供应商、停车设备设计人员与传统建筑电气、给排水和暖通设计师紧密配合，共享信息，构建一套一体化的火灾应急与消防系统。

另一方面在结构设计和停车设备设计的过程中，需要提前明确消防设施的选用和布置，优化停车设施内部空间，避免停车过程中，车辆与管道、喷头、感应装置、排烟装置因空间净高不足而发生碰撞。

7.3.3 装饰、机电、设备一体化设计

智慧立体停车设施在外部装饰设计中常常仅考虑美观或者经济问题，而忽视对性能的考量。而内部装饰设计则各专业各自为战，缺乏协同设计。装饰、机电、设备的一体化设计要求兼顾性能与审美，用整体的形式统筹各专业需求。

1）装饰幕墙与城市环境一体化设计

智慧立体停车设施由于配置了精密的传输设备和充电设施，内部环境需要一定的稳定性，因此幕墙专业需进行一定的性能化设计，如遮阳、避雨、保温、隔热等。同时，由于其特殊的消防需求，排烟和通风需与幕墙百叶一体化设计。

智慧立体停车设施作为未来城市重要的基础设施，既需要融入城市风貌之中，又应具备一定的标识性。在兼顾性能和美观的基础上，如何表现停车设施的城市性格也是装饰幕墙与环境一体化设计的重要命题。

2）车厅装饰与管线设备一体化设计

车厅作为立体停车设施人车交互的唯一空间，其空间体验感尤为重要。传统的车厅内部空间狭小，众多管线设备明装、外露，缺少必要的人行通过空间，这些都给使用者带来较差的空间体验。车厅装饰与设备、管线的集成化、一体化设计有效解决了这一问题。例如消防喷淋、烟感探测器、智能化设备中的监控摄像头可与车厅吊顶一体化设计；卷帘门控制箱、车辆引导及信息显示屏可以与出入口两侧门柱或墙体一体化设计；检测扫描杆、操作柜、弱电箱可以与车厅的墙体一体化设计等。这些一体化设计措施不仅可缓解传统车厅给人带来的混乱空间感受，同时集成化的设计也将催生车厅部品部件产品研发与生产的新产业（图 7.4）。

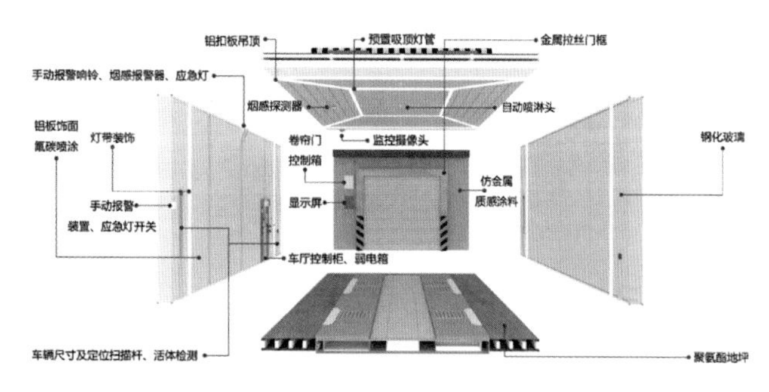

图 7.4　车厅装饰一体化设计

7.4　智慧立体停车设施传输设备关键技术

7.4.1　停车传输设备

停车设施传输设备系统由多种硬件组成，如回转盘、升降机、横移车、搬运器等，其中最核心的技术是搬运器技术。搬运器是实现车辆搬运移动的主要手段，整套设备的搬运效率及可靠性很大程度取决于搬运器的自动化程度和搬运效率。

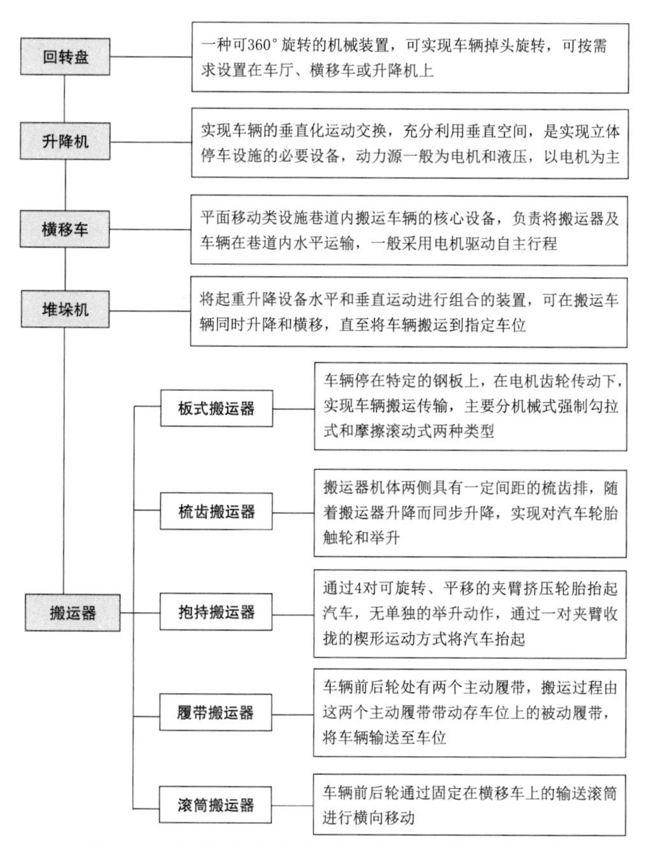

图 7.5　智慧立体停车设施主要传输设备组成

7.4.2　搬运关键技术

搬运关键技术　　表 7.3

类型	搬运简图	关键技术
板式		采用一车一板的搬运方式。存车需要先去车位上搬运一块空板至车厅，才能进行车厅存车的步骤，设备连续存取车能力偏弱。近年发展了双板同步交换技术，节约大量的取板时间，大幅提高载车板搬运效率，且能实现立体充电
梳齿式		梳齿搬运器分为固定梳齿和伸缩梳齿。固定梳齿搬运器厚度大，停车层层高较高（净高 2000 ～ 2100mm），伸缩梳齿技术解决了固定梳齿设备的停车层层高较高的劣势（净高 1800 ～ 1900mm）
抱（夹）持式		搬运器钻入车底，通过抱（夹）臂来抬起汽车车轮进行搬运，由于仅仅将车辆抬起不足 100mm，因此该类设备对于土建层高要求低（净高 1800 ～ 1900mm），搬运效率高、运行平稳

续表

类型	搬运简图	关键技术
履带式	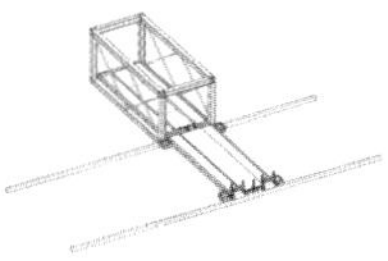	车辆前后轮处有两个主动履带，搬运过程由这两个主动履带带动存车位上的被动履带，将车辆输送至车位，交换动作少，有条件实现高效率存取车
滚筒式	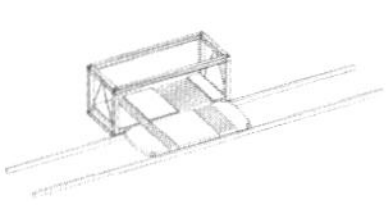	与履带搬运类似，车辆前后轮通过固定在横移车上的输送滚筒进行横向移动，交换动作少，有条件实现高效率存取车

7.4.3 全自动停车设备组合类型

1）平面移动类（图 7.6 ～图 7.10，表 7.4、表 7.5）

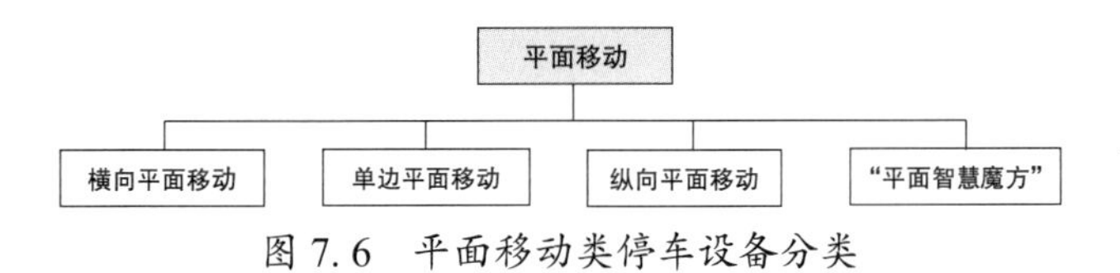

图 7.6 平面移动类停车设备分类

图 7.7 设备空间展示

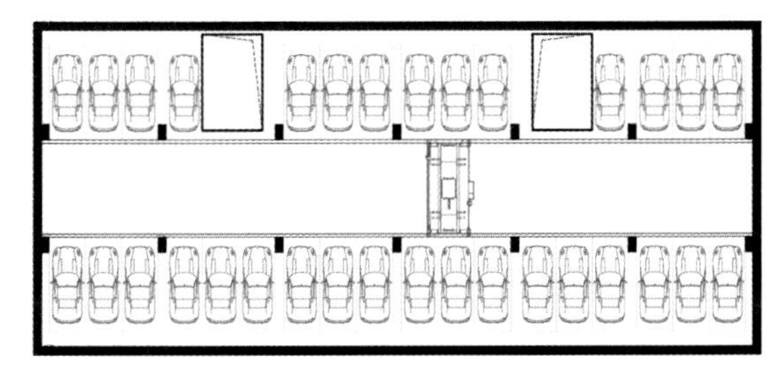

图 7.8 设备平面布置

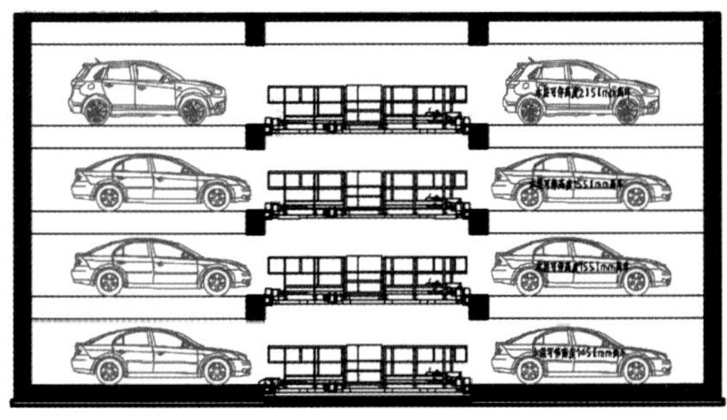

图 7.9 设备剖面图 1

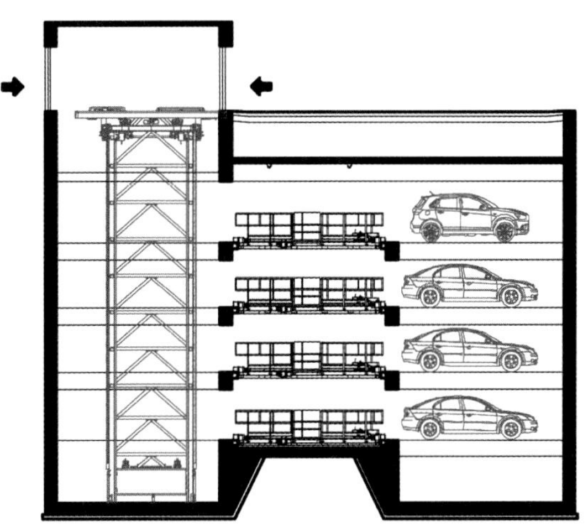

图 7.10 设备剖面图 2

类型特点 表 7.4

设备优势	平面移动类机械式停车设备占地少，空间利用率高，适合大容量车库，可建在地上或地下，自动化程序高
应用场景	常用于仓储式大型化立体车库，汽车制造与销售存储。典型的案例主要有万科云城、达实大厦

运行原理 表 7.5

运行原理	平面移动类停车设备由上下垂直运动的升降机和各层前后移动的平层搬运器来配合完成车辆的存取车动作。提升机把车辆提升至存车层，通过搬运机把车辆交给平层搬运器，再由平层搬运器水平移动到存车位完成存车动作。取车同理即反向运行
设备组合	回转盘，升降机，搬运器，横移车

2）巷道堆垛类（图 7.11 ～图 7.14，表 7.6、表 7.7）

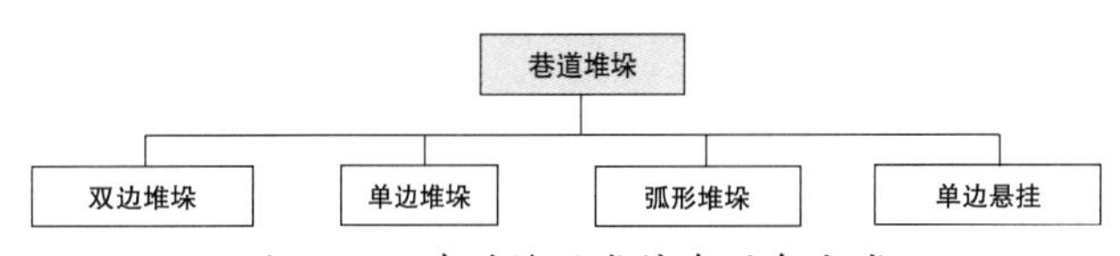

图 7.11 巷道堆垛类停车设备分类

图 7.12 设备空间展示

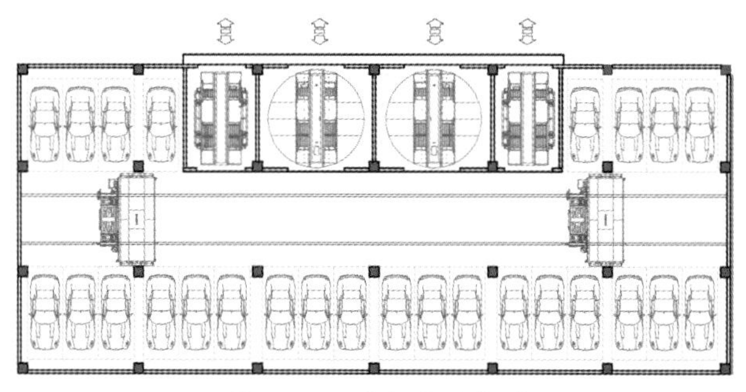

图 7.13　设备平面布置

图 7.14　设备实景图

类型特点　　表 7.6

设备优势	巷道堆垛类停车设备是集机、光、电、自动控制于一体的全自动化立体停车设备，解决了大型自动化停车难题，具有全封闭车库、存车安全等特点
应用场景	主要适用于中型规模的密集式存车

运行原理　　表 7.7

运行原理	巷道堆垛类停车设备通过巷道堆垛机或桥式起重机将进到搬运器上车辆水平且垂直移动到停车位，然后用装在搬运器上的存取机将车辆存入，或者相反将车辆搬运到出入口处由驾驶员将车开走。巷道堆垛类在平面布局上与平面移动类较为类似，主要区别在于通过巷道堆垛机同时完成垂直升降和平面移动的动作
设备组合	回转盘，堆垛机

3）垂直升降类（图 7.15～图 7.18，表 7.8、表 7.9）

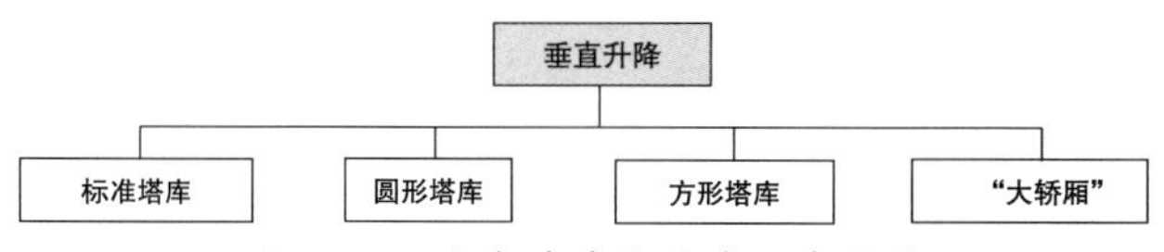

图 7.15　垂直升降类停车设备分类

图 7.16　圆形塔库实景

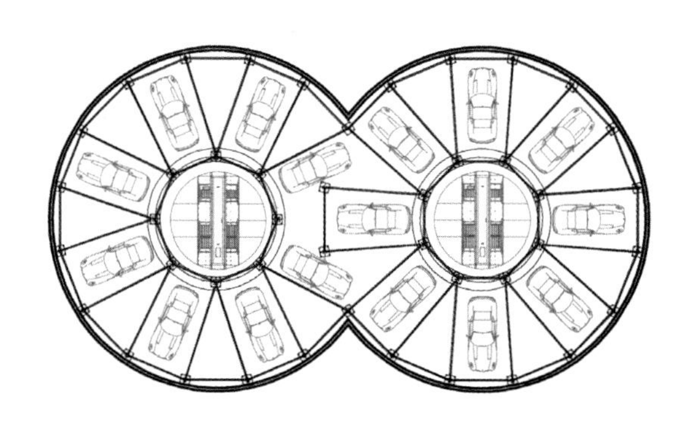

图 7.17　圆形塔库组合平面

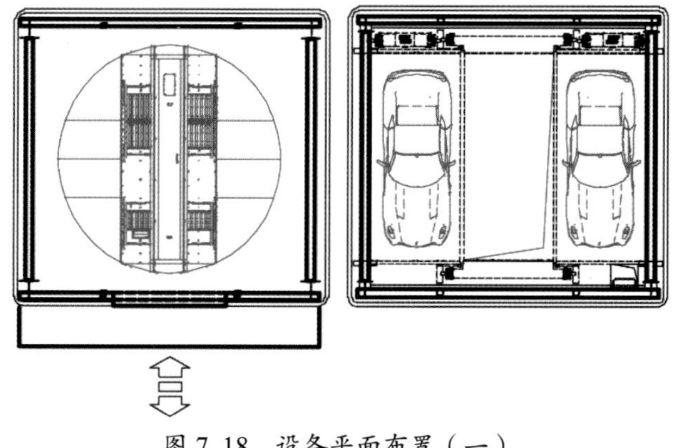

图 7.18　设备平面布置（一）

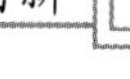

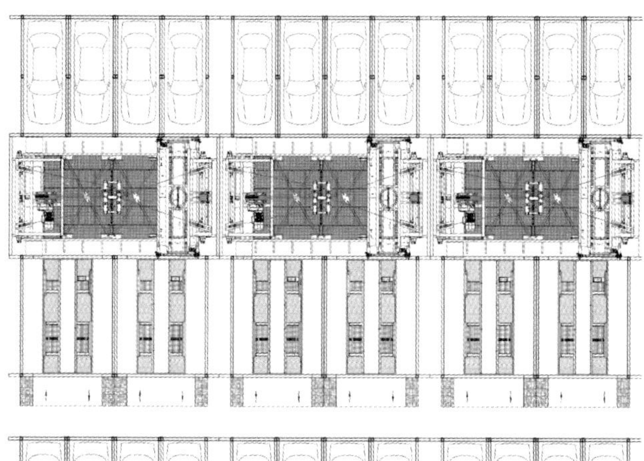

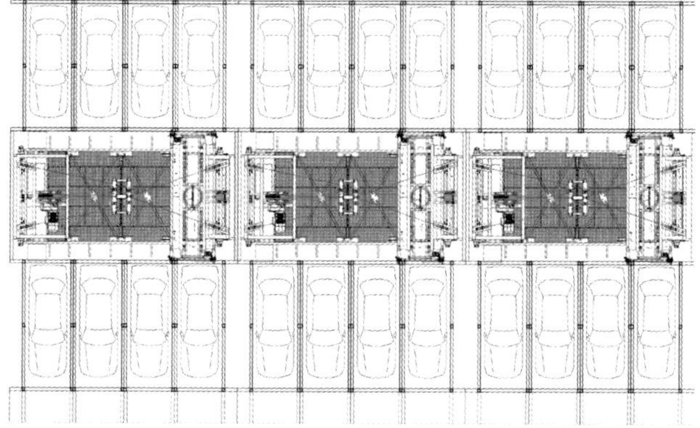

图 7.18 设备平面布置（二）

类型特点 表 7.8

设备优势	垂直升降类机械式停车设备用地集约，空间利用率较高，适合大容量车库，可建在地上或地下，自动化程度高，较安全，相对高端

续表

应用场景	适用于停车面积小且停车数多、景观要求较高的场地。典型案例为深圳布吉老干中心智慧立体停车项目

运行原理 表 7.9

运行原理	标准塔库	通过提升机的升降，由装在提升机上的搬运设备将车辆或载车板横向移动，实现存取车辆
	“大轿厢”	通过提升机的升降同时进行横移，由装在提升机上的搬运设备将车辆或载车板纵向移动，实现存取车辆
	圆形	通过提升机的升降同时进行横移和回转，由装在提升机上的搬运设备将车辆或载车板纵向移动，实现存取车辆
设备组合	回转盘，升降机，搬运器	

4）智能机器人（AGV）（图 7.19、图 7.20，表 7.10、表 7.11）

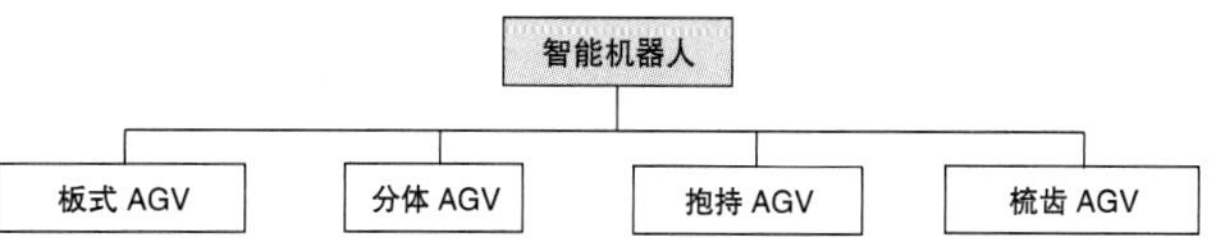

图 7.19 智能机器人停车设施分类

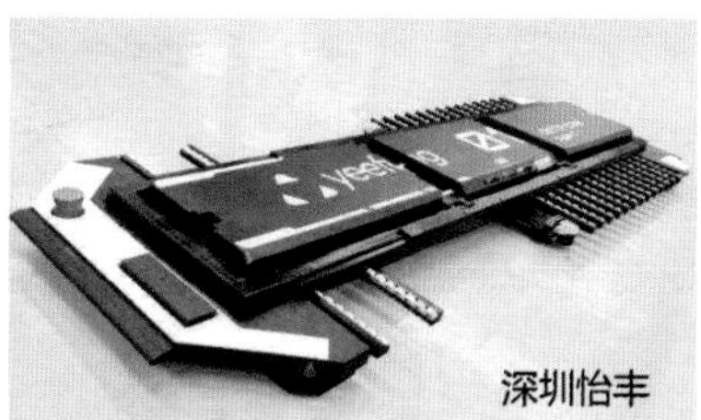

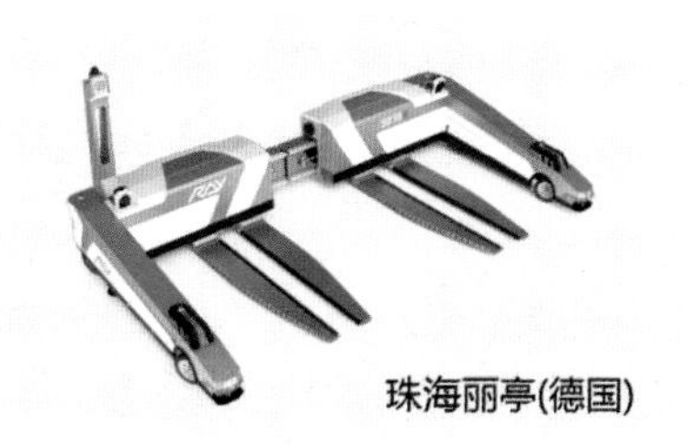

图 7.20 主流 AGV 类型

类型特点　　表 7.10

设备优势	柔性、经济、高效设计布局，停车区域在同样单位面积内可增加更多的车位，同时后台智能系统能为机器人调度分配停车任务，客户停车过程简单，给客户带来 VIP 的服务体验
应用场景	主要适用于注重服务的大型公建场所，例如机场、火车站等

运行原理　　表 7.11

运行原理	以电池为动力，装有非接触式导向装置，在后台计算机控制下，支持在复杂的路径选择和移动下将车辆按一定的精度无轨道输送到指定的停车位上
设备组合	无轨道智能搬运机器人

随着无人驾驶技术蓬勃发展，智能搬运机器人（AGV）将承担起自动泊车的功能。AGV 从磁导、二维码导到现在的无反光板激光自主导航叉车 AGV，实现自动驾驶＋云调度系统＋ AI 人工智能等技术结合，拥有完全自动驾驶、自主导航、智能避障等功能。

7.5　智慧立体停车设施的装配式建造关键技术

7.5.1　装配式智慧立体停车设施的“五化一体”

2016 年，国务院出台《大力发展装配式建筑指导意见》，在国家供给侧改革的关键时期，通过建造方式的重大变革，实现城市建设领域的高质量发展。装配式技术具体体现在五个方面，即标准化设计、工厂化生产、装配化施工、一体化装修以及智慧化运维，也就是装配式建筑的“五化一体”。

装配式“五化一体”是城市建设领域提高质量、提高效率、降低能耗、降低污染的有效举措。其核心理念同样适用于智慧立体停车设施的建设。下面主要列举单元组合式智慧立体停车设施装配式建造技术。

7.5.2　单元组合式智慧立体停车设施

当前，立体停车设施的建设普遍存在建设周期长、建设期内项目对周边影响大等突出问题。单元组合式智慧立体停车设施通过装配式建筑“五化一体”理念，实现立体停车设施快速建造的重大创新。

1）存车单元的标准化设计

单元组合式智慧立体停车设施以一个存车空间为单元，以模块化钢结构为单元骨架，集成传输装置，视频采集装置，消防探测、自动喷淋、防火隔墙、防火卷帘等。高度标准化、集成化的存车单元，有利于批量化的工厂生产、制造与运输（图 7.21）。

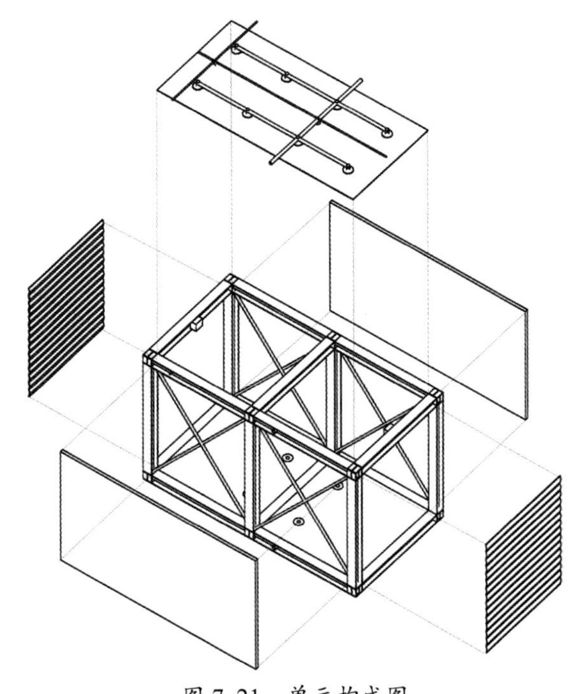

图 7.21　单元构成图

2）存车单元的多样化组合

结合项目的具体需求，模块化存车单元可与不同的传输设备组合成规模不同、形式各异的立体停车设施，如垂直升降单元组合式立体停车设施、平面移动单元组合立体停车设施等（图 7.22、图 7.23）。

3）停车设施的装配化吊装

模块化存车单元通过工厂化制造成品后，直接运输到现场，通过大型机械设备，逐个吊装到位。装配化吊装大大缩减停车设施的建造周期（图 7.24）。

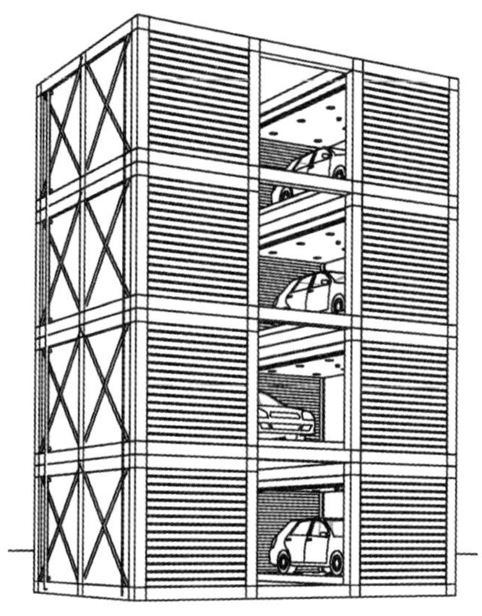

图 7.22 垂直升降单元组合

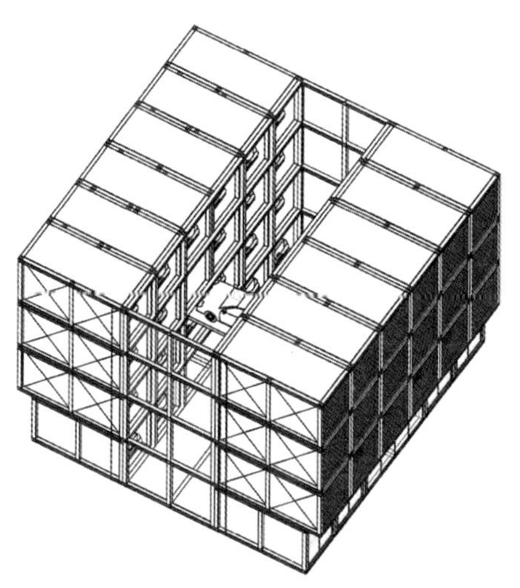

图 7.23 平面移动单元组合

图 7.24 停车单元装配化吊装

4）停车设施的安全运维

单元组合式智慧立体停车设施，将消防设施集成到每一个存车单元，通过防火卷帘与整体停车设施相隔离，当火灾发生时，火灾自动报警系统启动报警，单元自动关闭防火卷帘，并启动消防救火设施，同时开启外部消防救援窗，为外部消防救援提供救火机会。

单元组合式智慧立体停车设施，将消防设施集成在每一个存车单元，为停车设施在运维过程中防火安全提供最大程度的保障（图 7.25）。

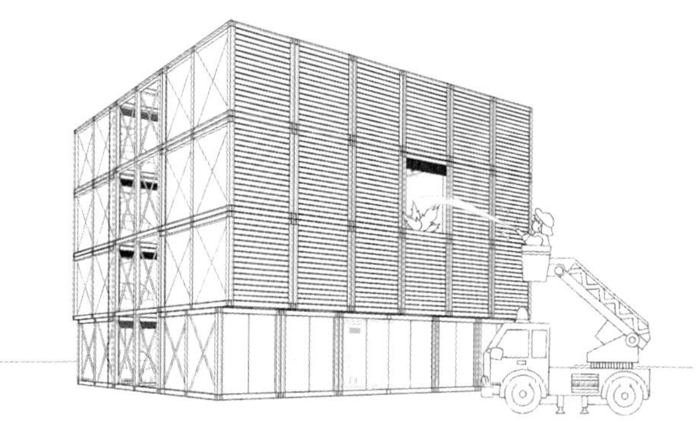

图 7.25 停车设施救火场景示意

7.6 立体停车设施智慧化运维关键技术

7.6.1 立体停车设施的智慧化运维

立体停车设施的智慧化运营是由公用停车场的收费管理系统发展而来，传统的人工停车管理方式存在着劳动强度高、收费过程烦琐、停车场利用率低下等问题。针对这些问题，由自动化控制和人工智能技术代替人力管控运营发展出智能化运营。

互联网时代停车设施的智慧化运营不限于停车设施自身运营流程的智能化，而是站在城市交通层面着手智慧停车智慧化运营问题。这就需要基于物联网的相关技术，对海量数据和信息进行分析和处理，并针对运营商、停车设施、车主三方需求实现车辆出入控制、车辆管理、收费管理以及车辆引导等多功能。

立体停车设施的智慧化运营＝立体停车设施＋

智慧化运维＋物联网。

7.6.2 立体停车设施智慧化运维的关键技术

立体停车设施作为发展智慧城市的一个重要板块，正在各大城市迅速发展起来，停车设备不仅自身具有智能化的运行机制，同时还具有智慧化运营的属性。

立体停车设施的智慧化运维采用的关键技术手段，主要有射频识别技术、智能无线传感技术、视频识别技术、地理信息系统、数据库及网络通信技术。基于这些技术手段，可从智慧化运维的整体架构方案、智慧化运维系统架构以及车辆进出库的流程三个方面展示立体停车设施中的智慧化运维设计。

1）城市级运营整体架构

基于城市级的智慧化运维方案，主要包括联网服务接入系统、联网服务平台、运营管理平台、数据平台、GIS 管理信息系统、智能停车门户网站、城市路面诱导系统、呼叫中心、应急指挥系统、外部系统十大系统。在城市建立一个联网共享平台，将孤立的停车库集成系统的停车网，合理整合城市停车资源（图 7.26）。

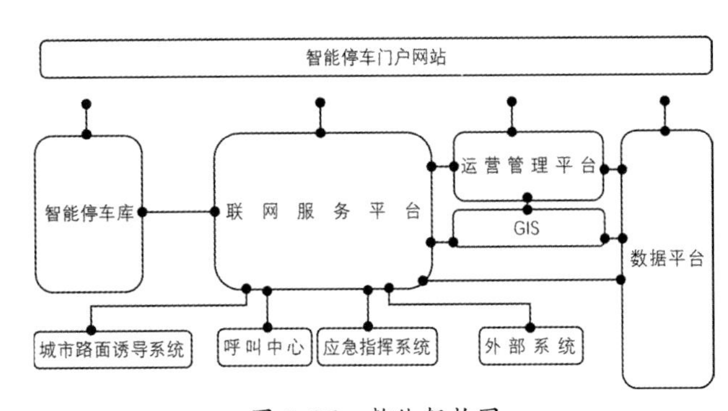

图 7.26 整体架构图

其中智慧化运维联网服务平台是整体运营系统的核心部分，可以提供与停车设施联网相关的所有业务功能，包括联网停车设施管理、车辆通行数据存储、数据挖掘、清分结算、诱导信息发布等。

2）智慧化运维系统架构

智慧化运营系统构架包括：出入口子系统（车辆自动识别、设备控制、信息提示、告警、通道道闸控制、自动收费、与工作站进行通信）、发卡子系统（发卡服务器、双频发卡器以及 RFID 电子标签的发行）、工作站子系统（系统的实时显示、人员管理、权限管理、数据库管理、卡管理、设备管理、日志管理以及查询统计等）、图像识别子系统和引导子系统（图 7.27）。

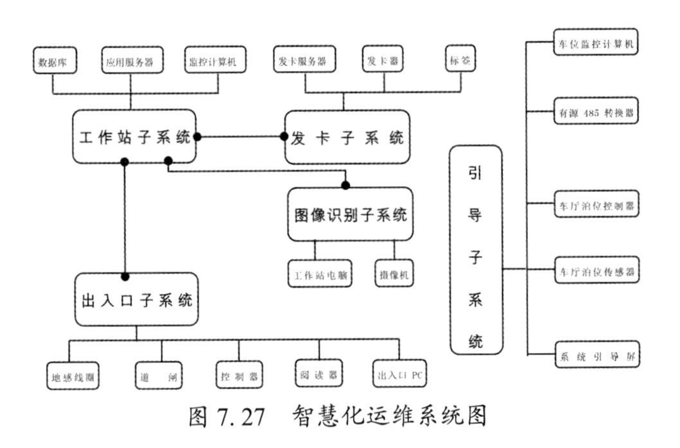

图 7.27 智慧化运维系统图

3）智慧化运维车辆进出口流程（图 7.28）

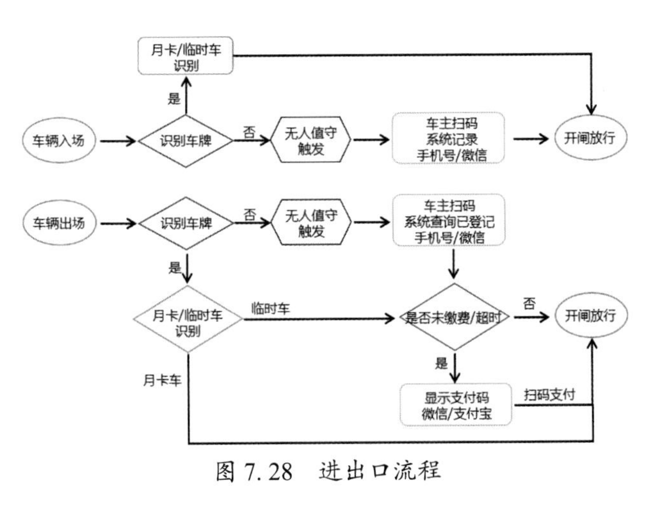

图 7.28 进出口流程

7.7 智慧立体停车项目案例

7.7.1 布吉老干中心智慧立体停车项目

本项目用地位于深圳市布吉老干部中心的东侧，地块面积约 2100m²，拟建一座车位数不少于 192 个的智慧立体停车设施和一定比例的地面充电停车位。该项目作为布吉首个智慧立体停车项目，对缓解城

市停车难，改善老百姓生活幸福指数具有极大的示范意义与标杆作用（表 7.12，图 7.29 ~图 7.34）。

项目信息　　表 7.12

红线面积	$2132m^2$
车库占地（投影）面积	$508m^2$
地下室面积	$508m^2$
车库高度	30.4m
车库层数	13 层
立体车库车位数	192 个
充电车位占比	12.5%
设备类型	垂直升降

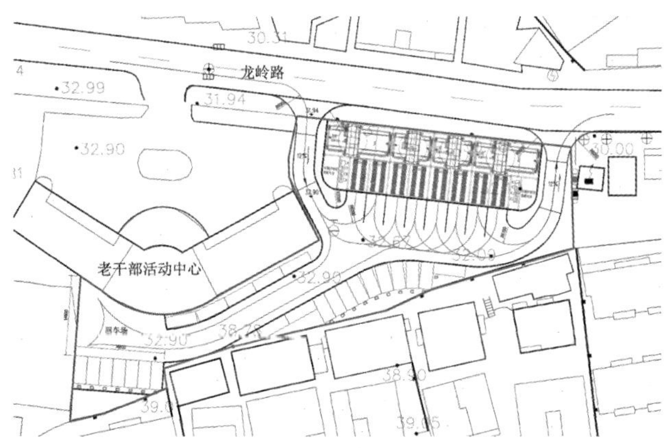

图 7.29　总平面图

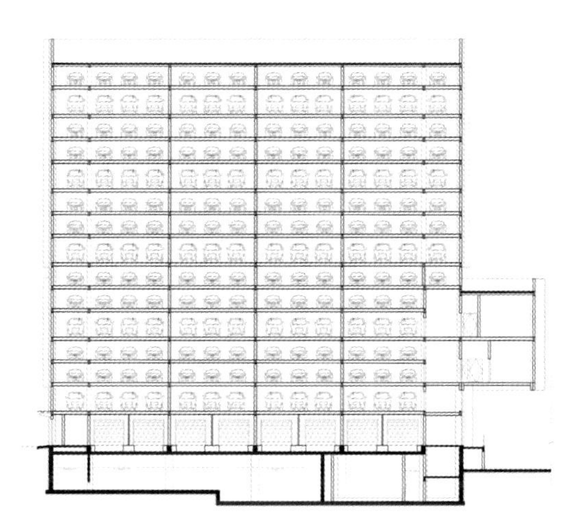

图 7.30　剖面图

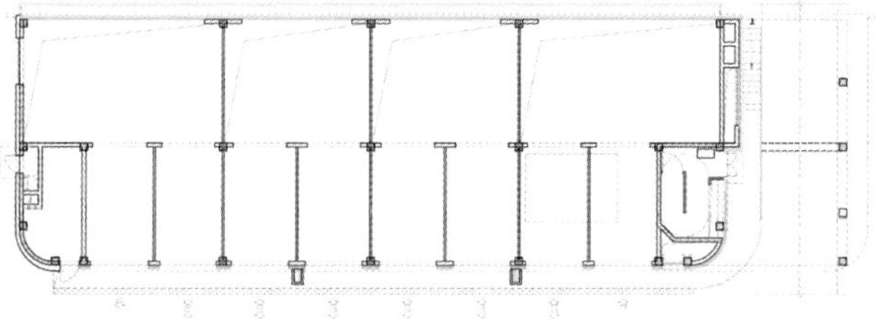

图 7.31　首层平面图

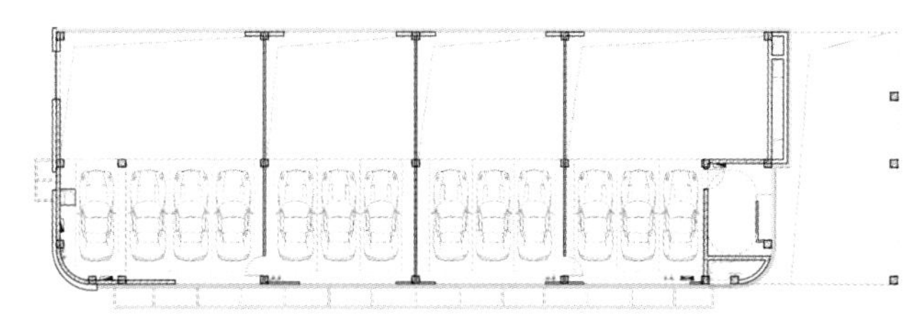

图 7.32　二层平面图

图 7.33　效果图

图 7.34　效果图

7.7.2　龙岗中心医院智慧立体停车项目

项目用地位于龙岗中心医院院内，门急诊外科大楼西北侧，项目的总用地面积约为 $4900m^2$，拟建不少于 640 个车位的全自动垂直升降类智慧立体停车设施，并预留不低于总车位规模 30% 的充电接口。此项目为全球规模最大、高度最高的垂直升降停车设施（表 7.13，图 7.35 ～图 7.39）。

项目信息　　表 7.13

红线面积	$4980m^2$
车库占地（投影）面积	$930m^2$
地下室面积	$256m^2$

续表

车库高度	43m
车库层数	21 层
立体车库车位数	640 个
充电车位占比	N/A
设备类型	垂直升降

图 7.35　医院效果图

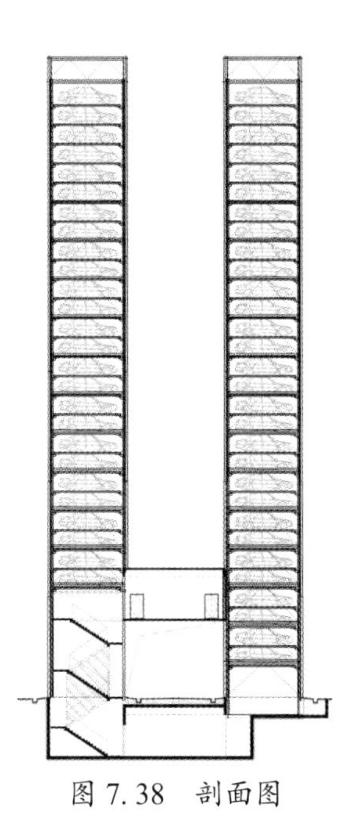

图 7.38　剖面图

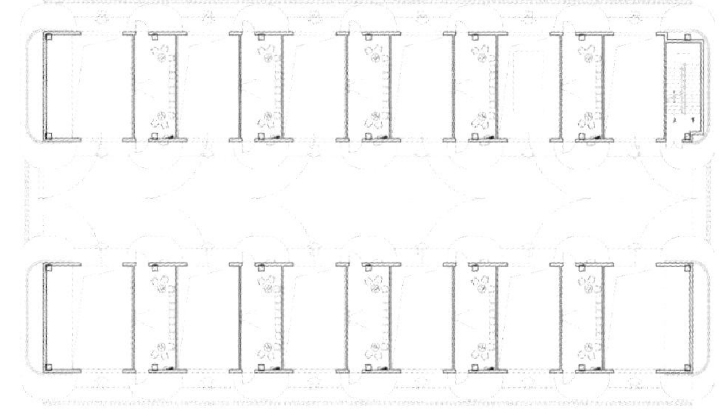

图 7.37　首层平面图

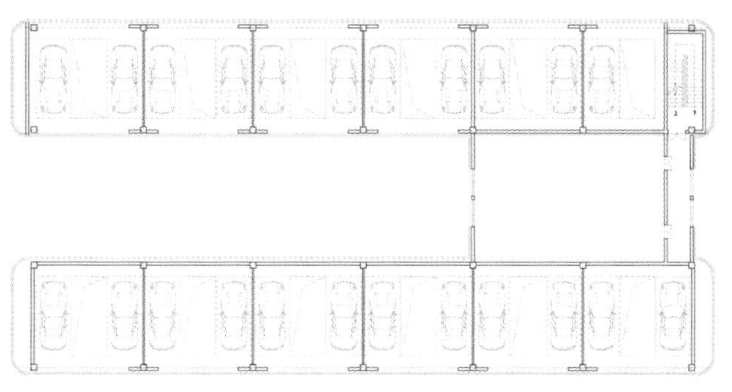

图 7.38　二层平面图

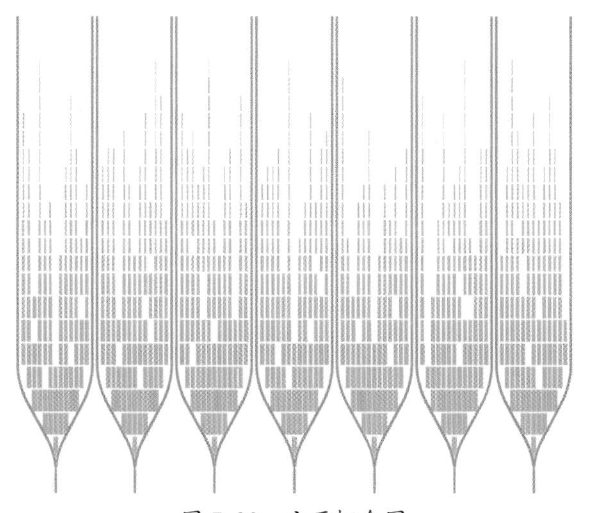

图 7.39　立面概念图

7.7.3　南山中心区公交总站智慧公交车立体停车项目

项目位于深圳市南山滨海大道辅道和文心五路交叉口东南侧，临近南山第二外国语学校，场址现状为地面公交停车场，占地面积约 5300m^2，拟在现状公交总站内建设机械式公交立体停车库一座。此项目是深圳市首批公交机械式立体停车库试点项目之一（表 7.14，图 7.40 ～图 7.42）。

项目信息 表 7.14

项目	信息
红线面积	5355m^2
车库占地（投影）面积	975m^2
地下室面积	251m^2
车库高度	45.7m
车库层数	9层
立体车库车位数	68个
充电车位占比	100%
设备类型	垂直升降

图 7.40 效果图

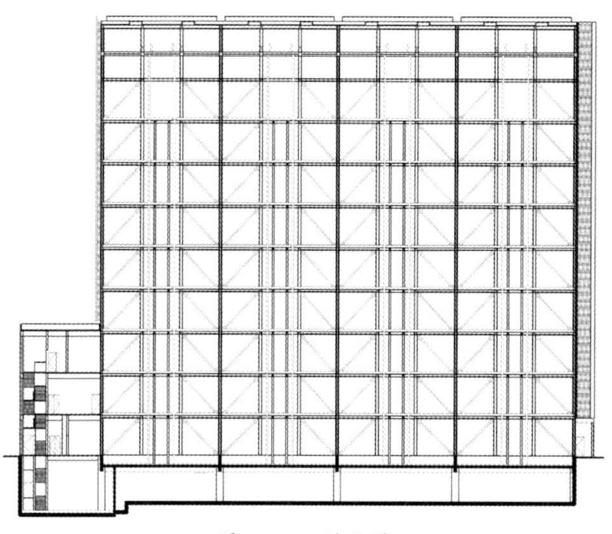

图 7.41 剖面图

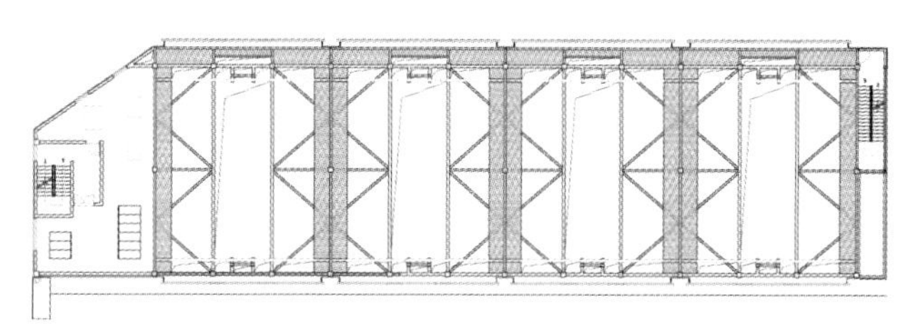

图 7.42 标准层平面图

8 粤港澳垂直社区关键技术初探

中国建筑东北设计研究院有限公司
任炳文 王洪礼 赵成中 张 强

8.1 绪论

改革开放四十年来，深圳经济特区作为我国改革开放重要窗口，各项事业取得显著成绩，已成为一座充满魅力、活力和创新力的国际化创新型城市。随着中国特色社会主义进入新时代，粤港澳大湾区战略的实施，使深圳的建设和发展迎来了新的机遇。2019 年 8 月《中共中央关于支持深圳建设中国特色社会主义先行示范区的意见》的发布，确定深圳发展目标为 2025 年经济实力、发展质量跻身全球城市前列，建成现代化国际化创新型城市；2035 年建成具有全球影响力的创新创业创意之都，成为我国建设社会主义现代化强国的城市范例；到 21 世纪中叶，深圳建成为竞争力、创新力、影响力卓著的全球标杆城市（图 8.1）。[①]

图 8.1 深圳市市民中心建筑群（网络购置）

8.1.1 城市土地利用已经趋于饱和

回顾深圳的城市建设历程，大体可以分为三个阶段：点状城市，带状城市，块状城市。深圳最初是由罗湖向福田发展，蛇口向南山发展，盐田独立发展的点状泛蕴式成长，形成了三大点的城市格局；至 2000 年福田区成为新的行政中心后，二线关内的行政区以东西向的深南大道为主干，滨海大

① 中共中央 国务院关于支持深圳建设中共特色社会主义先行示范区的意见. 中华人民共和国国务院公报，2019-08-30.

道和北环大道相呼应将罗湖、福田、南山和宝安连在一起，成为带状城市；2008年以来，原特区外大发展，龙华、龙岗和光明等成为新的发展热点，并与关内联结成片，成为如大多数城市一样的块状格局。深圳用了四十年时间便造就了中国乃至世界范围内都有着深远影响力的巨型城市，然而，深圳市辖区建设用地至2020年将达到890km²①，接近辖区面积的50%，其开发强度已远超国际标准30%的警戒线；而辖区常住人口从建市初期30万人发展到2018年的超过1300万人②，人均建设用地面积已不足70m²/人，这与国家标准要求的新建城市建设用地最低限85m²/人相去甚远③。建设用地紧张已成为深圳应对未来发展的主要挑战和课题。

8.1.2 推陈出新的建设发展历程

深圳的居住建筑从最初的多、高层并行发展到以高层住宅为主，而超高层住宅自2012年深圳湾1号发端，近几年如雨后春笋般潮涌而来，华润万象天地润府，后海恒裕深圳湾，比比皆是，在建的加福华尔登府邸算是目前深圳可以预见的最高住宅楼，其67层楼的高度达239m；而最新规划的方案，位于布心水围村城市更新项目中的5栋住宅已经到了77层，虽然这与美国纽约曼哈顿的中央公园壹号（Central Park Tower，高度472m）还有差距，但向高空发展已成为自然选择。这提示建筑师应该思考一个问题：是单一功能不断向高度上简单发展还是有其他路径？

由于城市的不断发展和功能需求的改变，建市初期的标准工业厂房和多层统建办公楼不得不进行改造或拆除更新以适应新的需求，办公楼等公共建筑，也从建市初期的多层或为数不多的高层和超高层的单一功能办公建筑发展到集办公、商业、酒店和公寓于一体的多功能超级综合体，如深圳京基100等。

8.1.3 多样性空间的设计创新

深圳建筑从最初的功能性需求，发展出更多的以人为本的空间设计，如居住建筑从70式国家标准户型和港式一梯八户标准户型（图8.2），到出现入户花园、公共露台等形式（图8.3）；办公建筑则

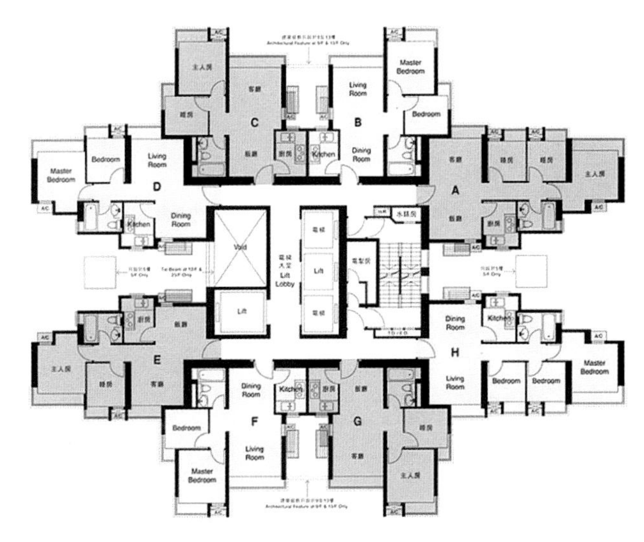

图8.2 港式一梯八户标准户型（来自网络共享）

图8.3 入户花园（来自网络共享）

① 深圳市城市总体规划（2010-2020）.

② 深圳市2018年国民经济和社会发展统计公报，2019年4月19日，深圳统计局.

③ 城市用地分类与规划建设用地标准GB 50137—2011.

出现空间堆叠的空中花园、贯穿中庭和空中会所、大堂，如中建钢构总部大厦、深圳万科总部大厦等（图 8.4）；商业建筑出现了犹如内街的中庭及屋面商业街等形式，如深圳深业上城和华侨城欢乐海岸等。这些多样性的创新空间，无一不是在追求空间上的交流与互动，追求以人为本的生态自然，本质上是在创造开放和具有活力的交流空间，以适应人们生活和生产需求。深圳多元包容的文化造就了深圳人敢为天下先的创新品质和创新精神。

图 8.4　空间堆叠（来自网络共享）

8.1.4　来自国外建筑师研究的案例

20 世纪 60 年代日本建筑师丹下健三在麻省理工学院担任客座教授时，指导学生为波士顿地区规划了 2.5 万人社区计划，建筑主体是一个三角形断面的巨构建筑，道路、轨道交通、广场和学校融入其中，这些被视为主干，而装配式居住单元（图 8.5）视为树枝，与主干有机连接。

日本建筑师菊竹清训（Kikutake Kiyonori）在 1960 年世界设计大会上发表的“海洋都市”，是以一座巨大的环状平台来配合各种设施，连接众多高低起伏的塔状大楼，从而形成一座高度集约的海洋都市（图 8.6）。

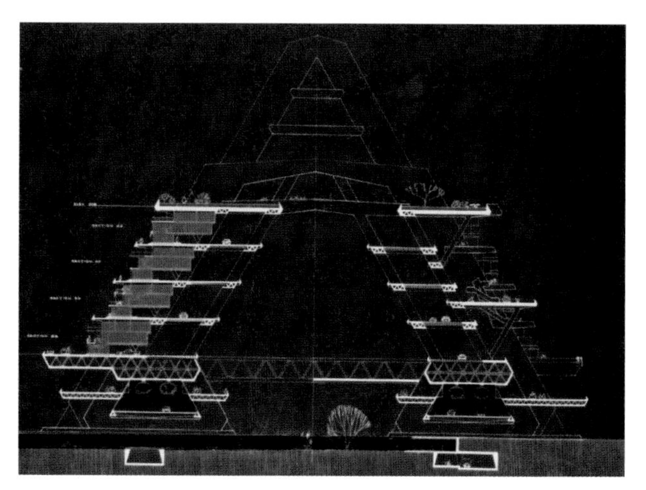

图 8.5　丹下健三：2.5 万人社区计划之居住单元（来自网络共享）

图 8.6　菊竹清训：海洋都市概念草图（来自网络共享）

同样，日本建筑师桢文彦于 1967 年发表在《建筑文化》上的高尔基结构体（high density City）也是在创建高密度高集约都市的同时，积极倡导开放、公共交流。桢文彦认为建筑物之间的空隙不应只是单纯的室外，而应视为公共空间，积极地对其进行规划和利用，可作为满足采光和通风需求的共享空间，也可作为人们水平和垂直方向运动的交通空间，从而以最大的灵活性满足未来的需要（图 8.7）。

图 8.7 桢文彦：高尔基结构体模型（来自网络共享）

8.1.5 建筑向集约式、立体发展

从最初的住宅、办公等功能单一的建筑单体发展到集公寓、旅馆、办公、观光、休闲娱乐为一体的建筑综合体乃至建筑群，是深圳建市 40 年建设发展的清晰脉络。

今天的深圳乃至粤港澳大湾区，无论单位占地经济总量还是单位占地人口密度都远超当年的东京，因此作为全球高密度人口的城市之一，深圳为了满足未来发展的需求，不可避免地将采取高密度高集约发展模式（图 8.8）。

8.1.6 5G 时代催生万物互联

5G 时代已经来临，万物互联指日可待，这意味着距离不再可能限制人类沟通的脚步，足不出户可以日行万里，主要的工作环境也不再拘泥于单纯的工作空间，只要场所具备一定的配置，都可以成为办公和休闲的场所，如共享办公形式的出现；当

图 8.8 深圳湾总部规划方案（来自网络共享）

AR 技术、AI 技术普及之时，我们的工作与生活所需要的空间也将发生变迁。未来的功能性空间将不再局限于居住、办公、商业之类的单一空间模型，取而代之的将可能是一体化空间或组合空间。

8.2 综述

回顾历史，展望未来，我们预测未来深圳建筑将向更加集约、更为丰富的空间发展，由平面城市向立体城市发展，由单一建筑向更加集约的综合体发展，新的建筑形式将会逐步走进我们的城市，我们称之为垂直社区。

8.2.1 源起

中国建筑工程总公司曾经耗资近两千万，历时五年做过一项有益的研究，即千米级建筑关键技术研究，研究以发展的视角，全面阐述了未来城市超高层的发展动向，并对设计、施工和建造等关键技术进行了研究，这既是当前超高层建筑的总结，也是垂直社区建设的雏形。

8.2.2 定义

值深圳建设中国特色社会主义先行示范区之际，针对垂直社区建构的关键技术进行研究，初步定义垂直社区具备以下几个重要特征：

（1）形式：社区由原来的平面展开，发展成为竖向串联、平面并联模式。

（2）规模：建筑面积 50 万～ 200 万 m^2 之间，服务总人数在 5 万～ 15 万人。

（3）高度：250 ～ 1000m，并按现有建造技术能力与形象塑造需求匹配。

（4）特点：多功能、复合性、高密度、高集约、高效率、灵活可变、开放宜人。

垂直社区与超高层建筑的区别：垂直社区是集社区级别的多种功能单元于一体，以竖向串联或平面并联的模式组成的集成建筑，是一个可以最大限度满足人们日常工作生活的社区。垂直社区不仅是建筑单体，还包含地面与空中的公共景观与环境，人们可以足不履地地生活于其中。

8.2.3 垂直社区的设计理念与体系

通常意义的社区是在城市中以几个地块共同构建，而垂直社区则是某个地块上的竖向垂直组合，我们以用地指标中的建设、道路、绿地等指标来分别对应功能区、公共交通与管网区、休闲活动区的控制指标。

垂直社区的设计应该是以公共交通体为轴，竖向上分布功能区，并以休闲活动区加以分隔，设想每 100m 高度上设置一个公共配套区，服务于本区人群的工作与生活需求。

每个功能区可以是单一的功能空间，也可以是多种功能空间的组合，复合居住与办公、商业功能的空间模型将再次走进我们的视野。

菊竹清训在其集合住宅的原型设计实验中，提出一种树状集合住宅的概念，如图 8.9 所示，这虽是一栋集合住宅的设计理念，功能单一，但是这也正是垂直社区理念的原型。

在这样理念的统领下，其设计体系的关键性要点应该包括如下四点：

（1）功能与布局

（2）交通组织

（3）消防安全

（4）节能策略

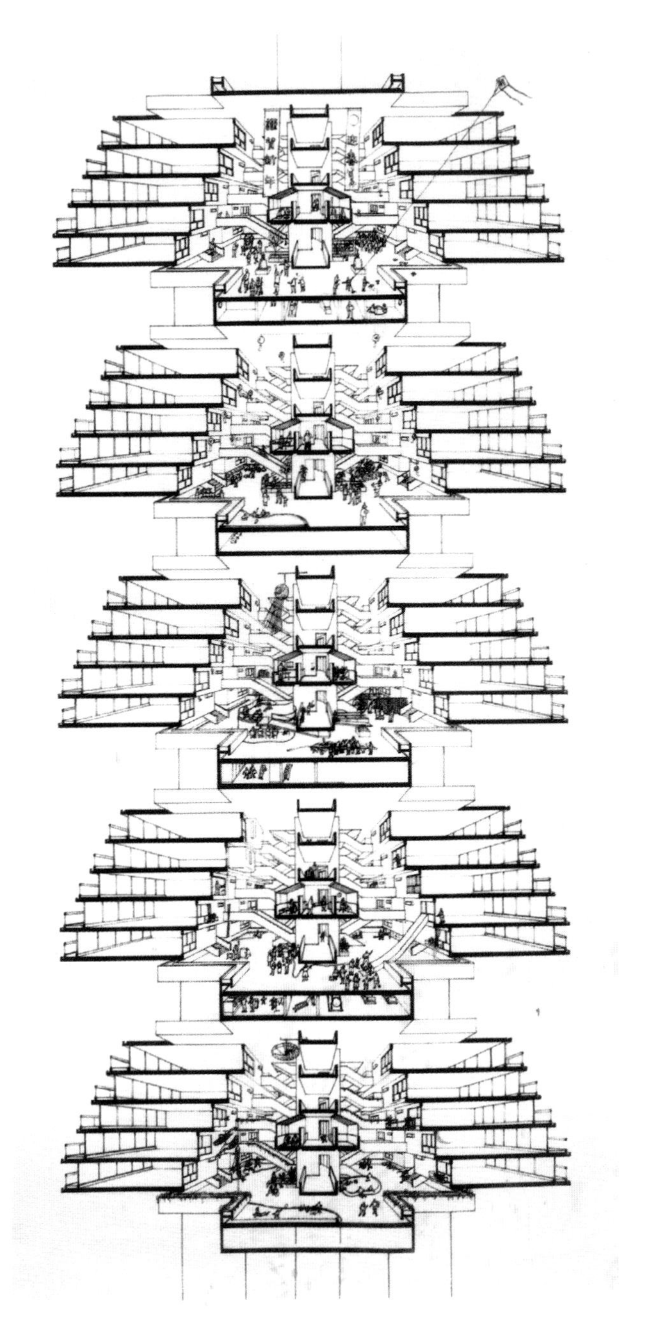

图 8.9 菊竹清训：树状集合住宅原型（来自网络共享）

8.3 垂直社区的功能与布局

垂直社区因其社区理念的原因，不可能是一个单一功能的建筑，而可能是多栋超高层建筑的联合体，也可能是主塔与多个副塔的组合；既包含着居住区，又包含着办公区；既有行政、教育、医疗和金融等服务机构，也有商业、文体、娱乐和观光展览等服务设施；这些功能的编制服务于足不出楼区的理想，既节约能源也提高效率。

8.3.1 垂直社区的功能特性

1）复合性与多样性

垂直社区功能的复合性是城市区域多样性与混合性的集中体现，相对于250～600m的普通超高层建筑来说，垂直社区功能复合的种类更多，构成和布局更复杂。随着现代社会分工越来越细，城市各功能之间的联系也越来越紧密，这就更加表现出对功能复合化的强烈需求，垂直社区聚集了大量的人流、物流、资金流和信息流，有着与生俱来的复杂性，这是其建筑功能构成的最显著特征。

多功能复合化的垂直社区是社会需求不断发展变化的必然选择，也是中心城市发展到一定阶段的必然结果。同时，该建筑高度复合的功能系统也是保持其自身体系活力与稳定的重要前提，只有保持功能的多样性和综合性，才能保证其具有自身活力，发挥其作为城市区域核心的作用。

目前，超高层建筑多为单一功能或两到三种功能的复合，而对于垂直社区，由于其巨大的体量和规模，简单几种功能的复合远远不能满足其作为区域中心的需要，其功能构成应该涉及社会生活的方方面面，成为名副其实的“城中之城”和“空中之城”。

2）集聚性与流动性

垂直社区建筑并不是一个静态空间，相反，它是一个充满各种运动的节点空间，它将城市中的人口和交通从城市的不同区域聚集到一起，实现人流、物流和信息流的高效运转，充分体现了其高度的集聚性和流动效应。垂直社区的集聚性带来的是经济与社会价值的聚集，而其流动性则是保证这一过程顺利实施的关键。

垂直社区集办公、生活、休闲、娱乐等功能属性于一身，是多功能聚合的完整体系，同时又结合城铁、地铁、轻轨、公交等城市交通及私家车、出租车等方式以方便人们到达与离开，并通过其内部的穿梭电梯、区域电扶梯、楼梯、观光梯等多种形式的垂直交通来实现人们在建筑内部的多方向运动，最终实现建筑自身与外部区域的顺畅流动。

3）公共性与开放性

随着城市化进程的不断推进，城市人口呈现高密度发展趋势，人们的生活方式也随之发生改变，人与人的交流在时间和空间上都扩展开来。垂直社区作为城市空间的重要组成部分，具有广泛的公共性，其不仅是人们居住、办公、购物、休闲的理想场所，也是人与人交往和聚会的重要场所，尤其是丰富的休闲、娱乐、观光等功能，更是城市多彩生活的集中体现。

垂直社区作为城市的高聚集核心，必然要求具备一定的开放性。建筑内部的体育健身、休闲会所、绿地公园、景观设施等不仅要为社区内部的居民、办公职员、旅客等提供服务，还要面向周围的广大市民开放。这样才能充分利用资源，同时也能赋予建筑本身更大的活力，给垂直社区带来更多的经济效益。

8.3.2 垂直社区的功能构成

凯文·林奇在《城市形态》一书中提及：城市空间形态的建立是基于活力、感受、适宜、可及性和管理等5个基本要素。垂直社区的功能构成研究就是需要基于这5点帮助人们建立一个平等共处、包容、尊重、安全的社区。在未来，社区内的生活形态应该是一个多元的、混杂的，回归本真的社会生活。我们归纳垂直社区的功能分布，应包括主体功能、配套功能和公共开放空间。

1）主体功能

垂直社区是建筑技术高度发达的重要标志，是一个城市、一个国家综合实力的象征。从最初芝加哥和纽约在20世纪初期建造的高层建筑，到现今828m高的世界第一高楼迪拜塔，超高层建筑始终是人类追求的梦想，体现着人类挑战建造能力极限的勇气。垂直社区的功能设计将体现庞大、复杂、多样、全面的特征，在为人们提供高效、便捷的商业活动场所的同时，也为我们的社会创造无尽的财富。垂直社区的主体功能应包括以下几种：

（1）公寓

公寓属于集合式住宅的一种，是商业地产投资中最为广泛和常见的一种形式。其最显著的特点就是位于城市中心地段，生活设施齐全，多以小户型精装修的形式出现。现代公寓的类型主要包括住宅式公寓和服务式公寓两种，其中服务式公寓又以酒店式公寓、创业公寓、青年公寓、白领公寓、青年SOHO等多种形式存在。

公寓的居住人群主要以商务客群为主，这类人群主要看重的是公寓便利的位置和酒店式的居住体验，他们在乎的是公寓酒店式的享受，而对于燃气的供应和高价的水电费用并不在乎，同时其租金也比酒店低很多。也有极个别大户型超豪华的公寓产品，其服务客群的层次更高，主要以长期居住的家庭团体类的商务顾客为主。这类人群通常更注重公寓基本的居住功能，讲究居住的舒适性、服务的全面性、结构的合理性和功能的完备性（图8.10）。

图8.10　深业上城公寓（来自网络购置）

（2）住宅

超高层住宅具备如下特点：首先是超高层住宅的楼地面造价相对较高，但是其房价却更高。这是由于随着建筑高度的不断增加，超高层住宅的设计方法和施工工艺都要高于普通的高层住宅和多层住宅，需要考虑的因素和涉及的规范会大大增多。比如消防设施、防火疏散要求、电梯的设计、通风排烟设备等会更加复杂，同时其结构设计也增加了难度，建筑的抗震体系更加复杂。其次，超高层住宅由于高度突出，更多地受到人们的瞩目，往往在外立面的装饰和装修上要求更高，园区的规划和设计也更加前卫、高品质，多致力于打造高档住宅小区。另外，超高层住宅多选址在市中心的繁华地段且景观较好地区，住户可以俯瞰大部分城市并欣赏到美丽的风景，因而常常受到市民的青睐（图8.11）。

图8.11　深圳湾1号（来自网络购置）

（3）办公

20世纪50～70年代，单一功能的办公楼占绝大多数，80年代以后多用途的办公综合楼的数量才显著增加。现代办公楼多为政府机构、工商企业、社会团体、银行机构等所使用。政府办公楼一般是非营利性的，通常自建自用，而大多数“商品办公楼”则是作为房地产投资而开发建设的，建设的目的就是出售或者出租。

20世纪初，早期的超高层办公建筑率先出现在美国，如1913年在纽约建成的伍尔沃思大楼，总高241m多，共52层。1976年建成的纽约世界贸易中心是当时世界上最大的办公楼，建筑面积120万m^2，其中办公面积84万m^2，分租给世界800多家业主使用。这种商业性的超高层办公楼，改变了过去只供独家使用的方式，逐渐出租给多家使用，以获取更大的利润。70年代末期以后，中国一些大城市和经济特区也纷纷开始建造新型的超高层办公楼，如1986年建成的深圳国际贸易中心大厦（图8.12），160m高，共50层，是一座分租给多家业主办公用的大楼。

图 8.12 深圳国际贸易中心大厦（来自网络购置）

近些年来，由于经济利益的大力驱使和社会需求量的不断增加，办公楼的数量增长十分迅速。同时由于城市用地的极端短缺以及建筑技术的飞速发展，现代办公楼的规模和高度日趋增长，内容也更加复杂。

（4）酒店

酒店是给来往宾客提供歇宿和饮食的场所。在当今时代，随着生活水平的提高和人们生活方式的多样，酒店已经不再是一个仅供休息和睡觉的地方，人们对酒店的要求早已突破了单纯的住宿功能。因此，酒店设计从建筑外观到室内装饰越来越受到重视。

单一功能的超高层酒店，最具影响力的莫过于阿联酋迪拜的帆船酒店（图 8.13）。迪拜帆船酒店又名“阿拉伯塔”“阿拉伯之星”，是世界上最豪华的酒店，也是世界上第一家七星级酒店。酒店共有 56 层，321m 高，是世界上建造在人工岛屿上最高的独栋建筑。在 200m 的高度设有可以俯瞰迪拜全城的空中餐厅，可容纳 140 名顾客。酒店内部还设计有 38 层、高达 180m 的全球最高中庭，金碧辉煌，气度恢宏。帆船酒店是迪拜的标志之一，它充分结合了迪拜临海的地理特点，造型设计极富寓意，内部装饰也极其奢华（图 8.13）。

（5）公共交通场站

垂直社区的外部交通主张采用公共交通，减少私家车出行，其地下、地面和空中的各层均可设置公共交通工具停靠的场站，这些场站包括轨道交通站、公交车及出租车场站。

图 8.13 阿联酋迪拜的帆船酒店（来自网络共享）

这在一定程度上是 TOD 模式，即以公共交通开发为导向，集城市主体空间于一体，实现各主体空间顺畅连接，在不排斥小汽车出行的同时，优先选择公共交通；其源起是为汇聚人流，形成中心区域，避免城市流散，而今成为集约化、立体化城市发展模式的一种选择。在垂直社区的功能设置中，公共交通场站成为必需的配置，这在一定程度上将减少对停车位的需求。

丹下健三研究室曾经提出一个关于“都市轴”的东京改造方案（图 8.14），这个都市轴是一个包含汽车与电车的三层结构，通过对不同层的运行速度控制来实现城市道路的三级配置，并设置不同密度的节点，连接每个功能区、建筑单体，这也是垂直社区对外部交通组织的构想。

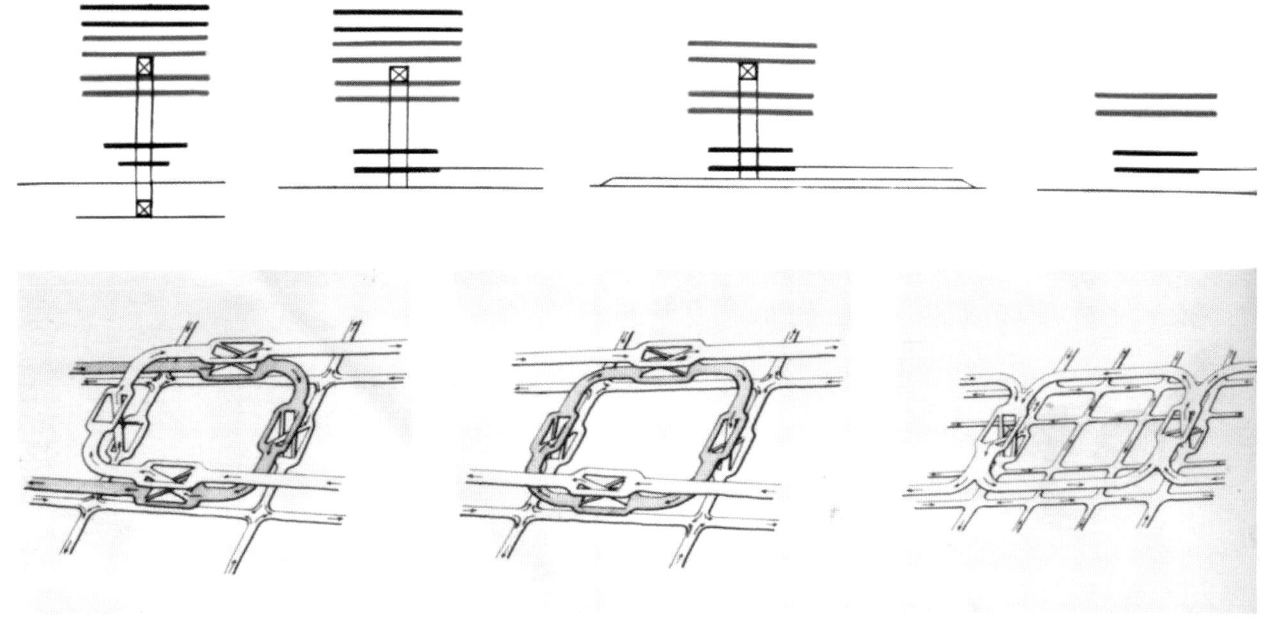

图 8.14　丹下健三工作室都市轴概念（来自网络共享）

2）配套功能

垂直社区的配套功能应包括教育、医疗卫生、文化体育、商业服务、金融邮电、社区服务、市政公用和行政管理及其他八类设施。其配建水平必须与使用人口规模相对应，并应与主体功能同步规划、同步建设和同时投入使用。垂直社区配套公建的项目配建指标，可以参考国标的千人总指标和分类指标控制。

3）公共开放空间

在垂直社区中，公共开放空间是规划设计者须考虑的。规划时应避免城市中心商务区的高楼林立、绿化很少的不足之处，充分考虑生态优先，永葆绿色盎然，水体和阳光随处可见，实现现代商务与自然生态的良好融合。①

对于社区公共开放空间的发展，要适当地为美化周边环境和提高城市社区形象而对其进行功能划

① 唐若莹、林驰、何同浚、范迅．我国高密度城市中心商务区公共开放空间的发展现状、存在的问题及发展方向．现代园艺，2012（06）：10.

分，区内不但能实现休憩和娱乐功能，而且要满足视觉、知觉的享受，合理利用空间。[①]社区的建设在以人为本的前提下，既要注重人性空间的塑造，又要设计充足的绿化休闲空间，使人与自然更加"亲密无间"（图 8.15）。

图 8.15 高层之上的风景 1（来自网络购置）

垂直社区在高度上存在着绝对的优势，因此应该充分利用这一优势，在为社区带来更多经济效益的同时也给人们的生活带来前所未有的高端享受。[②]此外，垂直社区以"微城市"的面貌呈现，致力于打造"足不出户"的生活模式，其公共休闲空间也就成了功能设计的特色与亮点（图 8.16）。

图 8.16 新加坡金沙酒店屋顶泳池（来自网络共享）

因此，在垂直社区的设计中，以区段平台为主，区段内共享空间为辅，共同打造理想的公共空间，这些空间是开放的，共享的，是公园、绿地，也可以是健身场所，可以是室外的，也可以是灰空间。

为了缓解现代白领巨大的工作压力，为了满足人们茶余饭后的休闲健身需求，为了给垂直社区建筑宏大的钢筋混凝土之躯增添一抹绿色，在社区内规划景观公园，设置健身场所和运动场馆，种植绿色植物，给人们创造一个休息放松和交流情感的场所，而这样的场所一定会给人们带来前所未有的新奇感受（图 8.17）。

图 8.17 高层之上的风景 2（来自网络购置）

一个良好的、合理的公共开放空间设计应符合大众的需求，其对垂直社区的环境影响尤为重要。

8.3.3 功能布局设计

垂直社区的布局，多以竖向设计为主，因此，其剖面设计是功能布局设计的重中之重；在剖面设计中不仅应该考虑基本使用空间，更应关注建筑的生态环境与节能设计。

垂直社区不是封闭的实体，应该把它理解成一个复杂的生态有机体，就像人要呼吸一样，它也是有呼吸的。我们在剖面设计中应该结合华南地域的气候条件，因地制宜，从建筑生态和节能设计的角度入手，做好剖面设计。

垂直社区的建筑剖面设计需要考虑自然通风和采光。从分析空气的流动状态和路径出发，选择合

① 唐若莹、林驰、何同浚、范迅. 我国高密度城市中心商务区公共开放空间的发展现状、存在的问题及发展方向. 现代园艺，2012（06）：10.
② 同上.

适的共享空间形式，以使各功能区块均获得更好的自然通风和采光，同时丰富建筑自身的空间形态。

1）裙楼

在垂直社区建筑底部设置共享空间是设计中最常见的手法，因为它能够与场地环境达到最大程度的协调，便于与城市空间的交流，吸引城市人群，同时可以和高层裙房部分的功能相互利用，比较有效地利用空间。这个共享空间的体量和尺度的确定是与整个建筑的规模和地区的经济水平相适应的。很多发展中国家在高层建筑发展之初，一般将共享的空间高度控制在多层范围内，目的是节约造价，同时更有效地减少运营成本，但随着经济水平的提高，人们对于场所环境营造的心理感受越来越重视，共享空间的尺度越来越大，手法也越来越丰富。①

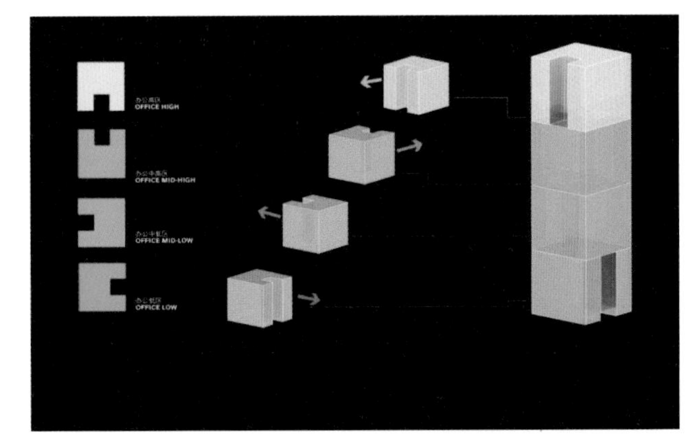

图 8.18　汇隆商务中心 1（自行绘制）

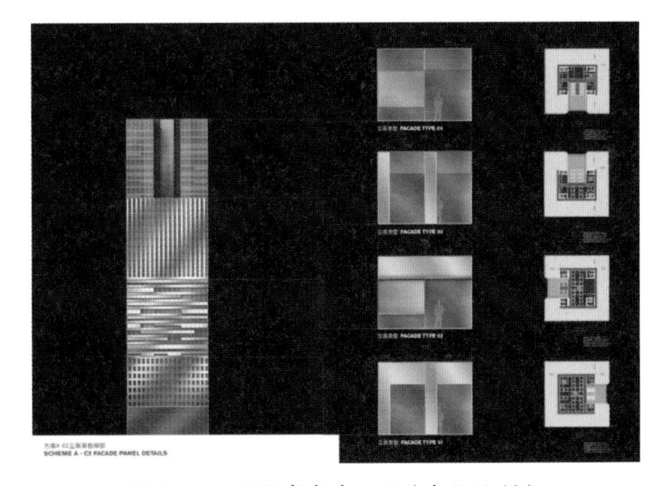

图 8.19　汇隆商务中心 2（自行绘制）

2）标准层

标准层的设计，除了满足基本功能需求外，也与建筑造型设计、内部空间营造等息息相关，这些不同造型是其内部设计空间的直观反映，也体现了不同的设计理念。如深圳地铁北站东广场汇隆商务中心建筑高度近 200m，其平面采用九宫格式布局，将其中一格设计为内部中庭空间，并在高度上将其分为四个模块，每个模块中 50m 高的中庭空间随着建筑高度的变化而旋转，从而面向四个方向，形成叠落的形体结构，然后又在建筑外装饰材料上选用四种不同的玻璃幕墙，构成不同的虚实对比关系，其区段化的造型设计使整个建筑形体犹如竹节一样，意在取其不断向上的美好寓意（图 8.18、图 8.19）。

在德国法兰克福银行总部大厦标准层的三边轮流安排三层高的花园，为工作人员提供舒适的自然生态环境，尽可能地节约能源。从剖面中可以很直观地分析空气的流动状态和路径，设计中的生态性应用从共享的交通核心处入手，在交通核心与外界的直接联系处设置可以直接采光通风的共享空间，这样即使是一层有多个使用单位，也会有好的自然风和采光，大大改善空间的采光状况（图 8.20）。

在剖面设计中，我们应对整体空间在功能和造型方面进行统筹设计，可以考虑在建筑的底部、中部、顶部等任何部位设置视野独特而开阔的空中花园。②

3）顶部设计

建筑顶部承载着建筑造型和提升建筑高度的功能。因为这类建筑一般都是作为城市的标志出现的，建筑顶部的空间视野非常开阔，所以顶部除了造型本身的特点之外，一般设计为旅游观光、餐饮等功能（图 8.21）。

① 石华. 高层建筑设计地域性原则探索. 大连理工大学硕士论文，2006-06-05.

② 同上.

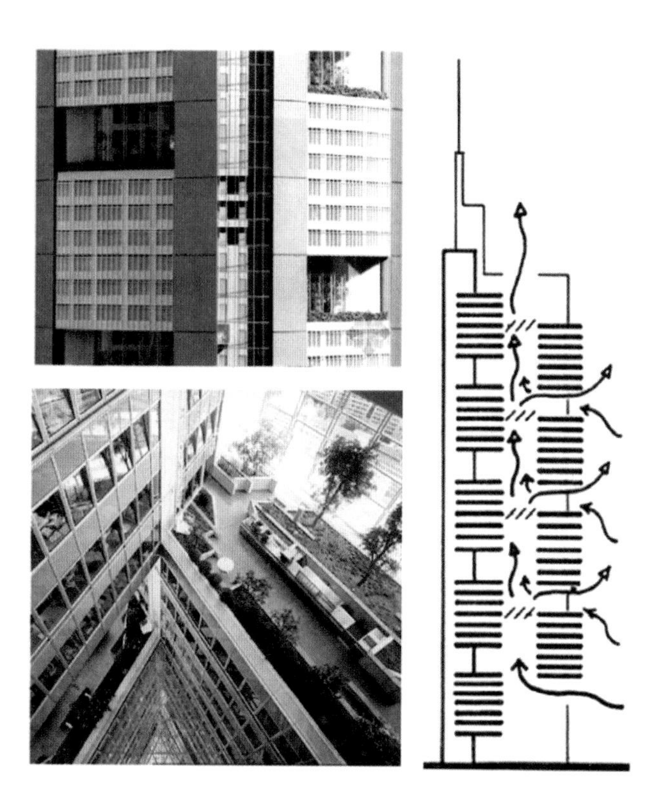

图 8.20 德国法兰克福银行总部大楼（来自网络共享）

图 8.21 金茂大厦 88 层观光厅（来自网络共享）

8.3.4 功能研究结论

1）垂直社区功能类型选择

（1）不适合单一性功能

单一性功能的超高层建筑，以一种功能联合其他相关功能组合，或者把服务于同一职能的多种功能集中于一体，因此该类建筑往往依赖于城市的区域功能。当整个社会在向多元化、信息化方向发展的时候，人们的生活方式也趋于快节奏、丰富和复杂化，建筑的功能也需要由单一的静态封闭状况，演变为多功能组合、多层的系统。

垂直社区建筑高度超高、面积巨大，单一功能系统不再合适，而复合型功能的多样性，更适合垂直社区超大规模建筑的合理利用。

（2）复合型功能的选择

垂直社区应该是多种功能的复合体。从对既有资料的统计分析可发现，垂直社区的主要功能包括酒店、公寓、住宅、办公以及公交场站等，配套功能包括教育、医疗卫生、文化体育、商业服务、金融邮电、社区服务、市政公用和行政管理及其他。

主要功能与配套功能的种类选择，主要取决于社会对其功能的需求和未来多元化发展的趋势，也取决于该区域的城市规划与城市设计。

垂直社区的建筑规模巨大，复合型功能选择多样，结构上符合多元化、信息化的功能体系要求，规模上适应各种功能的合理经营，适应性更强（图 8.22、图 8.23）。

垂直社区地上部分的主要功能选择，除公交场站外，应该包含当下超高层建筑中的所有适宜性功能。这些复合型功能由酒店、住宅、公寓、办公等主体功能及配套功能组成，从功能上细分又可扩充为商业、五星级酒店、六星级酒店、酒店式公寓、普通公寓、精品办公、普通办公、观光等多种功能类型。

图 8.22 主体基本功能（自行绘制）

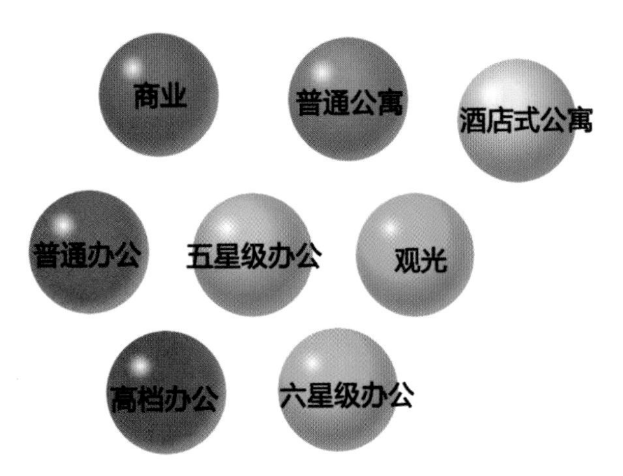

图 8.23 扩展功能（自行绘制）

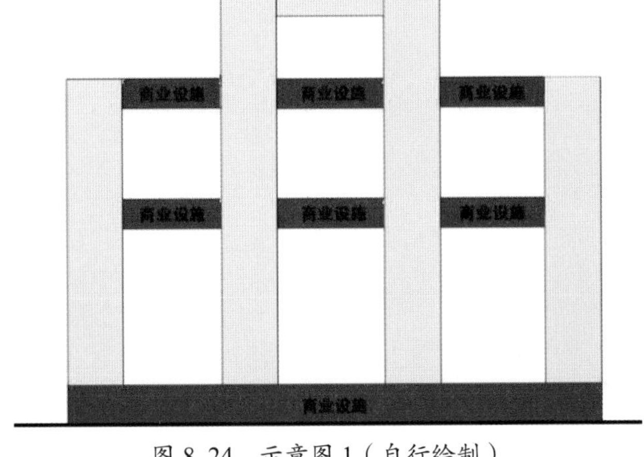

图 8.24 示意图 1（自行绘制）

2）垂直社区功能位置定位

（1）功能位置特性

首先应该从功能特性的角度出发，确定对建筑位置有明确要求的功能。

商业模式分为两种：一种是对外经营的商业，一种是依附于其他功能（比如酒店餐饮）的商业。对外型商业考虑人流、使用、商业宣传等特点，布置在垂直社区建筑地上部分的最低位置，部分商业（如超市等）可延伸至地下一层。依附性商业根据依附功能类型及商业特点，布置在其功能适宜的楼层（图 8.24）。

观光功能多分布于建筑的顶部，视野开阔，位于城市制高点，可对城市景观一览无余（图 8.25）。

（2）从景观角度考虑

不同的建筑功能相对景观的需求度也存在差异。比如办公与酒店相比，虽然拥有好的景观可以提升办公的品质，但是好的景观对酒店的影响更大。好的开阔的景观位置，可以提高酒店的入住率，而且往往酒店的位置越高、景观朝向越好，价位越高。一般来说，越偏于休闲的功能，越需要好的景观，正如苏轼在《端午遍游诸寺得禅字》所言："忽登最高塔，眼界穷大千"（图 8.26）。

随着社会需求的发展，相同的功能也存在景观需求度的差异。在对 400m 以上超高层的研究发现，除了普通办公，其目前已衍生出高档办公的功能。相对普通办公，高档办公人员密度更小，品质更高，对环境品质的需求自然也就更高。

图 8.25 示意图 2（自行绘制）

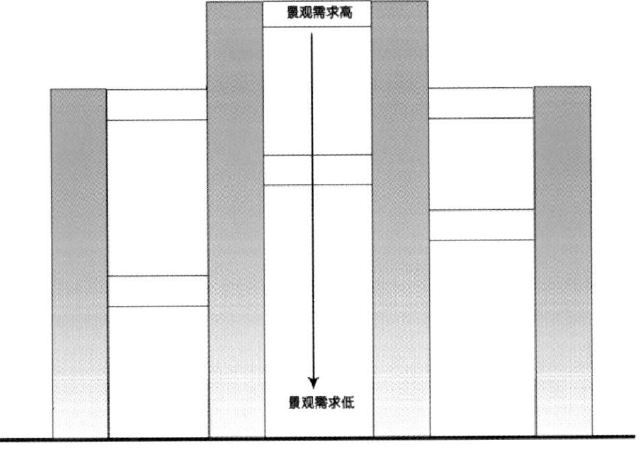

图 8.26 示意图 3（自行绘制）

（3）功能位置

结合不同功能的特性、景观因素以及交通因素综合考虑，酒店、高档办公、观光功能适合布置于垂直社区的高区；普通公寓、酒店式公寓适合布置于垂直社区的中高区；普通办公适合处于垂直社区的中低区；商业适合布置于垂直社区的最底部（图 8.27）。

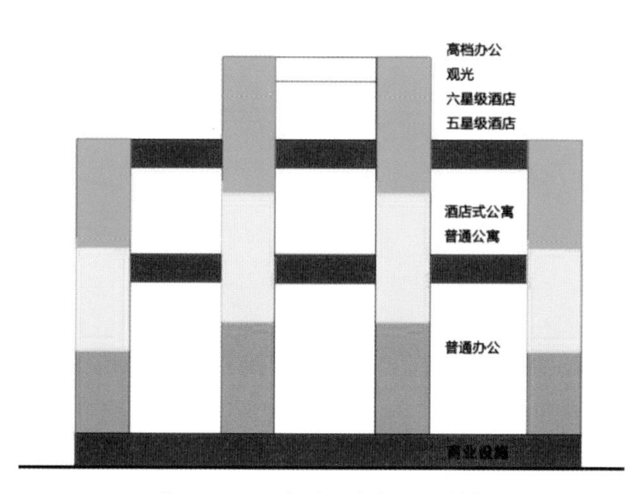

图 8.27　示意图 4（自行绘制）

8.4　垂直社区的消防安全

理念上，在非极端暴力与自然灾害的影响下，垂直社区是一个完善的安全体或准安全体，其公共休闲区和公共交通体是规范意义上的安全区和准安全区，公共休闲区等同于社区绿地，而公共交通体相当于社区道路，这是垂直社区的设计埋念，并成为消防安全体系的支撑，而功能区的疏散系统则与普通单体建筑并无不同。从以下几个方面，我们构建了垂直社区的消防安全系统。

8.4.1　安全平台与避难间

公共休闲区是一个理想的安全区，它自身具备安全性，不仅仅是因为休闲区在净空高度上有防止上下串火的功能，还在于其连接有足够防火间距的多个塔楼，可实现多塔之间相互疏散。在结构安全性许可的前提下，当配置必要的救援设施时，如通常意义上的消防车，公共休闲区在空中的任何高度上，在消防安全的概念上都将与地面等同。公共休闲区作为分隔功能区的模块，理论意义上，当其满足消防规范中的建筑间距或折算的等价高度时，可以视为室外安全区域，而当其具备连通其他平台或疏散至地面的性能时，将更加安全。当然安全平台未必是每个公共休闲区都设置，可以结合其公共设施设置，这些安全平台分隔的区段可以按现行消防规范中定义其属于高层还是超高层“建筑”，并按相关设施设置。

位于公共交通体内的避难间是一个准安全区，这在当下的消防设计中被推荐使用，在垂直社区的消防设计中也同样如此。避难间将成为重要的避难场所，这些场所将能够及时通达作为安全区的公共休闲区。

8.4.2　疏散楼梯与电梯

每个功能区的疏散将通过疏散楼梯来实现，这和常规建筑的疏散并无不同，这些疏散楼梯都将以公共休闲区作为终点。

在 250m 以上的超高层建筑的人员疏散设计中，电梯疏散被作为非常重要的辅助措施，而在垂直社区的安全设计中，电梯不再是辅助，而成为公共休闲区疏散的绝对主力，这些电梯不仅连接公共休闲区，还作为日常公共交通使用。

8.4.3　辅助疏散

辅助疏散在垂直社区的消防安全设计中广泛使用：在每个安全平台处设置直升机停机坪，用于消防救援；在避难间设置钢丝安全绳逃生挂钩，紧急情况下，在消防人员协助下可速降到安全平台。

8.4.4　高性能消防设施保障

1）消防电梯

国外当前正在开发一种专供超高层建筑消防救援使用的消防电梯。这种电梯是由双路电源控制的，火灾时普通电源中断，而消防电源启动运作，它的载重能力在 800kg 以上，轿厢内净面积不小于 1.4m^2。可同时搭载 8 名消防员或被困人员。消防电梯轿厢是不燃制品，电源线也有热绝缘保护，即使在周边有火情时，该电梯也可正常运行，而且行驶速度较快，近千米的高度，从首层到顶层的运行时间，不超过 60s。

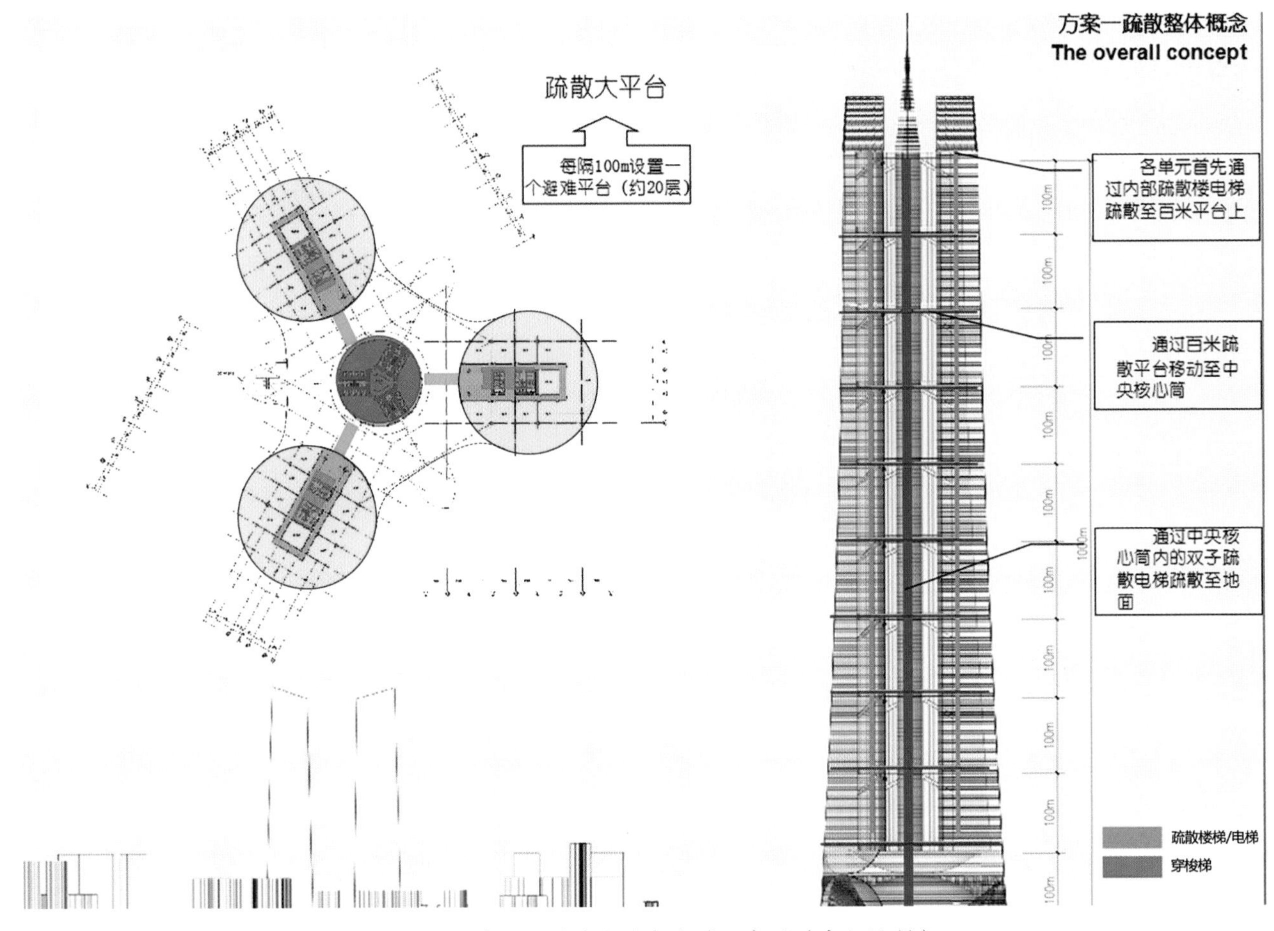

图 8.28 垂直社区的安全疏散体系示意图（自行绘制）

2）消防机器人

在超高层建筑中执行救火作业，危险性很高。日本研制的消防机器人可以顶着浓烟毒气走上高楼侦察火情。美国研制的火场机器人可把带有视频摄像头的机器人送到着火地区，可在有毒气等条件恶劣的地方代替消防人员搜索被困者。美国一个叫"安娜·肯达"的搜索机器人，像一条大蛇，有 3m 长，22 节，顶部的摄像头能转动 33 个角度，全方位观察特定区域内情景。德国研制的机器人，外形设计像甲壳虫，配备全球定位系统导航，并携带数个水箱，在遥控指挥下，"自行"前往火区灭火。

3）消防云梯

现有消防设备的登高能力有限，一般折臂式云梯车只能达到 24 ～ 27m 高度，最先进的消防云梯目前也只有 45m 左右的登高能力。在垂直社区建筑中，云梯车的登高能力将以近百米的要求呈现，并配置于每个安全平台之上。

4）疏散体系

综上，以千米级三塔配置为例，我们建议的消防安全疏散体系概念如图 8.28 所示。

8.5 垂直社区的客运交通系统

垂直社区的外部交通是城市级的，其内部交通则是社区级的，均属于公共交通。

8.5.1 电梯系统的组织方式①

1857 年，奥的斯公司为一座 5 层专营商店安装

① 于涛．大连超高层建筑垂直交通系统设计研究．大连理工硕士论文，2016-12-07.

了世界上第 1 台蒸汽客运升降机，解决了徒步登高的体力极限问题；此后的 150 多年间，世界各地的电梯公司不断探索、研发电梯新产品，为高层、超高层建筑的发展提供交通保障，同时随着电梯使用经验的积累，电梯系统的设计也日趋成熟，提出了一整套针对不同用途、不同高度建筑的电梯系统组织及运行方式：单区式、多区式、分段式（也称之为区中区式）和复合式。

1）单区式电梯系统

所谓的单区电梯系统，实际上就是电梯系统不进行分区，几台一组的电梯组从上到下全程服务。适用于楼层不多（一般为 8 ～ 15 层，最高不超过 20 层），总建筑面积不大的高层建筑，一组电梯就能够满足整栋大楼交通流量的需求。其停靠方式可分为逐层停靠和奇偶层停靠两种。

2）多区式电梯系统

多区式电梯系统适合于高度在 200m 左右的超高层建筑。电梯分区服务是指将超高层建筑内的电梯划分为若干个电梯组，每组电梯服务于某段楼层。采用分区服务的方式是超高层建筑处理内部繁杂交通的一个重要手段，此方式能够提高垂直交通的运载能力和运输速度，提高交通系统的服务效率。根据建筑内部功能及建筑高度的不同，多区式电梯系统可以分为二到五个区（图 8.29）。

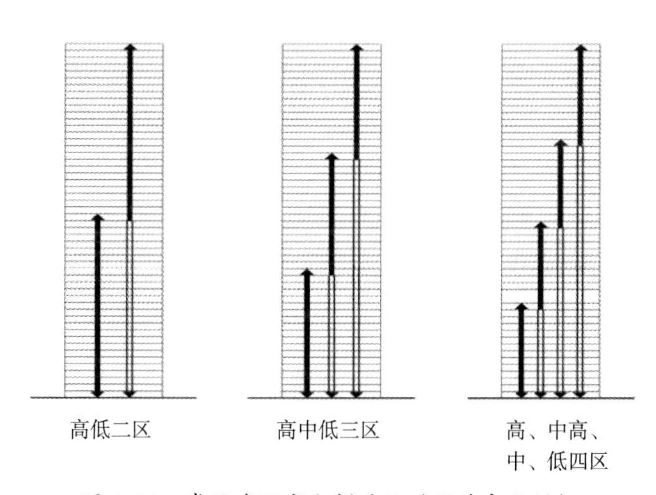

图 8.29　常见多区式电梯系统（原作者绘制）

3）分段式电梯系统

随着建筑楼层的增多，电梯的数量不断增加，电梯井道所占用的面积也随之增加，这导致标准层的有效使用面积严重降低。

当建筑高度超过 200m 或建筑层数多于 40 层时，多区式电梯系统已难以适用，原因是：多区组电梯增加了辅助面积，减少了使用面积；多区式中的中高区、高区电梯，当行驶高度超过 200m 时，电梯速度则须大于 5m/s，在区间做逐层停靠，对电梯资源是极大的浪费。

分段式电梯系统的原理是将数百米甚至近千米的超高层建筑沿竖向分割为数段（子建筑）来处理，使复杂问题变得简明清晰，各段（子建筑）控制在高度小于 100m、层数为 20 ～ 30 层。各段之间设置空中大堂进行转换，而各段（子建筑）再分成低区、中区、高区。乘客可乘坐高速穿梭梯直接到达每段的空中大堂，再选择相应的区间电梯到达目的楼层。这种组织方式大大缩小了核心筒的面积，提高了标准层的使用效率。随着电梯技术的进步，近年来新建超高层建筑多采用双层轿厢电梯作为穿梭梯，在不增加电梯井道的前提下，最大限度地提升运输能力（图 8.30）。

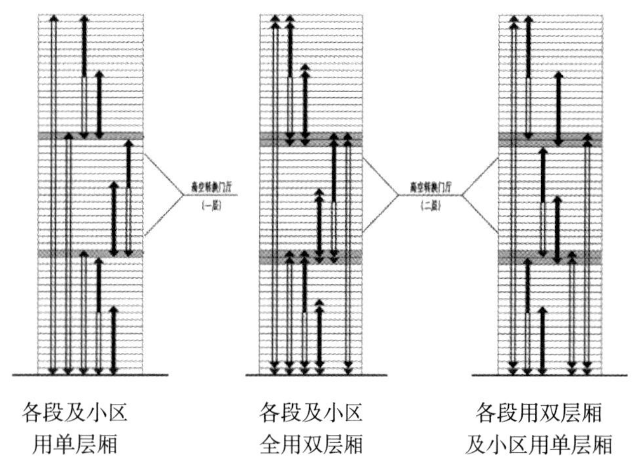

图 8.30　分段式电梯系统（原作者绘制）

4）复合式电梯系统

复合式电梯系统是单区式、多区式、分段式电梯系统的组合。通过对国内外 600m 以上的超高层建筑客用垂直交通系统的实例分析及研究，得出以下结论：

（1）采用复合式客用垂直交通系统的组织方式，对于垂直社区缩短输送时间、客流量巨大的需求来讲，是一种有效的应对方式：

（2）对于高度超出 200m 以上的部分采用分段式电梯系统；

（3）200m 以下部分采用多区式电梯系统；而各个小分区则采用单区式逐层停靠电梯系统；

（4）数百米以至千米级超高层建筑的垂直交通系统的组织面临交通流量巨大、各种流线交织、核心筒空间有限等问题的挑战，单一的交通组织方式难以应对，而复合式的组织方式是垂直交通系统设计的必然选择。

以分段式为核心的复合式客用垂直交通系统的组织方式及大量实例及经验的积累，为垂直社区的客用垂直交通系统设计提供了宝贵的经验和理论支持。

8.5.2 主干与支干复合垂直交通系统

基于对当前超高层建筑垂直交通系统的理论及实践的深入研究，立足于当前最新电梯技术，综合考虑垂直交通系统与结构体系、建筑功能、平面选型、核心筒利用等因素，针对垂直社区提出了“主干与支干复合垂直交通系统”的解决方案。

1）主干与支干复合垂直交通系统的基本思想

建立“梯级分流，层次清晰、节省面积、运行高效的垂直交通网络”是我们为垂直社区的垂直交通系统提出的基本设计思想，具体实施方法为：

依据建筑功能、结构方案及避难层、设备层的布置情况对垂直社区进行“分段式”处理，将整栋建筑变成若干个子建筑，再分段设置转换层—空中大堂。

由高速穿梭电梯及空中大堂构成的“主干公共交通系统”对汇聚于底层大堂的客流进行第一级分流：多组高速穿梭电梯快速将底层大堂的客人运送到目的段的空中大堂，完成第一级客流的分配。

“空中大堂”是连接“主干系统”与“支干系统”的中转平台，乘客在这里转换到各个功能单元中的“支干系统”；支干功能交通系统负责将乘客送至目的楼层，完成第二级客流分配。

2）主干与支干复合垂直交通系统的原理图（图 8.31）

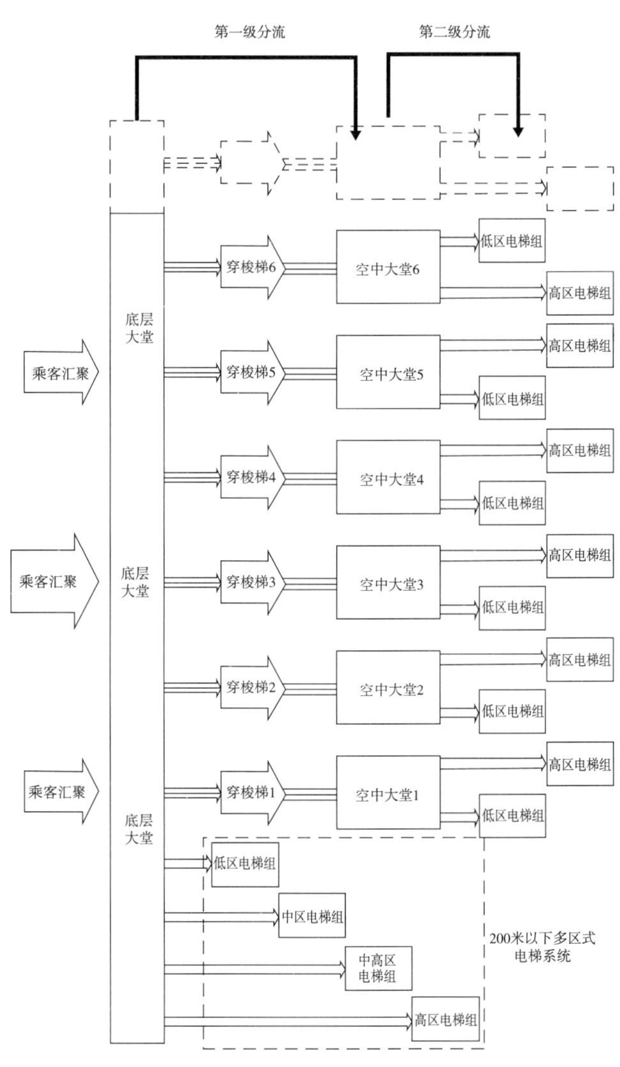

图 8.31 主干与支干复合垂直交通系统原理图（自行绘制）

3）主干与支干复合垂直交通系统的“交通树”（图 8.32）

4）主干公共垂直交通系统的电梯选择（图 8.33）

（1）大容量、超高速双层轿厢电梯

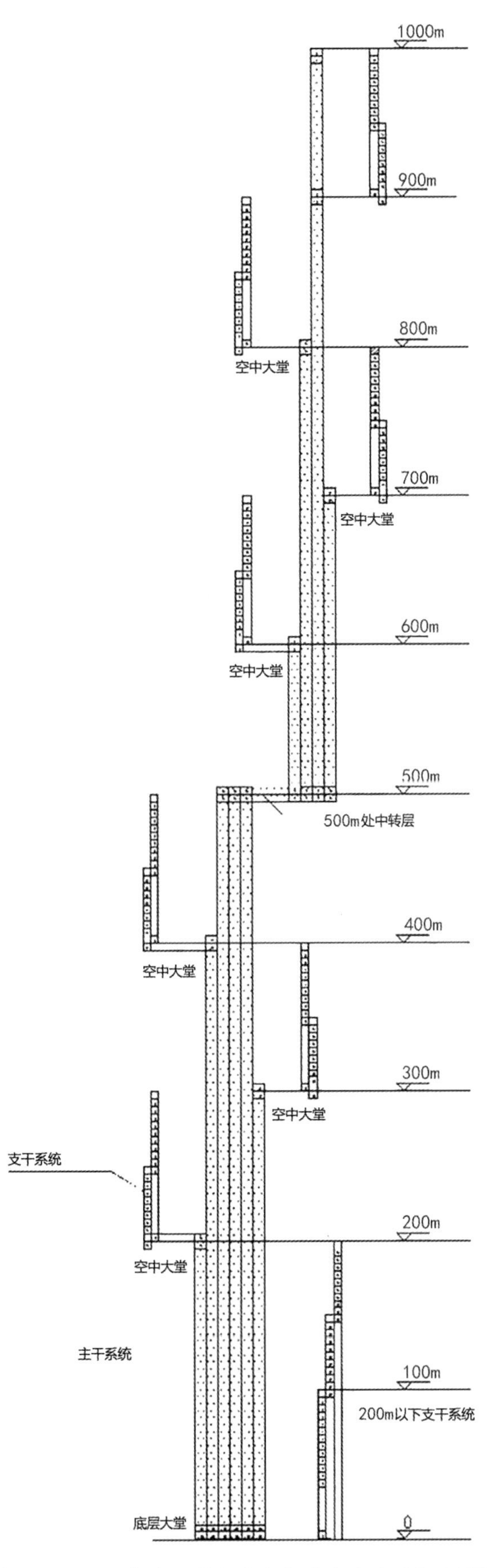

图 8.32 主干与支干复合垂直交通系统的“交通树”（自行绘制）

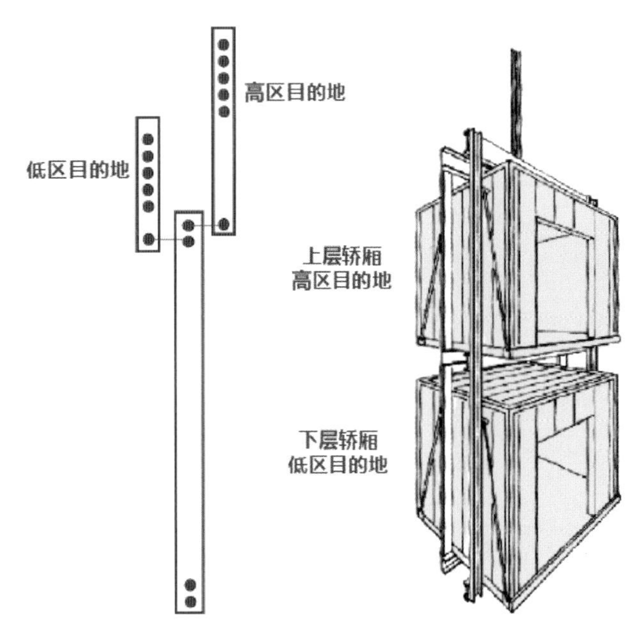

图 8.33 主干系统的双层轿厢电梯与各段小分区电梯关系图（来自网络共享）

奥的斯超高速双层电梯的载重量已达到2250kg，上行速度达到10m/s，一次可运载近70名人员。

（2）大容量、超高速单层轿厢电梯

目前运营载重量最大的电梯是日本三菱公司出产的电梯，单台最大载荷5250kg，一次运载80名人同时上下楼。1989年英国福斯特事务所在设计日本东京千年塔（Millennium Tower）中已提出采用载客量为160人的大容量电梯的设想。

8.5.3 主干与支干复合垂直交通系统在“垂直社区”项目的应用

客用电梯系统采用主干与支干复合垂直交通系统的组织方式，垂直社区的核心部位设置主干公共交通系统，并与每个区段设置的空中大堂、公共平台与支干交互（图 8.34）。

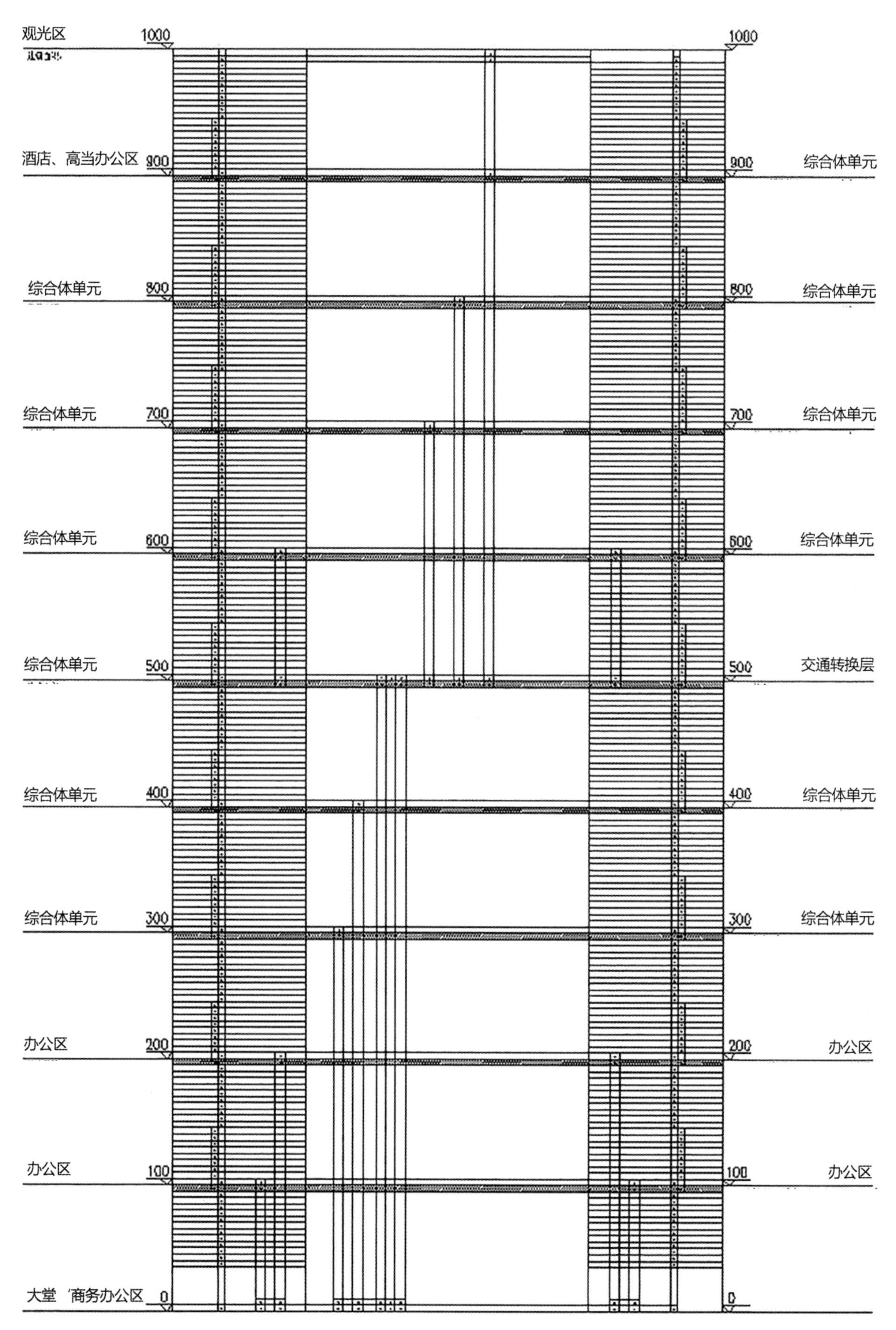

图 8.34 “垂直社区”主干与支干复合垂直交通系统示意图（来自自行绘制）

8.6 垂直社区的节能策略

垂直社区不可避免地需要更多的能源，节能设计是其重要体系，其节能策略可以从两个方面着手：产能与节能。

8.6.1 产能

1）光伏发电

太阳主要是以核能为动力，其能量是巨大、久远和无尽的，人类所有的能源（除了核能）都源自于太阳能。这是一种取之不竭、用之不尽的可再生能源。

粤港澳大湾区处于北纬 22° ～ 23°，属于光气候Ⅳ类地区，太阳能资源较好。因地制宜，采用适当的方法和装置，可节约常规能源，减少环境污染。目前大多数居住类（以宿舍居多）项目采用太阳能热水系统；同时，局部项目在幕墙上利用太阳能。一种方法是直接将光伏组件安装在外幕墙上，形成光伏组件阵列；另一种方法就是使用光伏玻璃幕墙组件，直接取代传统玻璃。通过这两种方法可以直接将太阳能转化为电能，充分利用新能源。

对于垂直社区而言，在各区间的室外公共休闲区以及屋顶平台，设置多晶硅太阳能电池板，材料制作简单，生产成本相对低（表 8.1）。

275Wp 多晶硅太阳电池组件技术参数表 表 8.1

太阳能电池组件种类：多晶硅		
指　标	单　位	数　据
峰值功率	Wp	275
组件效率	%	16.8
最大工作电压	V	31.3
最大工作电流	A	8.8
开路电压	V	38.0
开路电流	A	9.60
开路电压系数	/℃	0.32%
短路电压系数	/℃	0.053%
抗风力	Pa	2400
最大保险丝额定电流	A	15
最高系统电压	V	1000
尺寸	mm	1650×992×40

预估垂直社区的室外空间面积大约在 6000 ㎡左右，除去人员的活动空间，必要的设备用地，以及考虑建筑本身遮挡阳光照射的因素，理论上能够放置多晶硅太阳能电池板的面积约有 1000m^2，预计各层的装机容量能够达到 100kW。

结合现在的光伏发电技术，1kWp 的多晶硅太阳能电池组件五类区域年发电量如表 8.2。

1kWp 的多晶硅太阳能电池组件五类区域年发电量

表 8.2

地　区	1kWp 发电量（kWh）
Ⅰ类地区	1666 ～ 2055
Ⅱ类地区	1300 ～ 1666
Ⅲ类地区	1111 ～ 1300
Ⅳ类地区	922 ～ 1111
Ⅴ类地区	744 ～ 922

粤港澳大湾区处于Ⅳ类地区，100kW 装机容量，年发电量可达 10 万 kWh。

除安装于休闲平台和屋面的多晶硅太阳能电池板外，薄膜太阳能电池板也可以作为建筑物玻璃幕墙使用，而且产品颜色可调，光线透光率可调，能够更好地融入建筑之中，是光伏建筑一体化的理想产品。某薄膜产品的性能参数如表 8.3。

某薄膜产品的性能参数　　表 8.3

组件型号		ASP-ST1-45	ASP-ST1-54	ASP-ST1-72	ASP-ST1-81
电性能参数（STC：1000W/m^2，25℃，AM1.5）					
额定功率	P_{max}（W）	45	54	72	81
电性能参数（NOCT：800W/m^2，45℃，AM1.5）					
额定功率	P_{max}（W）	41	50	68	75
功率温度系数	（%/℃）	−0.214			
电压温度系数	（%/℃）	−0.32			
电流温度系数	（%/℃）	+0.06			
组件长度	mm	1200			
组件宽度	mm	600			
组件厚度	mm	6.8（不含接线盒）			

其优势体现在几个方面：制作费用低：不会因为硅的短缺而增加生产成本，可以大幅度降低生产成本；生产流程能耗低、不会产生污染；组件绿色环保；更好的弱光发电性能：薄膜电池在低光照条件下，如阳光不太强的早晨、傍晚、阴天以及邻近有建筑物遮挡时，电力输出更加稳定；散射光接受率高，利用率高，在任何地区均可使用；较好的热稳定性：在相同的环境条件下，薄膜电池温度系数较低且伏安特性较好。

薄膜太阳能电池发电性能在 80 ～ 130W/m^2，理论上，只要有玻璃幕墙或玻璃窗的地方，就可以应用太阳能光伏发电技术。目前已经在世园会中国馆、国家大剧院舞美基地等标志性建筑中应用。

2）风能发电

风能是一种清洁可持续的能源，蕴含着大约 2.74×10^{9}MW 的能量，其中可以使用的风能大约为 2×10^{7}MW，其总量相当于地球上可使用水力资源能量的 10 倍以上。我国的风能储量大、分布广，陆地上风能的储量约为 2.53×10^{8}kW。

虽然地球表面的风力资源非常丰富，但会出现风能在时间及空间上分布不平均的现象，只有风力持续一定的时间、达到要求的风速才会有应用的意义。超高层建筑风力发电系统能否利用风能，同样要根据当地风力资源及局部风环境的条件而确定。

垂直社区的建设拟选址深圳前海片区，建筑高度近千米，每隔 100m 设置的室外平台可以为风力发电设备的安装提供很好的条件；同时，此平台区域更易出现狭管效应，从而使风力更加强劲。按照每个平台设置一座风力发电设备计算，可设 9 处风力发电机组。

风力发电机按结构形式分为水平轴风力发电机和垂直轴风力发电机两大类。水平轴风力发电机的主要结构特点：① 风轮距离地面高，直径比较大，占地面积大；② 发电量因风能利用率较高而较多；③ 噪声大；④ 可低速启动也可自启动。垂直轴风力发电机的结构特点是：① 结构设计简单，对于风向来流无任何要求，无需额外的调整方向的设施；② 振动幅度小；③ 风轮直径小，占地面积小；④ 维护和检修方便。因为在全年间风向是会改变的，所以对于垂直社区来说更适合采用垂直轴风力发电机。参考技术数据如表 8.4。

某垂直轴风力发电机组技术数据　　表 8.4

电气参数	额定电流：90A
	额定风速：25m/s
	发电机的结构：永磁型
外形尺寸	重量：约 7000kg
	叶面高度：5m
	叶面宽度：2m
	受风面积：10m^2
	风机的结构：垂直轴
材料	风叶：铝制
	发电机：钢制
	紧固盘：25mm 厚的镀锌钢板
性能	噪声级别：无噪声。从风机 2m 处测得的噪声小于 10dB
	机械振动：风机系统不会产生任何干扰建筑结构的振动
	保证持续发电风速：40m/s
	保证所能够承受的疾风（骤风）：75m/s
	产电的风速范围：2.7 ～ 40m/s
	单机的年发电量：风机在平均风速为 8.25m/s 时，在夏季以偏南风、东南风发电，冬季以偏北风、东北风发电的情况下，全年至少能产出 33MWh 的电量
安全系统	电子制动系统：可以手动控制或者自动控制
	盘制动系统：在特别高速的骤风下可以设定为自动或者手动
	起动润滑系统：配有压力计及过滤器，可根据轴承的需要提供准确量的经过过滤的润滑剂
	风速仪：安装有 Windside 专利的机械风速感应仪，可以在非常危险的疾风下起动制动系统

风力发电机的预期年发电量如以 MWh 计算时，可由如下公式计算：

年发电量（MWh）＝扫风面积 × 风能密度 × 年发电小时数 × 效率比 × 威布尔系数

深圳地区 150m 高度以上区，其风能密度为 150 ～ 200W/m^2（取 160），年发电小时数 8760h，效率比 0.54，威布尔系数取 2，则单台机组年发电量＝10×160×8760×0.54×2＝32.9MWh

9 台机组年发电量为 9×32.9＝296.1MWh

伴随风力发电设备大规模的生产与推广，必将带来较好的经济效益。对于超高层建筑来说，垂直式风力发电机组可以实现完美的结合，在超高层建筑的增速效应影响下，其发电量将剧增。

3）并网

光伏发电和风能发电产生的电能采用并网方式运行，采用单点集中并网方式，并网点在配电间内的配电柜或变电所低压母线上。

8.6.2 节能

1）HVAC 系统的节能

为了保证室内最舒适的温度，建筑的制冷非常重要，其消耗的能量在建筑运营过程中的总能耗中占有最大的比例。相关数据表明，常规空调系统的能耗占建筑总能耗的 60%，因此提高空调系统的工作效率对于超高层建筑节能是极为重要的途径。高效的制冷系统可以有效降低建筑运行过程中的能耗。

新型的制冷包括变风量空调系统、变冷媒流量多联系统、辐射制冷系统、被动式下沉气流制冷、中央冷风机组、自然物理制冷、能量收集中央空调系统等。

酒店（包括公寓）的风冷热回收型冷水机组，在夏季回收空调冷凝热作为酒店（包括公寓）卫生热水预热热源。

当建筑处于部分空间使用或处于过渡季时，采取响应措施去降低其通风及空调能耗。对于不同的区域及房间的不同方向应细化，细分空调系统进行分区控制。空调冷源机组容量与台数配比应合理可靠，并制定依据负荷变化调节制冷量的控制策略。冷凝水可考虑回用，实现能量的梯级利用。

2）智能化节能

以建筑物为平台的智能化管理，是建筑设备管理系统、公共安全系统、信息化应用系统、信息设施系统等的整合，综合服务、结构、管理和优化组合，为用户提供高效、安全、健康、节能的建筑环境。它能够根据实际情况，有针对性地对建筑的运营情况进行差异化调节。

建筑在运行过程中的能耗控制和运行管理是实现建筑绿色化的重要环节。超高层建筑的功能复杂、能耗巨大，因此，如何通过智能化的管理系统对其进行有效的控制成了设计的重要环节。超高层建筑的智能化管理不同于具有特定功能的遮阳、采光、制冷、采暖等系统，它不是一个独立的单一系统，而是需要和别的系统结合，主要体现在以下方面：[①]

（1）高效的电梯系统，如高速电梯的使用、空中大堂的设置、双层轿厢电梯的应用和电梯数字控制系统等；

（2）对新能源利用的控制，如风力发电、太阳能发电等；

（3）智能的制冷空调系统的控制、楼宇三联供系统的控制、变风量空调系统的控制；

（4）室内采光和照明的自动化控制，随着室外光线的变化，室内照明随之开启或者关闭；

（5）遮阳和开窗的智能控制；

（6）给排水系统的智能化控制，实现自动用水控制和雨水收集等。

照明设计采用绿色照明技术，满足《建筑照明设计标准》GB 50034—2013 所对应的 LPD 目标值要求，照明能耗满足我国《绿色建筑评价标准》GB/T 50378—2019 定义的三星级要求。立面及景观照明采用可编程的 LED 照明并纳入智能照明控制系统，丰富建筑物的表情。

为了使配电系统的损耗达到最低并减少金属铜的使用，按照各个负荷用户的不同，分别设置高低

① 刘蕾. 超高层建筑的绿色设计策略研究. 天津大学硕士论文，2013-12-01.

压变配电室。并在此基础上增设监控系统，通过实时检测各电气回路运行状态，达到保护、测量、监视、故障报警及诊断记录等目的，对电力负荷系统进行维护和管理，有针对性地制定节能措施，提高运营管理节能水平。所选用的节能型变压器应全部满足强制性国家标准《配电变压器的能效限定值及节能评价值》GB 20052—2013 节能评价值的要求。为了平衡照明负荷，降低电压损失，建议在主照明电源线路上采用三相供电，以使光源发光效率达到最高。为了减少无功的损耗，降低谐波影响，可以采用谐波综合治理措施，如调谐电抗器、预留有源滤波器等及设置功率因数自动补偿装置。为了削减线路方面的消耗，应合理选用线缆截面及线路路径。选用低烟无卤型电线、电缆，因其不仅单位面积载流能力较好，而且可以降低铜的使用，节约资源。即使发生火灾，此类电缆产生的气体对人体及环境的危害也很小。

根据垂直社区的特点，节能的相关技术措施可以归纳为以下几个方面：可再生能源的利用、高性能空调及通风系统、高性能照明及智能监控系统。当然高性能玻璃幕墙、节能电梯的使用等必备措施也是不可忽略的。

8.7 结语

垂直社区是对粤港澳大湾区建设发展的一种展望，这里力图从建筑关键技术上论证其可行性，提出了一些关于垂直社区的建设构想和解决方案、措施，这些设想既有前辈的智慧结晶，也有我们的初步理念，而这些解决方案和措施正是对当今建筑技术的一次深层次的挖掘与应用。本文成文之时，适逢深圳市被确定为社会主义先行示范区，深圳将再次引领发展创新的步伐，成为开拓创新的标杆；垂直社区可以算作是一次创新的探索，更多的理念发展与技术创新还有待发现与深掘，需要我们在此基础上进行更多研究。希望在不远的将来，可以看到其建设的实践，从而不负先行示范之名。

注：在本文的编撰过程中，特别感谢中国建筑东北设计研究院杨海荣、曲杰、姚远、何延治等同事提供参考意见。

9　香港建筑师负责制模式[①]

戚务诚　李国兴　谭国治　苏　晴

9.1　香港建筑师负责制模式简介

香港建筑师的全过程服务经过多年实践，在法律要求、政府监管、合同履行、诚信体制下形成相对平衡的系统，在建筑业界内得到了发展商、顾问团队和施工单位的全面支持。香港建筑师能够执行全过程服务，源于法律赋予的权利和义务、制度上各专业之间的制约、管理局及学会对专业操守的把控、合同条款的定明以及普通法的全面规管。

香港建筑师学会（The Hong Kong Institute of Architects，HKIA）旨在促进民用建筑的发展及相关各项艺术、科技知识之获取。除普通法之外，学会会员受学会成立宪章、章程以及专业行为守则约束。

专业团体如香港工程师学会、香港测量师学会、园境师学会、香港规划师学会，其他有关的团体如香港地产建设商会、香港建造商会、香港建造业分包商协会等香港社会众多的团体及专业团体已有一套行之有效、合法公平、久经考验的工作方式。

只靠建筑师团队并不能令建筑师负责制成功实践，需要社会上的其他团体在制度下积极协同合作。我们认为要顺利推行建筑师负责制，需有下列10项先决条件的相互协同：

1. 大学本科课程　Pre-Working Training (University Training）
2. 专业执业　Professional Practice
3. 专业测评　Professional Examination
4. 专业注册　Professional Registration
5. 专业操守　Professional Ethics
6. 持续专业进修　Continuous Professional Development（CPD）
7. 三方（五方）同步　Synchronous Parties Involved Developers，Architects（Team）and – Contractors
8. 政府管理体制　Government Administration System
9. 权利和义务平衡（设计费）　Balance Between Rights & Duties（Fee Scale）
10. 不断自我完善体制（追求完善）　Systems to be Improved（aim at Perfection）

香港建筑师的责任是授权决定的，主要来源于：法律法规的授权；合同的授权。

1）法律法规的授权

香港民用建筑

认可人士制度实际上是香港民用建筑的建筑设计、施工、维修等管理工作的法律基础。香港民用建筑的设计、建造监管以至准备楼宇买卖的某些法定图纸都由认可人士承担法律责任。

《建筑物条例》第123章第4条规定：每一名将由他人代为进行建筑工程或街道工程的人须委任一名认可人士，作为有关的建筑工程或街道工程的统筹人；关于结构的部分，委任一名注册结构

① 本文为作者对香港“建筑师全程服务”“建筑师负责制”现状的理解。所引用的资料可以从香港政府网站、香港建筑师注册管理局/香港建筑师学会网站查询。

工程师；及关于岩土的部分，委任一名注册岩土工程师。

这些认可人士肩负着以下三大责任：

• 按照监工计划书（认可人士、注册工程师、注册承建商各有监工计划书的规定和监工责任，委派合格的专业监督人员（Technical Competent Person，TCP）监督建筑工程或街道工程；

• 在工程不合批准图则而导致违反法规规例的情况下，上报政府（建筑事务监督）；

• 全面遵从建筑物条例的规定。

因此认可人士有义务要求项目的业主及承建方按照既有的法律管理要求来执行，如果发现问题应当要求整改，并上报政府。不服从整改的情况下报告屋宇署。

工程须事先获得屋宇署批准及同意才可进行。因此《建筑物条例》中认可人士的责任还包括：图纸报建以取得屋宇署批准（表格 BA4），申请豁免各类条例的应用如豁免面积计算（表格 BA16），申请施工许可证（表格 BA9），报告屋宇署开工的日期及承建商的名字（表格 BA10），提交建筑工程竣工证明书及申请占用许可证及提交记录图则（表格 BA13），报告建筑工程中使用的材料、施工的方法合乎批准图则及合乎法律要求（表格 PNAP APP-13）。

责任也带来了惩罚，《建筑物条例》第 40 条列出了各类罚款以至监禁惩罚。

在香港的高密度城市中设计、监管及开展民用建筑工程是非常具有难度的工作，香港特区政府不仅为此制定了法律条文，还有技术备忘录、作业守则、设计手册、标准及规定、作业备考、指引等六重行政管理。

屋宇署（Building Department，BD）《作业备考》ADV-2 列出了与建筑业有关的法例及刊物（刊载该列表只提供一般资料，并非详尽无遗），下列提到的法例及刊物是建筑师日常工作常用的：

（1）香港法例　Laws of Hong Kong（目前共有 26 条）

例如：

《建筑物条例》

《建筑物（管理）规例》

《建筑物（建造）规例》

《建筑物（拆卸工程）规例》

《建筑物（规划）规例》

《建筑物（私家街道及通路）规例》

《建筑物（垃圾及物料回收房及垃圾槽）规例》

《建筑物（卫生设备标准、水管装置、排水工程及厕所）规例》

《建筑物（通风系统）规例》

《建筑物（上诉）规例》

《建筑物（能源效率）规例》

《建筑物（小型工程）规例》

《建筑物（检验及修葺）规例》

《古物及古迹条例》

《消防条例》

《水务设施条例》

《建筑物条例（新界适用）条例》

《收回土地条例》

《城市规划条例》

《香港机场（障碍管制）条例》

《建筑物管理条例》

《建筑师注册条例》

《消防安全（商业处所）条例》

《消防安全（建筑物）条例》

《建筑物能源效益条例》

《升降机及自动梯条例》

（2）技术备忘录　Technical Memorandum

例如：与监管安全、合法施工有关，根据《建筑物条例》第 123 章第 39A 条发出 的《监工计划书的技术备忘录》《技术备忘录：排放入排水及排污系统、内陆及海岸水域的流出物的标准》。

（3）作业守则　Codes of Practice

如与设计有关的《2011 年建筑物消防安全守则》《1995 年楼宇的总热传送值守则》《最低限度之消防装置及设备守则》《（消防）装置及设备之检查、测试及保养守则》《2011 年升降机及自动梯建筑工程守则》等；

与监管安全、合法施工有关的《建筑物拆卸作业守则2004年》《2009年地盘监督作业守则》《石棉管制的工作守则——拟备石棉调查报告，石棉管理计划及石棉消减计划》等。

（4）设计手册、标准及规定 Design Manuals，Standards and Specifications

如与设计有关的《香港规划标准与准则》《设计手册：畅通无阻的通道2008》《住宅楼宇的能源效益设计和建造规定指引》《2012年文物历史建筑的活化再用和改动及加建工程实用手册》等。

（5）作业备考 Practice Notes

作业备考是从业者保持联络沟通的有效方法。目前共有219份作业备考，从报建要求、建筑图则批准程序到各类工程合格监督的规定等各种设计、施工、营造要求，均有十分详细的说明（见附录屋宇署 作业备考目录）。

（6）指引 Guidelines

如《小型工程监管制度之一般指引》《小型工程监管制度之技术指引》等。

每年香港的公用、民用建筑工程量占总工程量的三分之一，另有五分之一的工程量属于公用、民用建筑物的维修保养和小型工程。小型工程共有126项受《建筑物条例》的监管但无须事先获得屋宇署批准及同意。

作为建筑业的专业人员，需要认真学习、贯彻执行各类法律规章，以确保建筑物的设计、监管、施工达到法律要求的水准从而拿到建筑物的占用许可证（入伙纸）。

而认可人士需要在法律的框架下负责任，因此认可人士实际上必须依靠自己的专业团队（专业的建筑师、工程师、TCP）来帮助自己执行认可人士的职责而非只负责签名。

大型上市公司中的专业发展商对专业人士的配置、年资、经验有严格要求，以求得到一个由高质素专业团队提供的优质服务。

香港公共建筑

香港的公共建筑不受《建筑物条例》（123章）规管。香港特区政府对使用基本工程储备基金为经费的发展，包括港口及机场发展工程、渠务工程、土木工程、公路工程、新市镇及市区发展工程、水务工程、医院、学校、政府办公大楼等，政府各有关部门制定了规管，确保有效规划、管理和落实公营部门的基建发展和工务计划，同时确保计划能以既安全又符合成本效益的方式依时进行，并维持高质素和标准。

如有关工程的顾问合约金额超逾《物料供应及采购规例》所定的报价上限，其挑选及聘用顾问的事须按“工程及有关顾问遴选委员会”或“建筑及有关顾问遴选委员会”的指引/建议进行。

以下使用公币的半官方/非政府组织的发展，也需要按照“工程及有关顾问遴选委员会”或“建筑及有关顾问遴选委员会”的指引/建议进行：

• 使用奖券基金的民用建筑发展，包括整体补助金下的小型工程项目、小额补助金下的楼宇小型装修或翻新工程。如为各类非政府组织的长者中心及青少年服务单位和社区中心展开的工程，保良局、华三院、救世军等机构营运的社福机构工程。

• 使用贷款基金的民用建筑发展，包括香港房屋协会的公共房屋计划、非牟利国际学校的校舍发展、改善楼宇和消防安全下的楼宇更新计划、海洋公园新发展、私家医院发展之香港中文大学医院发展计划。

• 使用资本投资基金的民用建筑发展，包括市区重建局、地下铁路公司、香港房屋委员会、新香港隧道有限公司、香港科技园公司、主题乐园公司发展和营办香港迪士尼乐园度假区、香港国际机场（亚洲国际博览馆）。

这些指引严格规管建筑设计事务所中认可人士（建筑师、注册建筑师、技术员、文书）的数量及资质、公司在港执业的时间、办公室规模和设施、已完成建筑工程的性质、ISO 9000认证。还因应各项建筑工程的规模大小，规管各事务所参加这些项目的专业人士人数、年资、经验、专业保险等。

2）合同的授权

香港建筑师学会“2017年版的建筑合同条款（建筑合同标准格式）”授权建筑师作为业主和总承包商/分包商合同的管理者。双方可按实际情况修改条款细则，一经同意签署落实，双方严格履行合同条款。

9.2 建筑师的教育、培训、专业测评

建筑师的教育、培训、专业测评围绕着香港的法律要求、行业的专业要求而设立。大学课程、建筑师的实习训练/考试、建筑师的日常工作（包括建筑师全程服务：从概念设计到施工图、招标图、工地工作监管、报完工，以至准备楼宇买卖的某些法定图纸准备）都围绕着香港的建筑工程项目管理制度而行。

1）大学课程　University Training

ARB/HKIA认证香港的建筑学本科课程和建筑学专业课程，以确保这些课程达到评核目标：

- 课程具备良好专业教育素质促进及不断提升香港建筑专业的水平及价值；

- 毕业生的理论知识及学术水平符合成为香港建筑师学会正式会员及香港注册建筑师的基本要求。

建筑学专业教育课程的评估标准包括：

- 社会层面的知识如建筑史、可持续发展；

- 技术知识如结构、屋宇设备、外墙设计、消防、建筑材料等；

- 设计知识如设计手法、技术档编制；

- 业务管理如建筑师在项目团队的领导角色、专业操守、事务所的组织与管理、建筑经济学及成本控制、建筑法律、工程合约管理等；

- 技术知识如协作能力、口语及写作能力、绘图技巧、研究技巧、批判思维等。

建筑师的专业教育除了诚信要求、人文素养、设计以外，还包括法律、合约管理、专业执业要求等。

完成建筑本科学习的学历后，继续修读ARB/HKIA认证的两年制专业建筑学的学位。

目前香港的认可人士名册包含三类专业人士：注册建筑师（认可人士一类）、注册工程师（认可人士二类）、注册测量师（认可人士三类）。目前77%的认可人士是注册建筑师。

2）专业执业　Professional Practice

实习过程/要求：

（1）毕业生在完成建筑学本科课程和建筑学专业课程后，需在香港建筑师注册管理局/香港建筑师学会进行学历的认证，并登记成为香港建筑师注册管理局/香港建筑师学会（以下简称管理局/学会）专业评估的候选人。

（2）候选人须在香港建筑师事务所工作，并由香港注册建筑师督导主管监督实习工作24个月。这24个月可以分为两段时间：

- 完成管理局/学会认可的大学本科建筑学课程（香港为4年制）学习后，在香港的建筑师事务所工作12个月；

- 完成两年制管理局/学会认可的专业课程学习后，在香港的建筑师事务所工作12个月。

（3）候选人在进行专业评估前至少一年，要提名督导主管（Advisor）和实习顾问（Supervisor）：

• 该督导主管须为HKIA的会员，并负责直接监督和指导候选人在香港建筑师事务所的实习训练，令候选人实习的范围、质量和深度满足专业测评的要求；

• 该实习顾问须为：

① 注册建筑师，认可人士及HKIA会员，并具有至少8年的HKIA资历经验；或

② 注册建筑师及HKIA的会员，至少有12年的HKIA资历经验；

• 实习顾问和应聘者不可在同一办公室工作；

• 督导主管及事务所需清楚了解专业测评的结构和要求，特别是对候选人的要求、期望、标准以

及知识和经验，以便进行专业测评；

• 督导主管及事务所应允许在其监督下的候选人尽可能地接触和参与各阶段的工作（A 至 F）以得到各阶段的实际工作经验，包括研究客户要求，前期概念设计，方案设计，建筑计划和其他法定意见书，详细设计和施工文件，招标，合同管理和施工阶段的现场协调，以充分深入地了解项目的全过程（从设计到完成）；

• 督导主管及事务所应避免只让候选人从事前期概念设计和演示工作，而不涉及其他方面的实践经验；

• 督导主管要对专业测评的结构和要求有清晰的认识，能够协助候选人充分利用实习培训的时间，获得相关的实际经验以满足专业测评的要求；

• 督导主管必须在“个人工作日志”中核证候选人在其监督期间的所有实际培训；

• 实习顾问每年至少与候选人会面 3 到 4 次，并在工作日志中写下对候选人实习工作的建议。

（4）候选人需准备“个人工作日志”（log book），把 24 个月的实习工作内容以“工作日志”形式记录并呈交。候选人提交的“个人工作日志”需包括六个阶段的实际工作经验，囊括以下应参与的工作内容：

① 启动阶段

• 客户会议

• 简要研究

② 规划及可行性研究阶段

• 现场分析

• 发展潜力

• 可行性草图

③ 方案设计时间

• 现场调查

• 方案设计

• 大纲成本计划

④ 深化设计及送审阶段

• 建筑计划

• 顾问协调

• 项目计划

• 大纲规范

• 预算估计

⑤ 施工图及招标阶段

• 施工图纸

• 规格

• 材料研究

• 投标 / 合同文件

• 投标分析

⑥ 施工阶段

• 现场会议

• 现场检查

• 建筑师指令

• 证书

• 建筑协调

• 完成 / 缺陷

• 保修责任期

（5）候选人需参加管理局 / 学会提供的专业测评学习研讨会。

（6）候选人需准备香港工程案例研究报告。

（7）候选人需自学专业测评的学习内容，包括法规、守则等。

（8）候选人完成认可的 12 个月实习后，可以参加专业评估的卷 3、卷 4 和卷 5。

（9）候选人完成认可的 24 个月实习后，可以参加专业评估的卷 1、卷 2、卷 6 和卷 7，并完成卷 8（案例研究报告）。

（10）候选人通过管理局 / 学会专业测评卷 1 至卷 7 后，需通过专业面试，以确定候选人具备必要的知识、技能和成熟度，以履行执业建筑师的职业责任。

3）专业测评　Professional Assessment

以下为目前建筑专业的毕业生面对香港建筑师注册管理局 / 香港建筑师学会专业测评的大致要求。（可参考最新的“香港建筑师注册管理局 / 香港建筑师学会专业测评手册”）

	香港建筑师注册管理局 / 香港建筑师学会专业测评文件议题及要求	格式	时间
1	建筑工程的法定管制 候选人需学习理解《建筑物条例》及附属规例；《建筑地盘安全条例》及其他可能影响建筑发展潜力、工程报建审批的有关条例、守则和行政程序，如《香港规划标准与准则》和《分区计划大纲图》《建筑物消防安全作业守则》《消防设施和设备的检查、测试和维护作业守则》《升降机及自动梯建筑工程作业守则》《工地监督作业守则》《设计手册：畅通无阻的通道》《认可人士、注册结构工程师及注册岩土工程师作业备考》《消防安全（商业处所）条例》及附属规例，《公众娱乐场所条例》及附属规例，《民航条例》《教育条例》《公众娱乐场所条例》《适用于新界的建筑物条例》以及建筑工程，例如《认可人士的作业备考》等。 候选人需熟悉认可人士的专业责任和法定监管的职责，工地的监督程度，从报建审批图纸到取得建筑物使用证明书（入伙纸）的程序；候选人也需熟悉其他影响土地发展潜力的因素如土地契约，典型的卖地条件，土地交换，契约修改等	选择题和短文	3 个小时
2	建筑合同条款，专业实践，专业操守，协议条件和收费标准 候选人需学习理解香港《2005 年版的建筑合同条款（建筑合同标准格式）》《2005 年版指定分包合同的使用条件》《2005 年版指定供应合同条件协议及条件》中的条文和应用以及香港的合约法原则。 候选人需熟悉建筑合同条款中建筑师和工地监工（COW）与业主、总承包商、分包商的职责和关系。候选人需有足够的工作经验，将知识应用于合同管理。 候选人需熟悉投标的工作程序，包括招标前、投标后、合同管理、合同后程序，建筑工程财务，工程施工时间，不同类型的建筑工程合同等。候选人需对解决合同纠纷的各种手段，包括仲裁、调解、诉讼等有一定的理解。 候选人需学习理解《香港建筑师注册条例》《香港建筑师学会客户与建筑师的标准协议》《香港建筑师学会专业操守守则》《香港建筑师注册管理局专业操守守则》《香港建筑师学会规则》《香港建筑师学会竞赛操守守则》《香港建筑师学会信息传播及推广专业服务指引》《香港建筑师学会会员参与建筑顾问意向书的指引》	选择题和短文	4 个小时
3	结构 候选人需对结构设计基本原理、基础设计、荷载计算、幕墙和立面系统有认识，并理解结构的规范 / 法规要求，可以评估改造或修改现有建筑结构时的要求和需考虑的因素。候选人需具备施工知识，理解施工要求如岩土工程控制、地盘平整、地基和桩基、施工安全、污染控制、噪声控制、现场管理、毗邻物业保护、场地排水、临时工程、拆除等，常见的外层施工、常用的防火施工方法、防风建筑、防水施工等	选择题	1.5 个小时
4	屋宇设备和环境控制 候选人需学习掌握运用屋宇设备和环境控制的一般设计原则，候选人也应该对屋宇设备系统及相关的法规 / 规范有理解。 候选人需理解基本原理：测量系统和设备，正常的人体舒适度、温度、湿度，自然和人造照明，气压，空气质量，水质，音质，也需学习可持续设计和环境问题，包括节能屋宇设备体系和绿色建筑，可持续建筑和材料，可再生能源，太阳能获取和场地利用，室内环境质量、健康、卫生关注，绿色建筑认证和评估计划加热，通风和空调，消防、排水、电气、电梯和自动扶梯、声学、垃圾收集系统、智能建筑	选择题	1.5 个小时
5	建筑材料与建筑技术 候选人需掌握各种建筑材料系统和组件的设计原则，部件的性能和施工技术的基本知识。候选人也需了解本地建筑技术，包括对香港法规的理解。 候选人需掌握建筑技术和材料在各种工程的应用，如拆除和改建工程、挖掘和土方工程、钢板桩打桩工程、混凝土工程、基础工程、砖和砖砌砌体、防水和伸缩缝、木工、细木工和铁器、金属门窗、地板、墙面和顶棚饰面（包括地毯和高架地板）、油漆、有关水管 / 排水及机电服务的工程及材料，各种建筑材料和装备的标准和测试，建筑缺陷、诊断、补救和预防	选择题	1.5 个小时
6	总体设计 候选人需有在较大的工地设计多个建筑物的总体设计专业能力，对开展总体设计，理解地积比率限制，消防和逃生手段，空间的质量，环境因素的影响，满足关键和基本的法定要求，例如规定的视窗设置、进出口配置等有理解和解难的能力	设计图	4 个小时

续表

	香港建筑师注册管理局 / 香港建筑师学会专业测评文件议题及要求	格式	时间
7	建筑设计 候选人需有设计相对简单的建筑物的专业能力，尤其需要处理功能空间的组织和空间的质量，处理结构和屋宇设备元素，认识环境因素的影响，理解如何处理审美问题及掌握基本技能以实现法定要求的基本规划	设计图	6 个小时
8	案例研究 候选人需挑选一个香港已完成的建筑项目，通过项目的相关文档了解项目，并用自己的语言准备案例研究。候选人需在建筑项目“从开始到完成”的整个专业实践过程中获得足够的经验，并能够对项目过程及与建筑师相关的问题有相当的调查了解，并评估。 研究内容应包括以下：介绍，项目计划和预算，建筑设计方法，结构和基础系统，屋宇设备系统，项目组织，建筑师的服务范围和费用结构，法定管制，建筑采购方法和合同 / 招标档的制定与起草，成本计划和控制，设计过程和建筑师的解决方案，施工管理流程，场地安全和监督，质量控制和保证，解决现场差异，施工细节，完成，以适应现场条件，专题评估，结论和评价包括不同阶段的问题和建筑师的解决方案，用户的回响和建设绩效，项目总体评估（包括审查“绿色”建筑因素）等。 专业面试 候选人需具备必要的专业知识，技能和成熟度，以履行执业建筑师的职业责任。三名面试官将评估候选人提交的工作日志和案例研究报告，评估候选人的专业成熟度和以下实习经验是否充足： •《建筑物条例》下的法律专业责任，法例规定的监督，建筑物的管制，上诉，罪行，纪律处分程序等。 • 建筑法规提交程序，提交计划前的基本检查，授权人员的管理职责，各种建筑规范的工作知识，消防工作规范，房屋署执业注意事项等。 • 其他相关的法例及守则 • 施工知识 • 建造合约及合约管理 • 职业操守守则，建筑师注册条例，专业诚信，与客户、承包商和顾问的关系，利益冲突，参与建筑竞赛，保护建筑师的版权等	案例研究 由至少 15 个、最多 20 个 A4 页面组成面试	约为 6.5 小时

9.3 专业注册

依据香港《建筑师注册条例》，注册成为建筑师须具备以下资格：

1. 香港建筑师学会会员，或通过专业考试；
2. 一年香港有关专业经验；
3. 常居于香港；
4. 没有受纪律制裁。

9.4 专业操守

1）香港建筑师学会的《专业行为守则》：四条原则（The 4 Principles）

作为专业建筑师，除了履行法律所赋予的责任外，学会会员还要遵守一套专业守则。制定守则的目的是确保学会会员的专业操守和自律精神达到应有的水平，以保障公众利益。

香港建筑师学会《专业行为守则》建基于四项原则。在原则之下有具体强制性禁令规定，在规定之下有指导性说明，表明何为良好行为以及何种情形下某些行为为允许行为。

如发现会员行为违反守则，或与会员身份不符，或有损学会专业形象，会员将会受到谴责、暂停会员资格或除名的处罚。守则不仅适用于会员本人，亦适用于会员拥有利益以建筑师名义执业的任何法定团体或公司之行为。

原则 1：会员应忠实履行承担的责任，尊重委托人以及工作成果的预期使用人或享用人之权益。

此原则要求会员及时处理工作事宜，如不能

或不愿继续履行所受委托，应就终止事宜进行合理通知。如不能安排提供充裕的资源以迅速进行工作，会员不得承接或继续进行该项工作。此原则也要求会员必须安排称职人员掌控其办公室以及分支机构的工作。接受委托的毕业生应当寻求毕业生会员以外的会员提供指导。在此原则下，会员如未经客户事先同意并规定相关各方责任，不得将受托的工作进行二次委托。此原则要求会员在履行建造合约中建筑师职责时，在任何情况下必须公正办事并按公平原则演绎合约条文。除在兴仲人与获奖建筑师之间的争议案中出任仲裁师外，任何竞赛中被指定为评审的会员不得以其他任何身份参与该竞赛。

原则 2：会员应避免任何与专业义务不符或可能导致诚信备受怀疑的行为及情况。

在此原则下，当会员发现其专业 / 个人权益利益冲突构成违反原则 2 的风险时，应按情况的需要，撤离该处境，或移除冲突源，或向有关各方作出声明并取得各方同意其继续参与。在此原则下，会员不可拥有任何可能违反原则 2 的业务关系、财务利益、个人权益，除非该有关权益 / 关系已完全向客户、施工单位以及其他任何可能受到影响的一方披露并为之接受。无论是否有纠纷发生，如因为会员在某项合同中的财务、个人利益可能导致利益冲突，会员应在履行其职务的初期安排协商，委托获各方同意的仲裁师。此原则要求会员应避免任何让其不当地影响规划申请批准或法定认可的处境。会员不得以调低收费、提供佣金或者赠送礼物来作为引诱向任何个人或团体提供优惠，不得以专业身份在广告中推荐同职业相关的任何服务或产品。此原则要求会员可通过与客户事先签订书面协议豁免在使用损失、利润损失以及其他间接损失方面的责任。任何被任命为监管 / 管理法定团体或者公司活动的会员应建议雇主在处理同自己专业相关的业务事项时遵守本守则。此原则要求会员不得让已被开除会籍的人员（学会或者其他任何专业组织根据相关纪律规定开除会籍）或未解除债务之破产人作为其公司的合伙人或者董事，即使该人从事职业与建筑行业执业无关。此原则要求会员保守客户的机密信息，未经客户书面同意不得向第三方披露机密信息。此原则要求会员不得因向第三方披露该信息而获得某种好处、礼物或者优惠，或使用该信息谋取个人利益。会员不得因其与客户业务的关系接受娱乐款待，因其决策将被视为受到款待影响。

原则 3：会员应凭能力与成就作为事业提升、发展的唯一基础。

在此原则下，会员应在与客户达成的协议中书面明确规定服务的条款和范围，可参考《客户与建筑师之间的协议标准》的格式，此协议标准涵盖了建筑师提供的主要服务，并包含建筑师与其客户之间约定协议的关键要求。如果一个会员关心另一个会员的委任，他应尽一切努力确保委托建筑师的委任条件得到明确的书面确定。提供专业服务的会员即使同意修改报价，也应确保其履行服务时能遵守所有专业标准。此原则也要求会员事先与客户审阅各个阶段的专业服务，并鼓励会员通知其客户参考《客户与建筑师之间的协议标准》的主要规定。会员应确定其被任命的有关责任，并通知客户。在此原则下，会员在进入比赛前应了解自己的责任，还应该确保在参加比赛时遵守所有专业标准。会员不得为引入客户或工作而引入佣金或诱因。会员不得干扰另一会员的合同。推广宣传专业服务时，会员应遵守学会制定的守则，并保证以其名义进行推广宣传的任何个人或团体遵守该类守则。会员应通过具有事实性、相关性且不令人误解、对他人无不公正、无损行业信用的内容和表达来使潜在的客户知晓自己可提供服务时间和自己的相关经验。如果会员被指示推进某项工作，而他可以通过合理询问查明另一个建筑师正在或已在某个时刻开始了该项工作，会员应当书面通知该建筑师。会员还应当向客户确定前一会员的协议已经正确终止或完成签订，而客户有权使用以前会员编制的任何信息、图纸和设计。被要求就另一建筑师的工作提出意见的会员应将有关事实通知该建筑师，除非能够证明这样做会带来诉讼。

原则 4：会员应通过本身从事建筑工作，促使建筑达到卓越水平

在此原则下，鼓励会员参与与环境有关之事务；鼓励会员在不具恶意批评以及不违反原则 3 的前提下发表自己对建筑事宜的看法；要求会员对其他专业人员有适当之尊重；要求会员通过专业进修和参与专业活动来提高自己的专业能力；为其雇用的建筑师提供专业进修的机会，并按他们的能力 / 经验逐渐委任更大的权力和责任；要求指导学生的会员就执业培训事项与学会合作，为学生尽量提供多种体验；会员应当允许其雇用的建筑师在不影响公司工作的情形下参与建筑竞赛。

2）建筑师注册管理局的专业守则：七条守则（The 7 Principles）

守则 1：注册建筑师应致力通过从事建筑工作及鼓励他人，促使建筑达到卓越水平。

守则 2：注册建筑师应竭力尽所能履行客户 / 建筑师协议下的责任，并且保障日后使用或享用其建筑作品的所有人士之权益。

守则 3：无论是否在执业过程中，注册建筑师时刻均需保持诚实廉正，言行守礼得体，以显出高尚专业从业员应有的品德。注册建筑师不可作出任何损害香港建筑专业声誉的行为。

守则 4：无论何时，注册建筑师处事亦应客观专业、公平廉正地处理其负责的建造合约。

守则 5：如任何业务乃违反或抵触其专业责任，注册建筑师不可拥有相关的财务或个人权益，除非有关权益或关联已完全向可能受影响各方披露。

守则 6：注册建筑师应凭能力、表现和经验发展业务，不可恶意批评其他建筑师的工作成果。

守则 7：注册建筑师如成为未获解除破产人士或其注册续期申请遭建筑注册管理局拒绝办理，即自动丧失担任或任职任何为公众服务的建筑师事务所的合伙人或董事的资格。

9.5 持续专业进修

学会下的持续专业进修委员会组织、协调持续专业进修活动，包括系列研讨会、现场参观，以帮助会员符合强制性持续专业发展的规定。

会员可以自由选择最适合自己的方法，申报每年达到至少 25 个学分的持续专业发展要求，否则持续专业进修委员会可以终止会员资格。

持续专业进修包括：

• 参加由香港建筑师学会其他大专院校或专业学院举办的课程、研讨会、会议和工作坊，考察或参观建筑物、建筑工地或相关展览。

• 专业活动。如研究和撰写发表文章，发表演讲，为香港建筑师学会或社区自愿工作，参与香港建筑师学会理事会或委员会的正式活动。

• 在职发展。如参加内部研讨会、研讨会或学习考察、与工作有关的专业学习或研究、员工培训，成为督导主管监督专业测评候选人在建筑师事务所的实习工作。

• 个人提升。如通过阅读、视频或互联网资源的使用进行自学或研究，建筑业安全培训，研究生文凭或学位课程。

9.6 政府行政管理体制

1）概况

美国建筑师注册局全国委员会在其网站“成为建筑师”之网页（www.ncarb.org/Becoming-an-Architect.aspx）中写道：“虽然建筑师的工作是着重创作及美化建筑物及构筑物的整体外观，但建筑设计则远超于创作及美化外观；建筑物不但须符合功能性、安全性、经济性，而且须满足其使用者特定的要求。然而，最重要的是，建筑须为人的健康、安全及福利而建。”由此可见，建筑师的职责范围不应仅仅是设计建筑物的外观，更重要的是保证建筑设计的功能性、安全性、经济性。建筑师为其负责的项目，符合外观设计工作以外的功能、安全及经济的要求，提供远超出于图纸上的设计工作范围的服务，就是建筑师负责制的全程服务的工作。换句话说，建筑师负责的工作就是把图纸上的设计理念变成真实的建筑，并负责在设计的全过程中的每一个环节，考虑如何将概念变成实物的各项工作，并最终确保建筑不但符合设计理念，而且达到健康、安全及经济的使用标准。

不同国家有不同的法规和制度，英国和美国传统的建筑师服务均涵盖由可行性研究、概念规划、方案设计、深化设计、施工图设计、工程招投标、施工管理、竣工验收，直到缺陷保修各个阶段的工作范畴。由于中国香港的法规和政府的行政制度继承英式的传统方式，因此，目前仍保留了建筑师负责制。香港的社会信奉自由经济，一切讲求效率，以促进经济发展为原则。法律体制在维护社会公平、公正外，亦确保社会及经济能健康、有序，在良性竞争的环境中进步和发展。而建筑工程的法规亦按这个大方向，尽量以简单、直接和易于执行的理念去立法。香港的建筑工程管理法律主要是《建筑物条例》（香港法律第123章），此条例的主旨于1956年由政府公告后分别在1980年及2011年修订，现时全文如下：

“本条例旨在就建筑物及相关工程的规划、设计和建造订定条文，就使危险建筑物及危险土地安全订定条文，就为防止建筑物变得不安全而对建筑物作定期检验及相关修葺订定条文，以及就相关事宜订定条文。”

此法例的核心意义是保障社会公众安全，其次的“相关事宜”，主要是社会环境卫生及可持续发展的环保要求。整份法例共分为九部分：

第1部　认可人士、注册结构工程师、注册岩土工程师、注册检验人员及注册承建商

第2部　建筑管制

第2A部　建筑物的检验及修葺

第3部　杂项及一般规定

第4部　罪行

第5部　豁免

第6部　上诉

第7部　过渡性安排

第8部　保留条文及认可

第9部　关于小型工程的保留条文及过渡性条文

在最高的法例之下，有以下第二层次的建筑物规例（Building Regulations）：

123A	《建筑物（管理）规例》
123B	《建筑物（建造）规例》
123C	《建筑物（拆卸工程）规例》
123D	本附属法例只有英文文本（已废除）
123E	本附属法例只有英文文本（已废除）
123F	《建筑物（规划）规例》
123G	《建筑物（私家街道及通路）规例》
123H	《建筑物（垃圾及物料回收房及垃圾槽）规例》
123I	《建筑物（卫生设备标准、水管装置、排水工程及厕所）规例》
123J	《建筑物（通风系统）规例》
123K	《建筑物（贮油装置）规例》
123L	《建筑物（上诉）规例》
123M	《建筑物（能源效率）规例》
123N	《建筑物（小型工程）规例》
123O	《建筑物（小型工程）（费用）规例》
123P	《建筑物（检验及修葺）规例》

规例之下还有作业守则、设计手册（守则）、作业备考等不同层次的法定文件，以详细说明法例法规如何解释及实际操作。该等文件之间互为关联，互相补充，环环紧扣，形成紧密的监管法规系统。此系统如何运作及执行，与建筑师全程负责的关系，将于本章以后的各节中详细介绍。

2）香港建筑物条例的政府管理体制

香港的建筑法律是要求建筑师对所有建筑工程全程负责，于是便有了“认可人士”的法例，法例要求“认可”的建筑师对其工程全程负责。在建筑工程的各个阶段，从可行性研究、规划、方案、深化设计、施工图、招投标、施工管理，一直到竣工验收，以致缺陷保修等过程中，所有的技术、行政、管理等的工作，都会有直接或间接的法例法规、专业守则等法定条文，规定认可人士／建筑师的法律职责。

3）香港建筑师在建筑项目中的工作和职责

香港建筑师按国际惯常做法，通常为整个建筑项目的设计及工程管理总负责人，并沿用国际惯用的“设计、项目管理、施工监察”全过程服务及负

责，以确保项目的质量能达到最初设计期望意图效果，并符合所有法例法规，终身负责。按香港建筑师学会的标准建筑服务合同《业主与建筑师就服务范围及收费的协议》，香港建筑师的标准服务有以下六阶段：

启动阶段　Inception

根据业主初步要求、投资预算、卖地规划条款，估计项目可行的发展模式，协助业主研究和制定项目的规模及经济技术指标，协助聘请工料测量师及其他顾问，确定设计任务内容和范围。

规划及可行性研究　Feasibility Studies

听取业主修订的要求说明、预算等资料，详细研究有关部门和政府法规的限制，绘划草图说明项目整体形态模式。

按确定的项目规模和经济技术指标、投资预算进行规划设计，并详细研究所有相关法律法规对项目规划设计的可行性是否有影响；如有需要，可进行规划设计修改及申请调整经济技术指标。协调工料测量师提供项目估算，建议项目时间表，协助业主聘请设计顾问，建议施工招标计划。

方案设计　Outline Schematic Proposals

分析业主要求，协调及统筹所有顾问，提交方案设计，包括工程概算以复核是否符合业主预算。提出需业主决定的重要设计事项，并确定设计方向。要求业主就重要决定事项发出指示，记录已修订的指示。

深化设计　Project Design

协调及统筹所有顾问，提供深化设计，表达空间、物料及外形。协调工料测量师提供估算和项目计划时间表。筹备项目报告、费用预算、纲要时间表，取得业主同意进行后续阶段工作。代表业主进行所有政府部门送审，提供所有图纸和资料，向屋宇署申请审批。

施工图及招标阶段　Contract Documentation

代表业主获取所有相关部门的批核，按政府部门意见修改图纸，完成深化设计。协调及统筹所有顾问完成施工图、技术要求及招标文件。而专业工程工作分包商和专利材料制造商部分，须包括其费用预算、工程规范和表现及性能要求。工料测量师编制标书，预算费用查核，印制招标文件及图则。代表业主进行招标、评标，提供评标报告及建议中标单位。

施工阶段　Building Construction

取得业主同意接纳标书聘请承建商，获得建筑事务监督的批准开展建筑工程。

提供承建商工程图则和工程规范，安排承建商进场接管工地，及检查承建商工程时间表。

地盘巡查，发出指示，监察承建商整项工程，包括工程质量及进度与执行建筑合约管理工作。执行建筑物条例下要求建筑师承担的监管工作。按照合约条款进行工程进度评核，与工料测量师批核粮款。

于承建商申报完工后，代表业主验收工程，签发实际完工证明书，编制记录图则及完工后初期提供屋宇保养指导。

保修期届满前，发出缺陷清单。于执修缺陷工作完成后，签发保修期责任完成证书确认。与工料测量师完成工程合约结算工作，编制最终合约完成金额证书，供合约双方确认。

香港政府及香港开发商，一般聘用建筑师时，都要求建筑师提供以上的标准服务。根据香港建筑物条例执行“认可人士—建筑师”（Authorized Person – Architect）的法定要求，对设计及建筑全过程承担送审及监管的工作，并对最终建成之建筑物的环境卫生、安全及环保要求，履行终身负责的法律责任，即完全的建筑师负责制。

香港建筑物法律，基本上会按以下的重点管理建筑工程设计：

（1）安全：社会公众环境安全为首要；

（2）环境卫生：确保有卫生的生活环境，以保障人民的健康；

（3）可持续发展：确保资源能源不会浪费，对建筑物竣工后的营运、保修、用水和用电的能耗等，合理地设计。

由此可见，在香港建筑法例的管理范围中，建筑美观设计只是建筑法例的极小部分。整个法例体系的基本性要求，都是要建筑物能实实在在地达到环境卫生、安全及环保要求而建成。香港的建筑物条例，把建筑师的责任和设计工作捆绑一起，为的是避免建筑设计因“不需负责”而变成“难以落地”的不合法例法规的理论设计。由于香港法律有“认可人士”终身负责制的要求，建筑设计师一般都同时担当“认可人士”执行建筑师的工作，承担法律法规的责任，实践建筑师终身负责制。

4）香港建筑师的权力和地位

回顾香港过往超过60年实施有关建筑工程条例的经验，在注册建筑师制度之上，再加“认可人士”的法律制度。法例列明每一项目，必须由一名，而且只是一名“认可人士”（一般是注册建筑师）全程跟踪，全程负责，所有必须及关键的事情，不论是否由他直接设计，他都要负责及必须在有关文件上签字及提交有关法定文件给政府部门及业主存档记录，以确保所有关键事宜都是符合法规、符合设计技术要求。此等法律要求，等于把政府监管建筑工程全过程的权力，通过法律委托给“认可注册建筑师”了。

因有了法律赋予的权力，政府机关和发展商于每一建筑工程项目，就必须聘请“认可注册建筑师”全程参与及主导整个建筑工程项目。按此，建筑师在工程项目上又有了聘用合同赋予的管理领导地位，这一制度最终确保建筑师对整个项目有了法律及合同赋予的掌控权。

建筑师的权力是来自法律和合同条款。因此，建筑师执行该等权力时，同时须承担法律和合同责任，其行为受法律和合同条款监管。法律责任是终身负责，合同责任是按合同条款承担。

另外，香港建筑师的专业行为亦受建筑师学会守则和建筑师注册管理条例监管，如建筑师被发现在提供专业服务、履行责任时有违专业守则或操守，建筑师学会与建筑师注册局可按有关规则予以处罚，严重的可以取消其建筑师学会会员及注册建筑师资格。

5）认可人士制度

除新建楼房项目外，香港建筑师亦参与现有建筑物的改建及加建工程和建筑物维修工程。各类型的工程项目，除规模大小不同外，考虑现有建筑物建筑工程期间是否有占用人使用及其他作业操作，项目安全风险、经济、效率、专业服务的对象等因素，而遵守不同的监管制度。

新建楼房项目

新建楼房项目视为工程复杂和风险系数高的项目，建筑师必须获得认可人士资格，向屋宇署呈交图则，获得建筑事务监督的图则批准和同意开展建筑工程后，方可施工。而完工时，认可人士亦须检查、核实及签署文件向屋宇署呈报完工，并呈交完工记录图则，建筑事务监督满意后，方可使用楼宇。此制度亦适用于工程复杂和风险系数高的改建及加建工程项目。

现有建筑物改建及加建工程项目

现有建筑物改建及加建工程项目，如工程复杂和风险系数高，须严格按上述需要获得建筑事务监督批准和同意的制度执行。

而工程简单和风险系数低的改建及加建工程项目，则可依据小型工程监管制度进行。此监管制度旨在方便楼宇业主及占用人循简化规定，合法及安全地进行小规模建筑工程。而小型工程监管制度再细分为第I级别、第II级别和第III级别。第I级别的小型工程，建筑师仍必须获得认可人士资格进行监管工作，确保工程在专业监管下安全及合规格进行并完成（表9.1）。

工程类别和监管制度　　表9.1

工程类别	工程复杂和风险系数	监管制度	专业资格
新建楼房项目	高	建筑事务监督批准和同意	认可人士
现有建筑物改建及加建工程项目	高	建筑事务监督批准和同意	认可人士
现有建筑物改建及加建工程项目	低	小型工程监管制度	认可人士（第I级别小型工程要求）
现有建筑物维修工程项目	低	小型工程监管制度	注册检验人员

现有建筑物维修工程项目

现有建筑物维修工程项目，工程相对简单，风险系数低，适用小型工程监管制度。建筑师必须获得注册检验人员资格进行监管工作，确保工程在专业监管下安全及合规进行并完成。

6）施工现场（地盘）监管制度

任何人在香港进行建筑工程或街道工程，根据香港《建筑物条例》（香港法例第 123 章）第 4 条，认可人士、注册结构工程师或注册岩土工程师的委任及职责，必须委任一名认可人士，作为有关的建筑工程或街道工程的统筹人，并须就该建筑工程或街道工程中关于结构的部分，委任一名注册结构工程师，关于岩土的部分，委任一名注册岩土工程师。而接受委任负责工程的认可人士、注册结构工程师及注册岩土工程师，必须执行以下工作：

① 按照《监工计划书》监督建筑工程或街道工程的进行；

② 任何建筑工程或街道工程，若按建筑事务监督就该工程批准的图则进行，会导致违反规例时，必须向建筑事务监督作出通知；

③ 全面遵从《建筑物条例》（香港法例第 123 章）的所有规定。

又根据香港《建筑物条例》第 17 条（1）6，建筑事务监督在审批下列建筑工程的图则或同意该等建筑工程的展开时：

① 涉及物料在结构方面的使用的建筑工程；

② 涉及地盘平整工程、挖掘工程、打桩工程、基础工程或任何其他结构工程的建筑工程；或

③《建筑物条例》附表所列地区内的土地勘测的建筑工程；

④ 可作出规定和订明下列事项的条件：

a. 最大荷载及应力；

b. 物料的测试；

c. 物料的使用；

d. 查核设计假定和监察工程效果的仪器的使用；

e. 工作质量的水准；

f. 合格的监督；

g.《建筑物条例》附表所列地区第 1 号地区内的工程的施工次序。

在香港确保建筑工程完全符合法规，并监管施工过程安全及合法，全由执行工程管理的认可人士、注册结构工程师或注册岩土工程师负责。因为根据《建筑物条例》第 37 条：公职人员的法律责任的限制，任何政府人员不会因检查任何工程或批准图纸或物料而负上法律责任，而且法例亦不规定建筑事务监督有义务检查任何建筑物、建筑工程或物料或任何拟建建筑物的地盘，以确定工程或物料遵守法例，或确定任何送审的图纸、证书、表格、报告、通知及其他文件是准确。还有，当建筑事务监督真诚地按法例执行任何事宜或事情的工作时，是不须个人承受任何诉讼、法律责任、申索或要求的。承受法律责任的只有接受委任的工程的认可人士、注册结构工程师或注册岩土工程师。

根据《建筑物（管理）规例》第 37 条，认可人士、注册结构工程师或注册岩土工程师有以下的职责：

① 就任何建筑工程或街道工程委任的认可人士、注册结构工程师或注册岩土工程师，须作出所需的定期监督和进行所需的检查，以确保该建筑工程或街道工程、该结构工程或岩土工程的进行大致上是按照本条例及规例的条文和建筑事务监督就该建筑工程或街道工程所批准的图则的，并且是遵从根据本条例第 39A 条发出的《技术备忘录》而制备的监工计划书（如有需要）以及建筑事务监督依据本条例或规例任何有关上述各方面的条文所作的任何命令或施加的任何条件的。

② 就任何建筑工程或街道工程委任的注册结构工程师或注册岩土工程师，须作出所需的定期监督和进行所需的检查，以确保该结构工程或岩土工程（视属何情况而定）的进行大致上是按照本条例及规例的条文和建筑事务监督就该结构工程或岩土工程（视属何情况而定）所批准的图则的，并且是遵从根据本条例第 39A 条发出的技术备忘录而制备的监工计划书（如有需要）以及建筑事务监督依据本条例或规例任何有关上述各方面的条文所作的任何命令或施加的任何条件的。

③ 凡任何认可人士、注册结构工程师及注册岩土工程师根据本条例第 4 条就任何地盘而获委任，如需要有监工计划书，则该认可人士、注册结构工程师及注册岩土工程师须各自委任适当数目的适任技术人

员，在每个该等地盘作出监工计划书所规定的监督。

④ 凡任何人根据第（3）款获委任为适任技术人员，如建筑事务监督不信纳该人具备足够的资格或经验，以执行该人须执行的职责，则建筑事务监督具有权力拒绝或撤销该人的委任。

另外，根据《建筑物（管理）规例》第41条，注册承建商有以下监督的职责：

① 就某项建筑工程或街道工程委任的注册一般建筑承建商、注册专门承建商及注册小型工程承建商，须在该工程进行期间对该工程不断监督，以确保该建筑工程或街道工程（视属何情况而定）的进行，是按照本条例及规例的条文、就该工程所批准的图则、建筑事务监督依据本条例或规例任何有关该方面的条文所作的任何命令或施加的任何条件，以及遵从根据该条第39A条发出的技术备忘录而制备的监工计划书进行。

② 凡任何注册一般建筑承建商、注册专门承建商及注册小型工程承建商根据该条例第9或9AA条就任何地盘而获委任，如需要有监工计划书，则该注册一般建筑承建商、注册专门承建商及注册小型工程承建商须各自委任适当数目的适任技术人员，在每个该等地盘作出监工计划书所规定的监督。

③ 凡任何人根据第（2）款获委任为适任技术人员，如建筑事务监督不信纳该人具备足够的资格或经验，以执行该人须执行的职责，则建筑事务监督具有权力拒绝或撤销该人的委任。

④ 就某地盘获委任的注册一般建筑承建商、注册专门承建商及注册小型工程承建商，须备存与该地盘的建筑工程或街道工程的监督有关的活动记录及资料。

⑤ 建筑事务监督可在任何合理时间，查阅根据第（4）款规定须备存的记录及资料。

⑥ 注册一般建筑承建商、注册专门承建商及注册小型工程承建商须在有关地盘的建筑工程或街道工程的最后阶段完成时呈交有关证明书后，保存根据第（4）款规定须备存的记录及资料至少12个月。

按以上的法例，政府编制的《地盘监督作业守则（2009年）》详细列出建筑工程或街道工程的安全管理、工程安全管理顾及两类监督工作：

① 质量监督

确保建筑工程的进行整体上是按照《建筑物条例》及其规例的条文和政府批准的图则而进行。

② 地盘安全监督

这类监督工作旨在控制建筑工程或街道工程所造成的危险，从而尽量减低对（i）地盘的工人，（ii）地盘附近的所有人，及（iii）毗邻的楼宇、构筑物及土地各方面构成的风险。

按《地盘监督作业守则》，认可人士、注册结构工程师、注册岩土工程师及注册承建商按各自的职能工作组织其安全管理架构，架构包括主管、代表和适任技术人员。

认可人士、注册结构工程师、注册岩土工程师及注册承建商需各自编写和执行《监工计划书》，主管、代表和适任技术人员的责任和职责必须在《监工计划书》中说明。其中认可人士的责任和职责如下：

① 全面负责委任其代表和适任技术人员；

② 确保其工作班子全面执行监工计划书内须负责的部分；

③ 监察注册承建商的工作班子，使其全面执行监工计划书内须负责的部分；

④ 建立一个高效率和有效的机制，以处理不一致（non-conformities）事项；

⑤ 评估项目中每类工程的规模；

⑥ 编写监工计划书内其所属的部分；

⑦ 协调和向建筑事务监督提交监工计划书；

⑧ 替其属下的适任技术人员编订特定任务列表；

⑨ 监管其代表和适任技术人员；

⑩ 把任何构成实时危险或严重影响安全而注册承建商又未能纠正的不一致事项，通知建筑事务监督；

⑪ 进行有需要的地盘检查工作。

关于注册结构工程师、注册岩土工程师、注册承建商的工作班子的责任和职责在《地盘监督作业守则》内详细列出。

《地盘监督作业守则》第4.6条，认可人士／注册结构工程师／注册岩土工程师／注册承建商有责任确保临时构筑物本身及其有关固定方法的完整性。而按《建筑物（管理）规例》第37（1）及（2）条的规定，注册结构工程师及注册岩土工程师须作出建筑工程所需的定期监督和进行所需的检查。因此，他们应各有一队适任技术人员，每隔一段特定的时间检查有关工程，并监督某一特定百分率的工程。注册结构工程师、注册岩土工程师及其适任技术人员均须根据《建筑物条例》的规定，按照各自的指明职责分别对建筑工程的质量负上有关的责任。

《地盘监督作业守则》第8条：监督规定列出如何决定所需提供的适任技术人员及其检查地盘的频率水平。在决定监督规定时，须考虑工程规模的效应。它是按照工程的规模系数而评定的。评定各类工程规模的量度项目和基数根据表9.2进行。

为了计算规定的地盘检查频率水平所要求的人力数量，《地盘监督作业守则》在表9.3中把《技术备忘录》表1内规定的最少频率水平1至5所需的人力数量，以每月人—日为单位来量化。由于在水平4和5之间的人力数量有显著的区别，于表9.4中把水平4再细分，以便考虑较每周视察一次的频率更频繁的情况。

关于适任技术人员的资格和经验，《地盘监督作业守则》第8.18条规定：各职级适任技术人员所规定的最低资格及经验载于《技术备忘录》的表2。在本作业守则任何地方提及的经验，即指《技术备忘录》表2的备注（1）所界定的相关工作经验。

工程量度项目和基数表 **表9.2**

建筑工程／街道工程的类型	规模的量度项目	规模基数
拆卸	将要拆卸的建筑物内每层的最大楼面面积	750m^2
现场土地勘测工程	钻车数量（不论探井、取芯孔及斜坡条状表土剥露数量）	6
	同一时间在地盘内的探井、取芯孔及斜坡条状表土剥露数量（只适用于没有拟议的钻孔时）	20
地盘平整	总额费用	2000万元
斜坡／挡土墙／地下设施修葺	总额费用	600万元
挖掘与侧向承托	平均每月费用	400万元
桩墙	平均每月费用	400万元
隧道工程	总额费用	2500万元
大直径钻孔桩及矩形桩	平均每月费用	900万元
打入桩、微型桩及炭岩工字桩	平均每月费用	500万元
桩帽／地脚／地下室	总额费用	2500万元
上盖建筑	施工楼面总面积	20000m^2
幕墙／覆盖层	累计表面总面积	10000m^2
改动及加建	总额费用	800万元
小型工程	总额费用	500万元
街道工程	总额费用	600万元

如果工程规模系数＝1，以每月人—日为单位的地盘检查频率水平表 **表9.3**

水平	说明	假定的等同监督数量（以每月人—日为单位）
水平5	全时间	25
水平4	每周视察一次	4
水平3	每两周视察一次	2
水平2	每月视察一次	1
水平1	只在有需要时视察	0.5

注：当认可人士／注册结构工程师／注册岩土工程师／获授权签署人也执行适任技术人员的监督职责时，便须应用0.5假定的等同监督数量。

较每周视察一次的频率更频繁的监督数量表

表 9.4

水平	说明	假定的等同监督数量（以每月人—日为单位）
水平 5	全时间在地盘	25
水平 4.3	每周视察四次	16
水平 4.2	每周视察三次	12
水平 4.1	每周视察二次	8
水平 4	每周视察一次	4

《地盘监督作业守则》第 9 段，要求更频密的监督规定，按《技术备忘录》表 1 规定：当工程进入关键阶段时，可要求较高职级的适任技术人员及 / 或更频密的地盘检查，其中包括全时间的监督。表 9.1 订明在关键阶段的更频密地盘检查要求。此外，认可人士、注册结构工程师、注册岩土工程师或注册承建商可以决定工程的若干部分是特别困难的、易发生危险或其不一致事项的后果可能是严重的。在这些情况下，任何当事人都可通知其他的相应人士，说明他认为这部分工程是关键活动，并将它列入监工计划书内。

《地盘监督作业守则》第 10 段，列明工作班子之间的联络及地盘监督报告的要求。任何适任技术人员如获悉有不一致事项发生，他应编写“不一致及纠正”报告，如不一致事项可能构成即时危险，认可人士须把不一致事项向建筑事务监督报告；另外认可人士 / 注册结构工程师 / 注册岩土工程师向注册承建商发出指令，以纠正不一致事项，及须确保该纠正工作能迅速和合适地完成。

监工计划书的技术备忘录（2009）

香港发展局局长根据《建筑物条例》（第 123 章）第 39A 条发出《监工计划书的技术备忘录》。《技术备忘录》补充了《建筑物条例》有关规管建筑工程及街道工程监督事宜的条款。《技术备忘录》陈述监工计划书的原则、规定和运作，主要包括：

① 编订监工计划书的原则；

② 监工计划书的形式和内容；

③ 各类建筑工程及街道工程的施工方法陈述，为地盘、工人与公众的安全而采取的预防措施与防护措施，以及与地盘安全有关而建筑事务监督认为需要的其他细节；

④ 建筑事务监督顾及建筑工程或街道工程的复杂程度后，确定对于各类建筑工程及街道工程而言属于适当的监督级别、各监督级别所需的人力及监督水平。

《监工计划书》的一般原则

《建筑物条例》第 2（1）条载述了监工计划书的定义，即陈述建筑工程或街道工程安全管理计划的计划书。该计划书须由认可人士、注册结构工程师、注册岩土工程师、就有关建筑工程或街道工程获委聘的注册承建商的获授权签署人及任何有必要的其他人士拟备，以处理质量监督的事宜，并指出整项工程有关地盘安全及危险的特别事项。计划书的内容须包括进行监督所需适任技术人员的职级和人数详情。

为了让认可人士、注册结构工程师及注册岩土工程师根据《建筑物条例》拟备《监工计划书》，并监督建筑工程进行，建筑工程安全管理包括：

① 确保建筑工程或街道工程的进行是按照《建筑物条例》及其规例的条文、建筑事务监督就该建筑工程或街道工程所批准的图则或就根据简化规定进行的小型工程向建筑事务监督提交的图则，并且是遵从建筑事务监督依据《建筑物条例》或其规例的条文所作出的任何命令或施加的任何条件而进行的，以下称之为质量监督；及

② 控制由建筑工程或街道工程引致的危险，以减轻危及（i）在地盘的工人，（ii）地盘附近的所有人士，及（iii）毗邻的建筑物、构筑物和土地，以下称之为地盘安全监督。

安全管理架构

有关安全管理的角色，认可人士、注册结构工程师、注册岩土工程师、获授权签署人和他们所委聘的适任技术人员，在安全管理工作方面各自担当不同的角色。由获授权签署人、注册结构工程师、注册岩土工程师和认可人士分别领导的四个不同工

作班子中都有适任技术人员，他们须履行获分派的职责。在履行安全管理的职能时，所有人员必须采用《作业守则》中订明的现行方法，如在合适和可行的情况下，亦应采纳其所属专业范畴不时确立的最佳作业模式。

认可人士及其工作班子的安全管理职能是根据本《技术备忘录》第5.21节所订定的情况，汇编和编写“不一致及纠正”报告，并呈交建筑事务监督。

适任技术人员的共同责任，及地盘安全监督工作在《技术备忘录》内有详细列明。在注册承建商、注册结构工程师、注册岩土工程师及认可人士的工作班子内，适任技术人员的工作将分为两类监督工作：工程安全监督；常规安全监督。工程安全监督工作由T4及/或T5职级的适任技术人员执行。常规安全监督的工作由T1至T3职级的适任技术人员执行。

质量监督工作包括检查有关工程是否按照《建筑物条例》及其规例的条文、建筑事务监督所批准的图则进行，及检查有关设计所作的假定是否符合地盘的实际情况。

《技术备忘录》内详细列明认可人士、注册结构工程师、注册岩土工程师、注册承建商的安全管理架构，以及各工作班子之间的沟通。

打卡制度

表9.3和表9.4中所列出各级监督人员（从技术人员T1到注册建筑师T5）必须严格按表中要求的检查频率水平到地盘观察监督；该等人员到地盘时必须在现场签到簿上签名为证，以备屋宇署官员不定时到现场抽查监督。

报告

必须编写两类报告：地盘监督报告；“不一致及纠正”报告。地盘监督报告须包括已进行检查的工程项目、检查结果、“不一致”事项的简要。而“不一致及纠正”报告须由认可人士汇编和编写，并须提交建筑事务监督。

监督规定

适用于某一类型建筑工程或街道工程的监督级别，根据适任技术人员的数目和职级以及检查工程的频率确定。就适用于不同类型的建筑工程或街道工程的适任技术人员而言，其职级及检查频率的最低规定载于《技术备忘录》（表9.5）。

不同类型的建筑工程或街道工程的最低监督要求 **表9.5**

		适任技术人员的职级及最低的检查频率水平																							
建筑工程及街道工程的类型		注册承建商的工作班子						认可人士的工作班子						注册结构工程师的工作班子						注册岩土工程师的工作班子					
		T1	T2	T3	T4	T5	获授权签署人	T1	T2	T3	T4	T5	认可人士	T1	T2	T3	T4	T5	注册结构工程师	T1	T2	T3	T4	T5	注册岩土工程师
现场土地勘测工程		5	-	-	4	-	1	-	-	3	-	-	1	-	-	-	-	-	-	-	-	5	-	4	1
涉及显著岩土工程成分的建筑工程	地基	5	5	-	4	-	1	-	-	4	2	-	1	-	-	5	-	4	1						
	其他	5	4	-	4	-	1	-	-	4	2	-	1	-	-	4	-	3	1	-	-	5	-	4	1
基础工程（涉及显著岩土工程成分的地基工程除外）		5	5	-	4	-	1	-	-	4	2	-	1	-	-	5	-	4	1	-	-	-	-	-	-
所有其他建筑工程（小型工程除外）或街道工程		5	-	4	4	-	1	-	-	4	2	-	1	-	-	4	-	3	1	-	-	-	-	-	-
第1级别小型工程	只须委聘认可人士的工程	5	-	4	-	-	1	-	-	4	-	-	1	-	-	-	-	-	-	-	-	-	-	-	-

续表

建筑工程及街道工程的类型	适任技术人员的职级及最低的检查频率水平																							
	注册承建商的工作班子						认可人士的工作班子						注册结构工程师的工作班子						注册岩土工程师的工作班子					
	T1	T2	T3	T4	T5	获授权签署人	T1	T2	T3	T4	T5	认可人士	T1	T2	T3	T4	T5	注册结构工程师	T1	T2	T3	T4	T5	注册岩土工程师
也需委聘注册结构工程师的工程的额外适任技术人员	-	-	-	-	-	-	-	-	-	-	-	-	-	-	4	-	-	1	-	-	-	-	-	-
也需委聘注册岩土工程师的工程的额外适任技术人员	-	-	-	-	-	-	-	-	-	-	-	-	-	-	-	-	-	-	-	5	-	-	-	1

工程的类型

除本《技术备忘录》第11节另有规定外，以下类型的建筑工程或街道工程必须提交监工计划书：

①建筑工程的类型

（i）拆卸

（ii）现场土地勘测工程

（iii）基础

（iv）地盘平整

（v）挖掘与侧向承托

（vi）桩帽/地脚/地库

（vii）上盖结构

（viii）幕墙/覆盖层

（ix）加建及改动

（x）斜坡/挡土墙/地下设施修葺

（xi）隧道工程

②街道工程

监工计划书的形式和内容

一份完整的监工计划书会由下列的不同作者编写：

部分　作者

（a）序言　认可人士

（b）第I部　认可人士

（c）第II部　注册结构工程师

（d）第III部　注册岩土工程师

（e）第IV部　获授权签署人

“序言”的第（1）项须提供拟备监工计划书时所知有关地盘及拟议建筑工程或街道工程的背景资料。第（2）项要求认可人士、注册结构工程师、注册岩土工程师及获授权签署人承诺按照计划书、本《技术备忘录》及《作业守则》的规定执行监督。该项亦要求他们承诺按照《建筑物条例》及其规例的条文所订明的方式对计划书所涵盖的工程进行管理及地盘监督。

在申请第一次同意展开建筑工程或街道工程之前或之时，认可人士须向建筑事务监督提交监工计划书。

认可人士、注册结构工程师及注册岩土工程师作业备考

除了前述的种种法例、法规、守则、技术备忘录外，屋宇署还发出认可人士、注册结构工程师及注册岩土工程师作业备考通知解释有关详细要求，以下是其中一些相关的作业备考：

PNAP ADM-18　建筑工程的地盘审查

PNAP APP-3　提名认可人士、注册结构工程师或注册岩土工程师代为行事

PNAP APP-48　结构工程、基础工程及挖掘工程合格监督的规定——《建筑物条例》第17条

PNAP APP-135　泥钉工程的质量监督

PNAP APP-141　认可人士、注册结构工程师与注册岩土工程师的职责分工

PNAP APP-143　预制混凝土的质量控制及质量监督

PNAP APP-147 小型工程监管制度
PNAP APP-158 建筑工程的质量监督

《PNAP APP-158 建筑工程的质量监督》为最新的文件（发于2016年10月），内容主要是详细列出在不同阶段的质量管理，其中部分要求如下（只有英文版）：

Appendix A
(PNAP APP-158)

Items of Works at
Various Stages of Superstructure/Excavation and Lateral Support/
Site Formation Works for Quality Supervision

Items of works at various stages of building works required for quality supervision are given in the tables below for reference. The heads of the project management structure shall communicate with other functional streams to derive checklists of various works, determine appropriate inspection frequencies and critical stages of individual items of works to suit the needs of individual project.

Stages of Superstructure Works
(Quality supervision of superstructure works should be provided by the AP/RSE and his TCPs as appropriate, as well as by the AS of the registered general building contractor (RGBC) and his TCPs)

Item No.	Stage/Item	Description	Stream			
			AP	RSE	RGE	RC
(a) In-situ Reinforced Concrete Works						
QC1	Locations and sizes of essential elements	Check the location, layout and sizes of reinforced concrete elements.		✓		✓
QC2	Verifying quality of steel reinforcing bars	Check material delivery records & batch size; sampling and testing of steel reinforcing bars in accordance with the applicable version of CS2.		✓		✓
QC3	Fixing of steel reinforcing bars	Check the sizes, location and amount of steel reinforcing bars and their fixing details including concrete cover and starter bars details if so required for next stage of concreting work and the workmanship in accordance with PNAP ADV-15.		✓		✓
QC4	Verifying quality of concrete	Check material delivery records; sampling of concrete and compression testing and statistics of concrete test cubes in accordance with the applicable version of CS1. Check particular conditions imposed for high strength concrete including the coring tests.		✓		✓
QC5	Placing, compaction and curing of concrete	Check the quality and workmanship of concrete works.		✓		✓
QC6	Placing, compaction and curing of concrete for transfer structure	In addition to the quality and workmanship as mentioned in Item QC5 above, check that proper sequence of works, temporary work, concreting method and curing method are used.		✓		✓
QC7	Temporary formwork and falsework	Check the stability of the formwork and falsework before concreting and no early stripping of formwork and falsework.		✓★		✓★
QC8	Verifying concrete condition	Check the quality of concrete after stripping of formwork.		✓		✓

另外还提供《质量监督记录表格》样板如下：

Sample Record

Appendix B
(PNAP APP-158)

Record of Quality Supervision Carried Out by TCP under ~~AP~~ / RSE / ~~RGE /RC~~* Stream

BD Ref.	*BD 3/1234/15*
Project	*ABC Centre*
Type of Works	*Superstructure Works*
Name	*Mr X X Lee*
Grade of TCP	*T3*
Frequency of Inspection	*Weekly*

Date / Item No.[1]	7/1/2015 (Wed)			
	Locations of the works inspected (if applicable)	**Inspection Findings**		**Photos (if any)**
	Location / Details	**Result[2] (S/NS/NA)**	**Remedial / Remark**	
QC1	Zone A of 3/F	S	-	
QC2	Batch no. 24, delivered on 02/01/2015	S	-	
QC3	Zone C of 6/F	NS	Inadequate no. of stirrup found at beam 6B23, 6B34 & 6B56	1-3
QC4	Zone A of 6/F	S		
QC5	Zone A of 6/F	S	-	
QC7	Zone B of 6/F	NS	Insufficient lateral bracings to vertical props	
QC8	-	NA	-	
QC9	Batch no. 7, delivered on 02/01/2015	S	3 nos. of couplers sampled for testing	
QC10	Glass Balustrade at Zone C of 6/F	S	Drill-in anchors selected for testing; tests witnessed	
Signature				

* delete if inappropriate
[1] according to the checklists attached
[2] “S”, “NS” and “NA” denote “Satisfactory”, “Not Satisfactory” and “Not Applicable” respectively.

(11/2016)

9.7 权利与义务平衡（设计费）

1）背景

为使香港建筑师能为其建筑工程项目，提供高质量的尽责任的建筑师服务，业主（甲方）要与建筑师按工程服务内容、工作周期、项目规模和复杂度，定出合理的建筑师服务费用，从设计阶段到施工阶段，业主（甲方）按合约要求，分阶段支付服务费用给建筑师，而建筑师就按合约要求，执行其设计、协调及监督责任。此机制亦同时能确保建筑师的专业操守，所以香港建筑师学会一直提供建筑师的全过程服务收费建议，列出分阶段服务指引及阶段收费详情，确保建筑师对其项目全程负责同时安排合理的资源，亦保障建筑师的权益。

2）香港建筑师的主要服务及责任范围

香港建筑师一般的主要服务及责任范围包括以下的法律责任及合约义务：

• 项目总负责人及建筑项目法定代表：建筑师为代表业主（甲方）的法定代表人（单位），统筹及领导项目的设计、造价、招标、合同、提交审批图则、监督及协调等职责；

• 项目总设计师：为项目提供专业建筑设计给业主（甲方）考虑功能安排、造价估算、所需的专业团队及周期等要求；

• 指导及协调其他专业设计团队：建筑师提供建筑设计，同时代表业主（甲方）指导及协调其他专业设计团队，包括注册结构工程师、注册岩土工程师、机电设备工程师、造价估算师、园林师及其他按项目特别需要之专业顾问；

• 向香港有关政府部门如屋宇署提交设计图则：代表业主（甲方）向不同之政府部门如屋宇署、消防署、地政署、规划署及环保署等，进行咨询、协调及一切方案提审工作；

• 项目招标统筹人／单位：代表业主（甲方）统筹设计团队准备招标文档，包括用料标准、合同文本及周期要求、招标工作、分析造价及推荐总包及分包商等工作；

• 向屋宇署提交工程监督计划书及所需档，以取得施工许可证开展工程：代表业主（甲方）准备开展工程档，向有关政府部申请项目的各个阶段的施工许可证；

• 监督注册承建商施工质素：代表业主（甲方）及相关的政府部门如屋宇署、消防署、地政署、规划署及环保署等监管用料、施工质量及进度：如有需要向有关部门进行协调及报告施工问题；

• 工程及合约管理：为项目管理之总负责人，代表业主（甲方）统筹专业团队进行工程及合约管理，包括建筑师指令、中期付款、用料批审、进度及质量监管等；

• 为工程与政府有关部门联系验收及交收工作：代表业主（甲方）及施工团队为已经完成项目，向有关政府部门如屋宇署及消防署等申请竣工验收及交收工作；

• 维修期：在维修期内为业主（甲方）跟进承建商之缺陷整改工作。

3）香港建筑师学会会员的基本设计服务阶段及各阶段之收费标准

香港建筑师学会会员的基本设计服务将分阶段收费，将以上的服务及法定责任分成六个主要工作阶段，按顺序覆盖建筑师的全程服务范围。

第一阶段　启动阶段：根据业主（甲方）初步要求、投资预算、土地出让及规划条款，估计专案可行的发展规模，协助业主（甲方）研究和制定项目的经济技术指标、协助聘请工料测量师及其他顾问，确定设计任务内容和范围。

收费可以按建筑师设计团队所用／需设计服务时间，收取此阶段之收费（人工时）。

第二阶段　规划及可行性研究：按确定的项目规模和经济技术指标、投资预算，进行规划设计，并详细研究所有相关法律法规对项目规划设计的可行性是否有影响；如有需要，进行规划设计修改及申请调整经济技术指标。协调工料测量师提供项目估算，建议项目进度计划，协助业主（甲方）聘请设计顾问，建议施工招标计划。

一般按项目之总设计服务收费，以百分比收取此阶段之服务收费。

第三阶段　方案设计：协调及统筹所有顾问，提交方案设计和工程概算。

一般按项目之总设计服务收费，以百分比收取此阶段之服务收费。

第四阶段　深化设计及设计图则送审：协调及统筹所有顾问，提供深化设计，代表业主（甲方）申请所有政府部门审批。

一般按项目之总设计服务收费，以百分比收取此阶段之服务费。

第五阶段　施工图及招标阶段：包括招标图纸及文件，以及工程招标投标。代表业主获取所有相关部门的批核，协调及统筹所有顾问完成施工图、技术要求及招标文件。代表业主（甲方）进行招标、评标，提供评标报告及建议中标单位。

一般按项目之总设计服务收费，以百分比收取此阶段之服务费。

第六或最后阶段　施工阶段：包括施工监督、合约管理、保修检查及法定项目施工监督。按业主（甲方）定标指示，安排中标施工单位开工，并展开施工合同管理工作，定期到工地巡查直至完工，进行竣工验收，安排业主（甲方）接收使用。跟进保修期内的缺陷整改工作直至保修期完结，协助完成决算及审核竣工图。

一般按项目之总设计服务收费，以百分比收取此阶段之服务费。

附注1　人工时收费补充

在第一或第二阶段时，项目尚在进行可行性研究，项目可能未必落实，所以此二阶段可能以人工时收费更为合适。

人工时收费除了含参与工程工作人员外，其他非直接成本如租金、支持人员、电脑硬／软件所需费用、交通费及其他相关开支如专业及雇员保险费、行政制度（ISO）等亦计算在内。

人工时亦可在项目工作有返工情况出现时，作为对建筑师额外工作的补偿之一种计算方法。

其他特殊服务收费，亦可在甲方（甲方）同意下，以人工时方式收费。

为对甲乙双方公平，可考虑在工作开始前，双方先订下每一阶段或特殊服务之最高人工时收费上限。

从过往经验，在香港很多工程第一及第二阶段，甲乙双方都用人工时收费方式。

附注2　保险费、行政制度（ISO）、电脑硬件及软件等费用和租金及支持人员的费用补充

无论是按项目之总建筑成本算出设计服务收费，还是以百分比收取或人工时收费，建筑师应考虑其他非直接成本如租金、支持人员、电脑硬／软件所需费用、交通费及其他相关开支如专业及雇员保险费、行政制度（ISO）等开支，把所有有关成本计算在其服务收费内，以确保能提供高素质的全程服务制。

4）包含之法律责任

一般建筑师专业收费已含认可人士服务，代表业主（甲方）处理一切向政府有关部门申报事宜，但不一定包括施工监督人员。

专业服务收费通常同时包括一般专业服务保险及员工工作保险。

5）特殊收费项目

以上基本收费一般不包括以下特别专业服务：

• 提供专业意见作法律用途
• 拆除红线内现有屋宇或危楼服务
• 向城规会申请修改现有用地规划服务
• 小型工程设计及监管服务
• 提供建筑信息模型、资产信息模型、标准估算方法模型、国际工程合同服务如NEC（新工程师合约法）、FIDIC等
• 项目估价及估算服务
• 园林及绿化设计服务
• 规划及可行性前期研究
• 项目周期发展研究
• 室内装修工程
• 特别施工设计及研究，如预制组件
• 买卖契约文件准备服务
• 工地监管人员
• 特殊环保设计

• 勘测、测量及测试服务

• 室内及室外家私设计

• 其他特别设计及咨询服务

在正常情形下楼宇修改、扩建、家私设计及维修设计服务，专业收费百分比较一般新建项目为高。

如设计工作返工及工程暂停及再启动，业主（甲方）将按建筑师工作量对建筑师作出应有的服务收费补偿。

6）可减免的服务

因应特殊情况，业主和建筑师可洽谈减免服务范围及收费：

• 在同一项目重复之设计部分

• 按业主（甲方）已有工程或合同安排进行项目管理

• 建筑师只负责全过程服务中的一部分

7）建筑师收费标准指引

在1992年前，香港建筑师学会使用强制性建筑师收费指示，清楚列出了各种工程服务收费、各阶段之服务范围及各阶段百分比收费。此指示可减少建筑师之间的不良竞争，以便各建筑师按指定收费，提供设计及各种相关服务，为香港建筑师奠定了优良的专业服务基础，对香港的建筑业及有关的政府监管部门作出了巨大贡献。

1996年后至2015年前，因市场环境需要，香港建筑师学会将强制性建筑师收费指示修改成非强制性的专业服务收费指引，香港建筑师服务收费仍然大多以项目总建筑费设算百分比收费，但让市场有限度主导建筑师服务收费，增加了市场竞争，给建筑师带来了巨大的经济压力，对建筑师的专业服务质量带来了负面的影响，影响深远。

从2016年开始，特区政府通过了竞争法条例，香港建筑师学会相应法例要求取消收费标准或指导性标准收费。但同时学会鼓励会员考虑以项目复杂程度、工作周期、人手需要等因素，估算成本和收费，以确定服务水准、保持高水准专业服务，其效果及对建筑师的专业服务质量有待观察。

8）结论

（1）香港建筑师收费与世界主流建筑师收费比较

参考世界一百强建筑师的服务收费，香港建筑师收费比国际一般发展国家建筑师特别是欧美建筑师的服务收费为低，其中原因可能包括香港本地的市场体量、市场竞争环境、税务及市场自由程度与发达国家不同有关。内地在估计建筑师服务收费时，除应该考虑以上因素外，应特别考虑建筑师在全程服务制之外的工作量、建筑师所承担之工作及法律责任及如何与国际建筑工程制度，特别是“一带一路”国家工作服务接轨的工作量及成本要求。

（2）建筑师法律地位可以保障收费

香港建筑师在香港提供专业设计服务时，同时亦代表业主（甲方）承担与项目建筑有关的法律责任，施工单位在未得到项目建筑师同意下，不能随意对设计及施工方案进行修改。因此，建筑师制度是全程负责制，建设环境因而获得专业的保障，同时，建筑师主导建筑设计的地位及收费能力也获得了保障。

因此当内地有关部门在设定建筑师工作范畴时，可以考虑内地建筑师在新制度下之法律地位，应作出全面的考虑及资源运用的规划，以保障建筑师全程负责制的可行性。

借鉴香港建筑师执行了数十年之全程负责制及其服务收费制度，内地建筑界可以参考与特区相同之服务模式，再按内地建筑制度与特区之差异加以完善，使内地建筑师全程负责制能有效地为业主（甲方）及有关政府部门提供高质量的专业设计、协调及全程监管服务。建筑师团队亦需要有足够资源才能执行此“全程负责”制度，所以当推行建筑师全程负责制之同时，一定要有完善之服务收费制度，提供足够资源给建筑师团队去执行其工作。

（3）如何防止收费恶性竞争

上面提到建筑师服务收费时，要特别小心预防服务收费恶性竞争，以保障建筑师全程负责制可带出高质量的服务水平。

参考某些国家的建筑师服务收费水平，不难发现有不同的水平，主要原因之一是市场有恶性竞争及建筑师地位与功能没有受当地法律保护。

因此内地有关部门在设定建筑师工作范畴及法律地位时，应作出全面的考虑，以确保建筑师的收费可应付全程负责制的工作量及法律责任。

（4）香港及内地挑选建筑师的因素：能力、经验、诚信及建筑师股东制

业主（甲方）在考虑如何挑选合适建筑师为其项目提供服务时，会以建筑师过往的工作经验及其专业能力作为主要考虑因素。

因此拥有高商誉的建筑师，在市场占有很大的优势，甚至有一定议价能力。对建筑设计事务所有很大贡献及丰富工作经验的建筑师，往往有较高的个人回报，同时因为香港建筑师亦是项目的认可人士，代表业主（甲方）负法律责任，所以单是以薪金作为回报，不能反映其个人之付出及责任，所以在香港特区很多资深建筑师已经获得所属的设计事务所邀请成为股东制下的公司合伙人。

内地的设计单位在进行全程服务制同时，考虑引进此股东制度，鼓励有能力及负责任的建筑师担起全程服务的重位。

建筑师“全程负责制”服务模式已经长期广泛在国际建筑界采用，如内地建筑师亦以此模式运作，不单能提高内地建筑设计及合约管理水准，同时亦易于与“一带一路”上的国家工程项目接轨，有助中央政府“走出去”之国策，与已发展国家一争长短。

最终，当内地建筑师能有效地进行设计及执行对项目之管理及监管权力时，将会对内地社会及人民作出应有之巨大贡献，使内地的建筑业在设计及质量上“更上一层楼”，追上国际建筑专业水平。

9.8 不断自我完善体制

除了个人必须保持持续进修，跟上法律法规的更新、跟上市场的要求、法规和地契要求，法律的修改也要跟上社会透明、公平的要求。

香港的房地产市场面向竞争，无论是从公私营的物业发展者还是消费者，都会常有新的要求。新地契的批地条款近年也加入了一些新的要求而令建筑师的设计工作增添新的挑战。最近的启德综合发展区一些地段加入了某些特定的城市规划要求，如地铁广场两旁必须有骑楼式走廊连通整个区域，或在启德综合发展区一些商业地契中加入兴建政府办公楼的要求。

过去十年在法律框架下已经有以下大的修改：

• 2011 年修改建筑物条例把维修引入建筑物条例的管辖范围，引入检验人员名册、小型维修承建商等，建筑事务监督可向业主发出书面通知，规定在指明的限期内，检验及修葺十年楼龄的建筑物的窗户、三十年楼龄建筑物的外墙或公用部分；

• 2011 年《建筑物消防安全守则》，对建筑物逃生途径、消防和救援进出途径、耐火结构的规定提供指引；

• 2013 年，《一手住宅物业销售条例》规管新建一手住宅销售中发放图纸、计算面积方式、样板房的建设规模和基本要求，而认可人士要在此条例要求下签署证明销售文件中某些图纸。

屋宇署作业备考的更新更是平常。为了加强与业者的合作，屋宇署成立了认可人士 / 结构工程师工作小组，令屋宇署与认可人士、结构工程师和香港地商发展商会的代表有恒常的工作会议，以讨论业者面临法律法规上的问题，并把讨论的结果向业者公布。

附录：屋宇署　作业备考目录

甲部　行政（目前共 22 份）

ADM-1　有效的作业备考

ADM-2　中央处理建筑图则

ADM-3　紧急情况——办公时间以外可供使用的电话号码

ADM-4　优先处理的工程项目

ADM-5　呈交屋宇署的文件

ADM-6　结构及岩土设计使用的电脑程序

ADM-7　岩土工程资料库

ADM-8　结构设计资料

ADM-9　图则着色

ADM-10　图则的图像处理标准

ADM-11　更改地址

ADM-12 呈交改动及加建工程的记录图则——《建筑物（管理）规例》第46条

ADM-13 监察地盘的安全及质素

ADM-14 图则及指明表格的轻微修订

ADM-15 呈交地盘平整工程建议方案

ADM-16 附表所列地区的土地勘测工程——批准及同意

ADM-17 以电子形式提交文件

ADM-18 建筑工程的地盘审查

ADM-19 建筑图则批准程序

ADM-20 中央资料库

ADM-21 地盘参数——文件证明

ADM-22 Withdrawal and Resubmission More details（暂只提供英文版本）

乙部 应用《建筑物条例》及规例（目前共159份）

APP-1 《业主与租客（综合）条例》（第7章）、《已拆卸建筑物（原址重新发展）条例》（第337章）

APP-2 总楼面面积及无须计算的总楼面面积的计算——《建筑物（规划）规例》第23（3）（A）及（B）条（暂只提供英文版本）

APP-3 提名认可人士、注册结构工程师或注册岩土工程师代为行事

APP-4 供水及水井

APP-5 楼层高度——《建筑物（规划）规例》第3（3）及24条

APP-6 （2015年12月14日撤销）

APP-7 申请注册为认可人士、注册结构工程师、注册岩土工程师及注册检验人员

APP-8 烟囱及烟道

APP-9 《郊野公园条例》（第208章）——《建筑物条例》第16（1）（D）条

APP-10 贮油装置——《建筑物（贮油装置）规例》

APP-11 街道改善计划——就受影响地段呈交建筑图则

APP-12 建筑工程使用的预应力地锚

APP-13 提交建筑工程竣工证明书——申请占用许可证及提交记录图则和资料

APP-14 设于非住用建筑物或综合用途建筑物内的电影院及其他公众娱乐场所

APP-15 地盘平整——临时或永久填土工程

APP-16 覆盖层工程

APP-17 岩石面——《建筑物（规划）规例》第27及47条

APP-18 桩基础

APP-19 伸出物的上盖面积和地积比率——《建筑物（规划）规例》第20及21条

APP-20 受街道扩阔影响的建筑工程建议——《建筑物（规划）规例》第22（2）条

APP-21 拆卸工程——保障公众安全的措施

APP-22 基础及地库挖掘工程中的地下水位降低情况

APP-23 围板、有盖人行道及门架（包括工程车辆的临时通道）——《建筑物（规划）规例》第IX部

APP-24 铁路的防护措施《铁路条例》《地下铁路（收回土地及有关规定）条例》及《建筑物条例》（第123章）附表5所列地区的第3号地区

APP-25 在呈交建筑图则阶段须附岩土评估的规定——《建筑物（管理）规例》第8（1）（BA）条

APP-26 在靠着毗邻建筑物的墙壁浇灌混凝土

APP-27 气体热水炉《建筑物（规划）规例》第35A条

APP-28 地盘平整工程、挖掘工程、斜坡上的基础工程和附表所列地区的土地勘测工程须有合格监督的规定——《建筑物条例》第17条

APP-29 升降机及自动梯装置

APP-30 附表所列地区半山区的发展——《建筑物条例》第2（1）条《建筑物（管理）规例》第8（1）（BB）（VII）及8（1）（L）条

APP-31 为消防装置恒久供水——《建筑物条例》第21（6）（D）条

APP-32 《香港机场（障碍管制）条例》（第301章）

APP-33 混凝土内的煤灰

APP-34 桥梁及相关公路构筑物的结构设计

APP-35 垃圾的存放及收集——《建筑物（垃

圾及物料回收房及垃圾槽）规例》

APP-36 （此作业备考已于2015年12月14日撤销）

APP-37 幕墙、玻璃窗及玻璃墙系统

APP-38 街道及通道巷上方的桥梁《建筑物条例》第31（1）条

APP-39 图则及文件的查阅及复印事宜

APP-40 旅馆发展

APP-41 建筑物须经规划以供残疾人士使用——《建筑物（规划）规例》第72条《设计手册：畅通无阻的通道2008》

APP-42 适意设施

APP-43 幼儿中心、幼儿园及食肆的发牌事宜

APP-44 与地盘面积有关的街道——《建筑物（规划）规例》第23（2）（A）条

APP-45 混凝土钢筋测试

APP-46 工业建筑物产生的污染——《建筑物（卫生设备标准、水管装置、排水工程及厕所）规例》第90条

APP-47 违例改动及加建——《建筑物条例》第14条

APP-48 结构工程、基础工程及挖掘工程合格监督的规定——《建筑物条例》第17条

APP-49 地盘勘测及土地勘测

APP-50 临时建筑物——《建筑物（规划）规例》第50至52条

APP-51 排水斜管的监测及保养

APP-52 向注册一般建筑承建商、注册专门承建商及注册小型工程承建商提供图则——《建筑物（管理）规例》第36条及《建筑物（小型工程）规例》第55条

APP-53 《建筑物（建造）规例》

APP-54 挡土墙《1992年建筑物（建造）规例》第XIII部

APP-55 呈交图则的缴费程序《建筑物（管理）规例》第42条

APP-56 与新界豁免建筑工程有关的地盘平整工程豁免准则

APP-57 挖掘与侧向承托图则的规定《建筑物（管理）规例》第8（1）（BC）条

APP-58 排水工程测试——《建筑物（卫生设备标准、水管装置、排水工程及厕所）规例》第73条

APP-59 禁止采用人工挖掘沉箱

APP-60 《建筑物条例》（第123章）指明表格

APP-61 附表所列地区第2及4号地区的发展

APP-62 污水隧道工程《污水隧道（法定地役权）条例》、《建筑物条例》（第123章）第17A条及附表5所列地区的第5号地区

APP-63 《岩土指南》第一册（第二版）、《挡土墙设计指南》

APP-64 测试香港土壤的方法（GEOSPEC 3 MODEL SPECIFICATION FOR SOIL TESTING）

APP-65 楼梯的天然照明——《建筑物（规划）规例》第40条

APP-66 建筑地盘的金属垃圾槽

APP-67 建筑物的能源效——《建筑物（能源效率）规例》

APP-68 悬臂式钢筋混凝土构筑物的设计及建造

APP-69 保育历史建筑

APP-70 以胶布遮盖楼外棚架

APP-71 地下岩洞发展

APP-72 爆破管制

APP-73 通道巷

APP-74 钢筋混凝土构筑物的碱性骨料反应

APP-75 《建筑物（规划）规例》第41A、41B及41C条——建筑物内的消防和救援进出途径

APP-76 地下设施远离斜坡

APP-77 （此作业备考现予撤销）

APP-78 占用新建筑物——《建筑物条例》第21条

APP-79 《岩土指南》第五册——《斜坡维修指南》

APP-80 《1996年耐火结构守则》

APP-81 《1996年公众娱乐场所（修订）规例》及有关的法例修订

APP-82 《1996年提供火警逃生途径守则》

APP-83 修订及阐明《1996年耐火结构守则》

APP-84 为电信及广播服务而设的接达设施

APP-85 已修订的消防安全守则的适用范围

APP-86 非承重间隔墙

APP-87 消防工程方法指南

APP-88 检验及维修影响斜坡的带水设施守则

APP-89 提供较佳的升降机服务

APP-90 《建筑物条例》第18（6）条——进入建筑物的权利

APP-91 升降机装置的保养及更换工程

APP-92 修订及澄清《1996年提供火警逃生途径守则》

APP-93 规划及设计排水工程

APP-94 《消防安全（商业处所）条例》（第502章）

APP-95 建筑地盘的售楼处及示范单位

APP-96 一般建筑承建商和专门承建商的注册事宜

APP-97 处理同意展开建筑工程及街道工程的程序

APP-98 住用建筑物内浴室及厕所的照明与通风

APP-99 冲厕水箱的冲水量

APP-100 玻璃强化聚酯水箱的结构图则

APP-101 《建筑物（规划）规例》第20（3）条订明的平台高度限制

APP-102 上盖工程的公众安全措施

APP-103 坐落于新填海土地的地面承托构筑物

APP-104 豁免计算入总楼面面积的康乐设施

APP-105 渗水问题

APP-106 食肆厨房的耐火结构

APP-107 在建筑地盘内应采取的预防措施

APP-108 拨供公众作通道用途的土地/楼面

APP-109 《斜坡岩土工程手册》—有关诠释及更新手册内容的指引

APP-110 防护栏障

APP-111 停车场及上落客货设施的设计

APP-112 空调机凝结水的处置

APP-113 （此作业备考现予撤销，请参阅APP-130）

APP-114 减少废物—在新楼宇内设置的卫生设备及装置

APP-115 表现检讨—《建筑物条例》第17（1）条B栏第6（G）（II）项

APP-116 铝窗

APP-117 现存楼宇改动及加建工程的结构规定

APP-118 建筑物料的测试

APP-119 学校及其他青少年使用的建筑物内的楼梯井及开敞竖井

APP-120 混凝土拌合厂

APP-121 修订《1996年提供火警逃生途径守则》

APP-122 在庇护层设置空中花园

APP-123 《1996年耐火结构守则》第12.3段——可供选择的设计

APP-124 作地盘分类之用的街道

APP-125 楼面与毗邻楼宇外部地面或平屋顶的水平差距

APP-126 竖设招牌

APP-127 承建商屋棚

APP-128 岩土设计的资料

APP-129 在混凝土中使用再生骨料的事宜

APP-130 照明及通风规定——以效能表现为本的方法

APP-131 （此作业备考现予撤销，请参阅APP-24）

APP-132 上盖面积及空地的设施

APP-133 排水工程的铸铁喉管

APP-134 大屿山北岸指定地区的发展

APP-135 泥钉工程的质量监督

APP-136 《建筑物（规划）规例》第41D条——紧急车辆通道

APP-137 打桩和类似操作所引致经地下传送的震动及地面沉降

APP-138 委任获授权签署人代注册承建商行事及获授权签署人暂时缺勤

APP-139 2004年香港风力效应作业守则

APP-140 认可人士及注册结构工程师注册为注册岩土工程师

APP-141 认可人士、注册结构工程师与注册岩土工程师的职责分工

APP-142　2004 年混凝土的结构使用作业守则

APP-143　预制混凝土的质量控制及质量监督

APP-144　公用道路上车辆进出口通道的设计及建造事宜

APP-145 《消防安全（建筑物）条例》（第572 章）

APP-146　大型金属闸

APP-147　小型工程监管制度

APP-148　小型工程承建商的注册事宜

APP-149　关于在简化规定下展开的小型工程委任获授权签署人代订明注册承建商行事及获授权签署人暂时缺勤

APP-150　改装整幢工业大厦详细资料

APP-151　优化建筑设计缔造可持续建筑环境（暂只提供英文版本）

APP-152　可持续建筑设计指引（暂只提供英文版本）

APP-153 《2011 年建筑物消防安全守则》

APP-154　灵灰安置所设施的设计规定

APP-155　违例招牌检核计划

APP-156　住宅楼宇的能源效益设计及建造规定（暂只提供英文版本）、2014 年住宅楼宇的能源效益设计及建造规定指引

APP-157　2009 年地盘监督作业守则

APP-158　建筑工程的质量监督（暂只提供英文版本）

APP-159　防止滥用工业楼宇作居住用途的措施

APP-161　Exemption of Gross Floor Area for Building Adopting Modular Integrated Construction（暂只提供英文版本）

丙部　建议（目前共 37 份）

ADV-1　石棉

ADV-2　对建筑业有影响的法例及刊物

ADV-3　划一楼层序数

ADV-4　管制建筑地盘对环境造成的滋扰

ADV-5　热带硬木木材

ADV-6　建筑物闪电防护设施

ADV-7 （此作业备考现予撤销，请参阅 ADV-2 附录 A F）

ADV-8　斜坡及挡土墙的登记

ADV-9　呈交发展进度报告

ADV-10　升降机槽平台

ADV-11　吊船

ADV-12　展示地盘资料

ADV-13　申请挖掘准许证以便在公共道路进行工程——向公用设施公司传阅建议

ADV-14　建筑物外部检查及维修设施

ADV-15　混凝土工程中钢筋的安装

ADV-16　街道名称及建筑物编号

ADV-17　防止噪声滋扰——泵房及通风系统的设计

ADV-18　防止贪污

ADV-19　拆建废料

ADV-20　有关轻微修订核准发展计划的规划申请

ADV-21　处理疏浚 / 挖掘的沉积物的管理架构

ADV-22　砍伐或移植树木

ADV-23　改善人造斜坡及挡土墙的视觉外貌及美化其景观

ADV-24　厨房及浴室的地台去水渠

ADV-25　安装在住宅楼宇浴室及洗手间的抽气扇

ADV-26　建筑物的公用走廊及升降机大堂的通风设施

ADV-27　保护天然河溪免受建造工程影响

ADV-28　在办公室、商场、百货公司、公众娱乐场所、电影院和其他公众场所提供卫生设备

ADV-29　建筑地盘安全——支付安全计划

ADV-30　根据《建筑物（规划）规例》第 34 条提供机械通风设施

ADV-31　建筑物外墙饰面——湿式铺砌饰面砖

ADV-32　在商业楼宇提供育婴间设施

ADV-33　呈交图则包含的重要资料

ADV-34　建筑信息模拟技术

ADV-35　楼宇绿化

ADV-36　“组装合成”建筑法

ADV-37 《建筑物条例》下注册建筑师专业人士的操守

9.9 建筑师注册管理局

在香港，“建筑师”名衔不是随便使用的。倘若一个人不是名列建筑师注册管理局之注册记录册内，则不得自称为“建筑师”或“注册建筑师”。

建筑师注册管理局于1991年根据1990年建筑师注册条例第408章成立。管理局是一个永久延续的法定机构，由10名成员组成，包括一名由香港特区行政长官委任的成员。

1）适用范围

《建筑师注册条例》第三条

本条例适用于任何从事建筑物的设计、建造或设备装置并自称为建筑师的人。

2）注册管理局的职能

《建筑师注册条例》第八条

管理局须 —

（a）设置及备存一份注册建筑师注册记录册；

（b）制订及检讨注册为注册建筑师的资格标准及有关联的注册事宜；

（c）就注册事宜向政府及学会提供意见；

（d）审查及核实申请注册为注册建筑师的人的资格；

（e）接收、审查、接纳或拒绝注册为注册建筑师或将注册续期的申请；

（f）依照本条例处理违纪行为；

（g）备存关于管理局程序及账目的妥善纪录；及

（h）执行本条例所订明的其他职能。

3）注册管理局的权力

《建筑师注册条例》第九条

管理局可

（a）厘定根据本条例须向它缴付的费用；

（b）成立委员会，就管理局行使权力及执行职责事宜向管理局提供意见；

（c）聘用雇员以协助执行根据本条例委予该局的职能；

（ca）不时聘用管理局认为需要或适当的专业顾问；

（由1997年第33号第3条增补）

（d）订立关于注册建筑师的操守及纪律的规则；

（e）就补还任何人因处理管理局事务而承担的合理开支订立规则；

（f）按本条例规定订立其他规则。

4）注册资格

《建筑师注册条例》第十三条

（具追溯力的适应化修订，见1999年第57号第3条）

1. 除符合以下条件的人外，管理局不得接纳任何人注册为注册建筑师——

（a）他须是——

i）学会会员；或

ii）其他建筑师团体的成员，而管理局接纳该团体的成员资格标准不低于学会的会员资格标准；或

iii）已在建筑学及其他学科的考试中取得合格，并曾接受训练及取得经验的人，而该等考试、训练及经验，是获得管理局在一般或个别情况下接纳为不低于学会会员标准的资格的；及

（b）他令管理局信纳他在提出注册申请的日期之前，已在香港取得一年有关专业经验；

（c）他须是通常居于香港；及

（d）他须不是研讯委员会的研讯对象，亦不受第IV部所指的纪律制裁命令限制而被禁止根据本条例注册；及

（e）他须以书面声明令管理局信纳他有能力以建筑师身份执业；及

（f）他须是获得注册的适当人选。

2. 在不限制第（1）（f）款的效力的情况下，任何人如——

（a）曾在香港或香港以外地方被判刑事罪名成立，并被判处监禁，不论是否缓期执行，而该罪名可能损及建筑师专业的声誉；或（由1999年第57号第3条修订）

（b）曾在专业方面有失当或疏忽行为，管理局可拒绝接纳他注册为注册建筑师。

3. 凡申请人令管理局信纳他有能力以建筑师身份执业，而事后管理局信纳他没有上述能力，管理局可将事件根据第二十二（1）条交由一个研讯委员会处理，而研讯委员会须对事件作出裁定，犹如事件是一宗与违纪行为有关的投诉。

5）违纪行为

《建筑师注册条例》第二十一条

（具追溯力的适应化修订，见1999年第57号第3条）

1. 注册建筑师如有以下情况，便是作出违纪行为——

（a）在专业方面有失当或疏忽行为；

（b）曾被裁定犯了本条例下的罪行；

（c）以欺诈手段或失实陈述而得以根据本条例注册；

（d）在根据本条例注册时，其实无权获得注册；

（e）被传召以证人身份或以研讯委员会研讯对象身份出席研讯委员会的聆讯，但没有出席而又没有合理解释；或

（f）曾在香港或香港以外地方被判刑事罪名成立，并被判处监禁，不论是否缓期执行，而该罪名可能损及建筑师专业的声誉。

2. 凡任何人曾被裁定在专业方面有失当行为或疏忽行为，或曾根据本条例被定罪，或曾被判刑事罪名成立及判处监禁，而该罪名相当可能损及建筑师专业的声誉，但他已在申请注册或将注册续期时将上述行为或定罪知会管理局，并获管理局接纳其申请，则该人不得因所披露的行为或定罪，而为注册或将注册续期的目的被当作有违纪行为。

3. 凡收到与违纪行为有关的投诉，注册主任须将有关事实呈报由管理局就该项投诉所委派的2名成员，而该2名成员须在咨询注册主任后决定应否将投诉交由管理局处理。

6）研讯委员会及进行研讯的规则

《建筑师注册条例》第二十二条（一）

1. 管理局可将与违纪行为有关的投诉，交由一个研讯委员会作出裁定，而为此目的，管理局可设立由不少于3名学会会员组成的研讯委员会，以裁定遭投诉的注册建筑师是否有违纪行为。

2. 管理局可订立规则，对由研讯委员会进行研讯及与调查指称的违纪行为有关的其他事宜作出规定。

3. 如有人提出与违纪行为有关的投诉，则除非遭投诉的注册建筑师，在事前28天得到关于该投诉及聆讯日期、时间和地点的通知，否则研讯委员会不得着手听取该投诉的证据。

4. 第（3）款所指的注册建筑师有权出席有关聆讯及旁听所有证供，并须获给予本条例文本及根据本条所订立的规则各一份。

5. 管理局可订立规则，对由研讯委员会重新进行研讯作出规定。

6. 凡注册建筑师被指称有作出第二十一（1）（b）或（f）条所指的违纪行为，有关的研讯委员会——

（a）无须查究该建筑师是否被正确地裁定所控罪名成立；及

（b）可考虑已将定罪记录在案的案件的纪录，并可考虑其他可以显示罪行性质和严重程度的其他有关证据。

7. 研讯委员会在裁定任何人是否有作出违纪行为时，可考虑由管理局公布的或当时为学会采用的专业操守或实务守则。

7）使用名衔

《建筑师注册条例》第三十条

（具追溯力的适应化修订，见1998年第23号第2条）

1. 不是名列注册记录册内的人不得自称为“建筑师”或“注册建筑师”，或在姓名后加上英文缩写“R.A.”。

2. 除第（3）款另有规定外，管理局可向法官提出申请，要求颁令禁止不是名列注册记录册的人自称为“建筑师”或“注册建筑师”，或使用英文缩写“R.A.”。

3. 在以下情况，不是名列注册记录册的人亦

可自称为建筑师——

（a）他自称是属于某建筑界别的建筑师，而该界别与建筑物的设计、建造或设备装置无关；或

（b）他在提述自己是在香港以外地方成立的建筑师团体或专业学会的成员的情况下自称为建筑师，而所用的称谓并不暗示他有权用建筑师的称谓在香港建筑专业内执业。

4. 除第（3）款规定的情况及以下情况外，任何人（包括合伙或公司）均不得使用“建筑师”或“注册建筑师”的称谓或英文缩写“R.A.”——

（a）在该人经营建筑专业的每个地点，该业务均在一名注册建筑师的督导下进行，而除大致上由同一个或同一批管理及实益拥有该人（如该人是合伙或公司）的人所实益拥有及管理的合伙或公司外，该建筑师并无同时以相近身份为其他人办事；及

（b）该人进行多界别业务，但其所有关于建筑的业务由一名注册建筑师全职执掌及管理，而除大致上由同一个或同一批管理及实益拥有该人（如该人是合伙或公司）的人所实益拥有及管理的合伙或公司外，该建筑师并无同时以相近身份为其他人办事。

8）罪行及刑罚

《建筑师注册条例》第三十一条

（具追溯力的适应化修订，见1998年第23号第2条）

1. 任何人——

（a）根据第25条被研讯委员会传召出席研讯作证或出示文件或其他物件，但拒绝或没有这样做而又没有合理解释；

（b）在研讯委员会席前作证，但没有合法解释而拒绝或没有回答研讯委员会向他提出的问题；

（c）以欺诈手段令自己或他人获得注册为注册建筑师；

（d）借虚假、有误导性或有欺诈成分的口头或书面陈述，令自己或他人获得注册为注册建筑师；

（e）伪造或窜改注册记录册内容，或安排这样做；

（f）在与管理局或研讯委员会职能有关的情况下，呈交证明书或文件予管理局或研讯委员会，并假冒或虚假地表示自己是证明书或文件中所指的人；

（g）不是名列注册记录册，而接受或使用任何虚假地暗示自己名列注册纪录册的名称、英文缩写字样、名衔、头衔或称谓；

（h）不是注册建筑师，但知情而容许他人在与其业务或专业有关的情况下，使用以下称谓——

i）“建筑师”的称谓；

ii）“注册建筑师”的称谓；

iii）英文缩写“R.A.”；或

iv）目的在令到（或按常理可能令到）他人相信用户是名列注册记录册的英文缩写字样或字句缩写；

（i）不是名列注册纪录册，但却表示或在广告中宣称他自己是注册建筑师，或知情而容许别人表示或在广告中宣称他自己是注册建筑师；或

（j）在申请注册时不是通常居于香港，却显示自己是通常居于香港，即属犯罪，可处罚款$50000及监禁一年。

2. 任何不是注册建筑师的在香港以外地方成立的建筑师团体或专业学会的成员，如使用根据该团体或学会会章他有权使用的称谓或英文缩写，而没有藉以显示他是名列注册记录册的，则第（1）（h）及（i）款不适用。

9）专业守则

（1）注册建筑师应致力通过从事建筑工作及鼓励他人，促使建筑达到卓越水平。

（2）注册建筑师应竭力尽所能履行客户／建筑师协议下的责任，并且保障日后使用或享用其建筑作品的所有人士之权益。

（3）无论是否在执业过程中，注册建筑师时刻均需保持诚实廉正，言行守礼得体，以显出高尚专业从业员应有的品德。注册建筑师不可作出任何行为，以致损害香港建筑专业的声誉。

（4）无论何时，注册建筑师处事亦应客观专业，公平廉正地处理其负责的建造合约。

（5）如任何业务乃违反或抵触其专业责任，注册建筑师不可拥有相关的财务或个人权益，除非有

关权益或关联已完全向可能受影响各方披露，则属例外。

（6）注册建筑师应凭能力、表现和经验发展业务，不可恶意批评其他建筑师的工作成果。

（7）注册建筑师如成为未获解除破产人士或其注册续期申请遭建筑注册管理局拒绝办理，即自动丧失担任或任职任何为公众服务的建筑师事务所的合伙人或董事的资格。

9.10 建筑师违纪案例参考

	政府刊物公告	日期	专业失当行为	（建筑师注册管理局）处分
1	第 G.N.7832	2015 年 10 月 16 日	涉嫌专业疏忽／或失实核证	（一）主席谴责，训斥 （二）缴付延讯委员会费用 （三）缴付屋宇署纪律委员会延讯费用
2	第 G.N.7092	2014 年 12 月 01 日		
3	第 G.N.5622	2010 年 08 月 26 日		
4	第 G.N.7717	2008 年 08 月 28 日		

	法院编号	日期	失当行为	处分
1	CACC 497/2006	2006 年	贪污／受贿	刑事
2	CACC 284/2001	2001 年	贪污／受贿	刑事
3	CACC 208/2000	2000 年	贪污／受贿	刑事

	法院编号	日期	失当行为	处分
1	HCMA 322/2010（KTCC 264/2010）	2010 年	涉嫌偷窃	刑事

9.11 顾问专业保险

（1）在香港顾问专业服务提供者基本上都会自愿性地购买顾问专业保险以对冲专业失职风险所引申的巨额赔偿。

不同的私人发展商对专业保险的保险期／保险额有不同的有要求；发展商对大型项目一般要求建筑师事务所为其项目单独购买专业保险以提供保障。保费一般为所收取顾问费的 1% ～ 5%（视乎项目大小及风险而定）。

香港目前有约200间私人执业的建筑师事务所，其中约 70% 是中小型企业（80 人以下），有鉴于此，香港建筑师学会与风险顾问公司经纪人 Marsh（Hong Kong）Ltd. 商谈安排为学会公司会员购买团体顾问专业保险，并为中小企特别“量身设计”保险方案以减低其投保保费并同时提高赔偿额至港元 5000 万。

基本考虑点有下列七项（见附件）：

① 申请人为香港建筑师学会公司会员；

② 每年设计费收入在港币 2000 万以下；

③ 设计费收入中没有单一甲方收费超过收入的 50%；

④ 公司在过去两年都有盈利；

⑤ 公司设计费收入来源地不在美加；

⑥ 公司过去 5 年没有被控诉专业失职行为；

⑦ 公司没有正在可能被起诉的个案。

（2）公务工程方面，“工程及有关顾问遴选委员会”或“建筑及有关顾问遴选委员会”的指引规定：

① 估计顾问费（工程合约设计费）少于某一数量而属于低风险／中等风险，不须“顾问专业保险”；

② 估计顾问费（工程合约设计费）大于某一数量而属于中等风险／高风险／极高风险／极端风险，建筑师事务所须按“招标简介”中就顾问提供服务所要求的最低专业保险金额，提供“顾问专业保险”；

③ 顾问专业保险期从签订设计合约直到完成工程后的第六年；

④ 如果顾问专业保险单是为单一项目而设定，保单允许的最高扣除额／超出额不得超过“招标简介”中就顾问提供服务所要求的最低专业保险金额的 20%；

⑤ 顾问专业保险由客户可接受的声誉良好保险公司承担。如果顾问专业保险不能以合理的商业价格提供，或者没有按照规定条款进行维护，或者由于任何原因变得无效或无法执行，必须立即书面通知客户。

附件

MARSH

MARSH MERCER KROLL
GUY CARPENTER OLIVER WYMAN

HKIA Professional Indemnity Insurance Scheme

An exclusive risk management solution for HKIA registered practices

The Hong Kong Institute of Architects has arranged through Marsh (Hong Kong) Limited, a Hong Kong risk advisor and insurance broker, an exclusive professional indemnity insurance scheme for HKIA registered practices.

MARSH

MARSH MERCER KROLL GUY CARPENTER OLIVER WYMAN

HKIA PROFESSIONAL INDEMNITY INSURANCE SCHEME APPLICATION FORM

This application form will help you to provide us with the information we need to provide a quotation and shall be submitted to the following contacts:

Mr. Andy Wong Marsh (Hong Kong) Limited 26/F., Central Plaza, 18 Harbour Road, Wanchai Tel: 2301 7232 Fax: 2881 0042 Email: andy.tm.wong@marsh.com	Mr. Franky Mok Marsh (Hong Kong) Limited 26/F., Central Plaza, 18 Harbour Road, Wanchai Tel: 2301 7242 Fax: 2881 0042 Email: franky.cf.mok@marsh.com

For some applicants, brief additional information may be required.

GENERAL DETAILS

Name of Applicant	
Address of Applicant's Main Office	
Establishment Date	
Name of Contact Person	
Telephone No. / Email of Contact Person	

MATERIAL INFORMATION

Statement of Facts (All fields are mandatory)	Please Select	
	Yes	No
1. The Applicant is a Registered Practice of Hong Kong Institute of Architects.	☐	☐
2. Fee income for last financial year and the estimate fee income for the current financial year are less than HK$20,000,000.	☐	☐
3. Fee income earned from any single client or contract does not exceed 50% of total fee income.	☐	☐
4. The Applicant has retained a profit in each of the last 2 financial years.	☐	☐
5. The Applicant has no representation in, or fees earned from United States of America or Canada	☐	☐
6. The Applicant has never had any claims made against them for negligence, error or omission in relation to professional duties in the past 5 years	☐	☐
7. The Applicant, after enquiry, is not aware of any circumstance, which might give rise to a claim against the Applicant.	☐	☐

Is professional indemnity insurance currently held? ☐ **Yes – Please provide details below** ☐ **No**

Current Insurer		**Expiry Date**	
Current Limit		**Current Premium**	

Gross fees received (including those paid to sub-consultants)	Last Financial Year	Current Financial Year (Estimate)
Total Fees	HK$	HK$
Percentage of fees from largest client	%	%

Please state the approximate percentage of gross fees for the last financial year (if the practice is newly established, state the estimated percentage for the current financial year) in respect of:

Type of Work	Fees received by Applicant
(a) Architecture	%
(b) Civil Engineering	%
(c) Structural Engineering	%
(d) Electrical Engineering	%
(e) Mechanical Engineering	%
(f) Geotechnical/ Soil Engineering	%
(g) Environmental Engineering	%
(h) Interior Design	%
(i) Project Management/ Construction	%
(j) Surveying (including land/ quantity/ building/ marine)	%
(k) Registered Inspection/Accredited Checking/Authorised Person	%
(l) Others (please specify):	%
Total:	**100%**

Are other entities within the group of Applicant required to be covered? ☐ Yes – Please provide details below ☐ No

Name of companies to be covered	Office Address	Date of establishment

IMPORTANT NOTE

Completion of this application form does not imply that insurance will be offered by insurers. Signing of this application form does not bind the Applicant or insurers to complete the insurance contract.

DECLARATION

I am authorised by Applicant to make this application. I hereby acknowledge the contents of this application form to be true and complete.

9.12　仲裁

1）香港建筑师在仲裁上的角色

在香港建筑师的专业范围内，建筑师所扮演的合约管理人的角色中，拥有并在专业责任上对建筑合约内所产生的所有争议作最终解决的决定权。

香港建筑师除需熟练及成功地执行建筑合约内所有条文的要求，并将之应用于实际工程中的每一个环节上，更持有充分的专业能力，去了解及分析合约方提出合约内的各式各样的追讨和争议，并在合约内由双方协议的权和利中，决定争议的最公平和正确的判决。这便是香港建筑师在合约中准仲裁人的角色。同样，在合约以外，建筑师常是建筑争议中仲裁人的最佳人选。

2）香港建筑师学会在争议解决中的范畴

（1）作为仲裁人和调解人的任命机构

香港特别行政区使用的《私人建筑合约标准合同》《指定分包合同》《供应合同》规定，在处理合约产生的争议时，仲裁人、调解人和审裁人的任命均由香港建筑师学会和香港测量师学会共同处理。

为了履行此委任机构的责任和义务，香港建筑师学会和香港测量师学会早于2005年共同成立了联合争议解决委员会（Joint Dispute Resolution Committee），共同管理仲裁人和调解人的接纳和任命。

（2）管理仲裁人（Arbitrator）、调解人（Mediator）、审裁人（Adjudicator）和专家证人（Expert Witness）的资格认定、验证和列入名册

香港建筑师学会对其专业建筑师会员在专业争议解决上的成就，确立了资历审查及认证制度。能通过制度审查的会员，便可并列在香港建筑师学会的仲裁人名册、调解人名册、审裁人名册和专家证人名册上。

香港建筑师学会对各名册上并列的人士进行管理，包括审议新申请及更新，并于名册上挑选合适的争议解决人士，完成一切委任的申请。

以下是现行的资历审查及认证制度：

① 仲裁人 Arbitrator

仲裁是以当事人的约定为基础的争议解决方式，即当事人约定将争议提交由一或三名中立的仲裁人组成的仲裁庭解决。

仲裁按当事人的仲裁协议中的约定进行。仲裁程序灵活，能使当事人通过高效的、保密的和公平的程序，获得终局的、有约束力和可执行的裁决。

申请加入香港建筑师学会仲裁员名册者，必须：

• 具有7年香港建筑师学会会员资格；

• 有充分的仲裁经验，无论本身是仲裁人、律师、专家证人，还是其他相关专业人士；

• 有良好的品格；在出现道德、诚信或能力问题的情况下，不会被认可为合适的仲裁人；和

• 能提供两份支持申请的参考资料。

② 调解人 Mediator

调解是自愿及私人解决争议的程序，并由一位中立人士——调解人协助双方通过友好协商而达成和解协议。

调解人没有强行要求任何一方解决争议的权力，他的责任是替当事各方打破沟通上的僵局，致力鼓励当事人友好和解之余，同时协助各方以了解并接受双方在争议中的各种情况和考虑，以循序渐进的形式产生解决方案。

调解人作为当事人联络沟通点，减低因情绪化的成分而产生对争议解决的障碍，使当事人将焦点集中在潜在的争议解决目标上，并鼓励双方自行达成共识。

申请加入香港建筑师学会调解人名册者，必须：

• 具有7年香港建筑师学会会员资格；

• 为香港国际仲裁中心调解小组成员；或

• 有调解的丰富经验和知识，包括完成最低40小时的调解培训课程，和调解或共同调解至少两个实际或模拟调解案件。

③ 审裁人 Adjudicator

审裁是解决争议的一个简单、有效和快捷的途径。审裁由独任审裁人根据合同条款及适用的法律法规对争议进行裁决。审裁人作出的裁决对当事人双方均有约束力，并需实时执行。在大多数情

况下，审裁人作出的决定，可通过另一种程序（判决式如仲裁或司法程序，或经由争议方再协商或调解）进行修订。审裁程序广泛应用于建筑争议当中。

申请加入香港建筑师学会审裁人名册者，必须：

• 具有 7 年香港建筑师学会会员资格；
• 成功通过评审委员人的评审；或
• 能够展示有丰富的审裁经验和 / 或知识。

3）进一步的职业发展

由于香港建筑师负责制模式给了建筑师更全面的设计、采购、合同管理、工程建造的培训，香港建筑师的职业发展不再限于建筑设计行业。

目前，20% 的香港建筑师学会会员的职业为专业项目经理、设施经理。部分香港建筑师通过进一步的专业法律进修，成为香港国际仲裁中心的职业仲裁人 / 调解人。香港国际仲裁中心是《仲裁条例》（第 609 章）指定的机构，负责在争议各方未能达成协议时委任仲裁员及决定仲裁员人数。香港国际仲裁中心完全独立，不受政府干预。香港《仲裁条例》在 2011 年 6 月生效。该条例以联合国国际贸易法委员会《国际商事仲裁示范法》为基础，用以统一本地及国际仲裁的法定制度，从而改革香港的仲裁法，吸引更多人选择到此进行国际仲裁。在香港所作的仲裁裁决可在所有签订《承认及执行外国仲裁裁决公约》——《纽约公约》的缔约国执行。

9. 13　结语

在香港，建筑设计、施工要达到最低法定标准，靠的是一个专业团队，单把责任放在单一的认可人士身上不能保证设计监管达到效果。香港一直使用的建筑师全程服务（建筑师负责制），实际上负起了设计、监管的专业顾问服务，协助业主方高效完成达至目标的建筑工程。

10 城市总建筑师制度探索：前海建筑与景观设计协调机构

深圳市前海深港现代服务业合作区管理局 叶伟华 邓斯凡
深圳华森建筑与工程设计顾问有限公司 徐 丹 王晓东

为适应前海深港现代服务业合作区（以下简称“前海”）“高标准、高强度、高效率”开发需要，依据《前海深港现代服务业合作区综合规划》“以体制机制创新为突破，规划理念创新为先导”的战略要求，前海管理局探索实行第三方技术核查和行政审批相分离的创新管理模式。2014年4月，深圳市前海深港现代服务业合作区管理局（以下简称前海管理局）通过公开招标委托深圳华森建筑与工程设计顾问有限公司作为前海建筑与景观设计协调机构，对前海城市设计和建筑风貌进行统筹、协调，对建筑方案、施工图设计进行技术核查，对新区建设面临的重难点建设问题进行研究，同时参与编制城市设计和建筑设计相关的技术管理规定。

10.1 规划管理机制创新

前海地处粤港澳大湾区核心位置，总用地14.92km²，规划总建筑面积2380万m²。《粤港澳大湾区发展规划纲要》明确前海将建设国际化城市新中心，规划定位为粤港澳深度合作示范区和城市新中心（图10.1）。

2013年6月27日市政府批准发布实施《前海

图10.1 前海城市新中心鸟瞰图

深港现代服务业合作区综合规划》，2013年11月前海第一批建设项目开工，前海建设面临“时间紧、要求高、任务重”的多重压力。前海管理局在短期内需要统筹协调大量规划、城市设计、建筑设计、景观设计及交通市政等专业，以及建筑方案设计、施工图设计等各阶段审查工作。快速建设和“高起点、高标准、高完成度”的前海新城建设要求相叠加，对前海规划建设相关工作提出了更高要求。

为更好地解决开发建设管理面临的实际问题，前海管理局通过引进专业技术团队，成立前海建筑与景观设计协调机构，发挥设计院专业优势，协助前海规划管理技术相关工作。

前海经过多年高强度、高复合、高集成的开发建设，城市建设初具规模，多项创新建设模式得到实践检验。前海建筑与景观设计协调机构发挥专业技术优势，组织建筑、景观、结构、机电、绿色建筑等专业团队，对方案、施工图等设计进行技术核查，作为第三方技术审查机构，协助前海管理局管控城市设计和建筑风貌，落实高标准精细化管理，为前海管理局提供行政审批技术支撑。第三方技术核查和行政审批相分离的创新管理模式，有利于双方发挥各自优势，提升前海城市建设质量，打造独具特色的城市风貌和精品建筑（图10.2）。

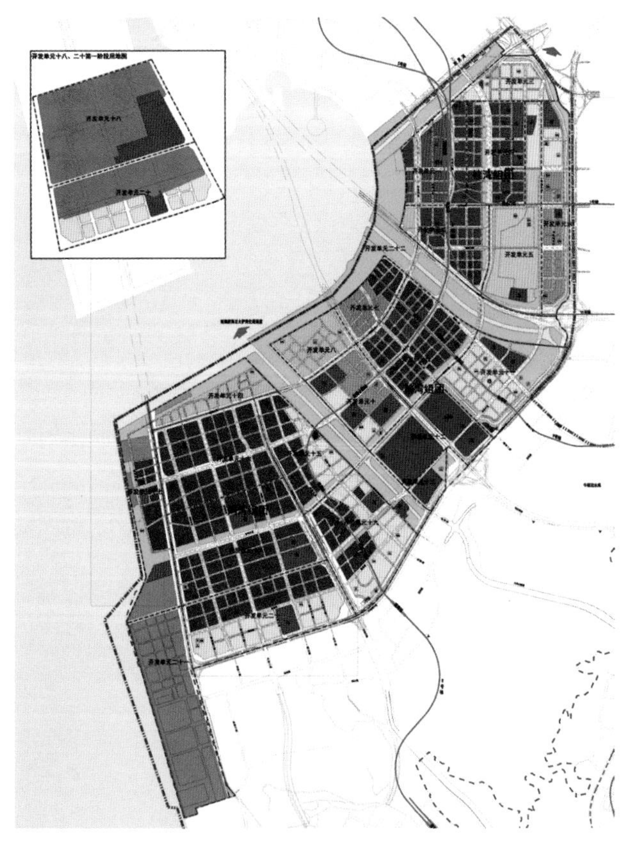

图10.2　前海土地利用图

10.2　前海城市设计和建筑风貌精细化管控

为落实中央城市工作会议精神以及《中共中央国务院关于进一步加强城市规划建设管理工作的若干意见》，打造世界一流滨海新城，建设体现深圳文化、地域特色鲜明的现代城市风貌，避免千城一面的城市形象，落实上层次规划和城市设计要求，前海管理局对城市设计和建筑风貌提出控制管理要求。2016年前海管理局通过公开招标，委托美国SOM公司和深圳市城市规划设计研究院编制《前海城市风貌和建筑特色规划》，对前海城市意象、风貌分区、公共空间、建筑特色、立面设计等进行研究。

为全面提升城市设计的空间统筹作用，依据《前海城市风貌和建筑特色规划》以及前海规划特点，前海建立城市设计与各层次规划、设计相衔接的管理和实施机制。建筑与景观设计协调机构协助前海管理局对城市风貌和空间形象的社会属性和审美品质进行把关，对区域内的重点公共空间进行概念城市设计研究，对相邻地块建筑进行技术统筹，解决不同地块互相衔接的技术问题。分层次、分对象提出导控要求，衔接上层次规划，并落实到具体的城市空间治理、形态管控和建筑设计，对城市公共领域、景观风貌、公共建筑进行引导和管控。

前海城市设计和建筑风貌管控主要内容具体详见表10.1。

建筑与景观设计协调机构重点对建筑设计方案，从建筑布局、城市风貌及建筑特色、公共空间、天际线、建筑形态、立面材质色彩、地上地下空间一体化开发等方面进行核查和协调。

前海城市设计和建筑风貌导控要点　　表 10.1

编号	分类	导控要点
1	公共空间	建设高品质的城市公共开放空间，提供多样化的城市界面形态，打造具有滨海特色、富有活力、建筑景观一体化、艺术气息浓厚的城市公共开放空间，并面向社会和市民无条件开放。根据《深圳前海城市风貌和建筑特色规划》对前海公共空间的分类要求，滨水空间、线性绿道、口袋公园、地块内公共开放空间应统筹协调，并形成整体网络体系
2	建筑形态	塔楼顶部设计形态丰富，尤其在滨海、滨河、主干道一线位置的塔楼顶部设计，形成优美的城市天际线；沿滨海岸线规划标志性的大型公共建筑，建筑形态丰富，提供多样化的城市界面，建筑景观一体化空间
3	建筑界面	包括建筑退线、平面布局、空间形式、功能布局、建筑贴线率、屋顶形式等方面。主要包括建筑一级、二级退线距离，建筑高度，塔楼顶部及裙房的形式、裙房界面等
4	玻璃幕墙虚实比	根据《前海城市风貌和建筑特色规划》要求，对建筑玻璃幕墙虚实比进行控制
5	建筑材料与色彩	结合地域气候特征，对建筑材料与色彩给出定性、定量的具体措施
6	地下空间开发	打造以轨道站点为核心的网络化地下复合空间，与城市公共活动、地面功能和气候特点、生活方式紧密结合，以适宜步行为导向，形成以轨道站点为核心、周边地区复合开发的网络状、树枝状的地下空间系统
7	道路交通	构建绿色便捷、多模式的一体化综合交通体系，打造以公共交通为主导、以轨道交通为主体、各类交通方式协调发展的综合交通系统
8	户外广告及景观照明	引导和控制立面广告、招牌、楼宇标识、地面导示标牌设置；对建筑、街道空间、公共空间、二层连廊及地下空间等灯光要素进行分类控制，针对单元、街坊、地块分区分层级进行照明等级划分，设置相关照明控制指标；户外广告及景观照明与建筑景观一体化设计
9	无障碍设计	无障碍设施、流线应完备顺畅，结合立体化慢行系统要求，设置地上、地下、地面无障碍垂直转换设施

10.3　技术核查和行政审批相对分离

建设工程的规划管理工作可以分解为两大部分:“技术解读”与“行政判断”。“技术解读”通过前海建筑与景观设计协调机构，对城市设计、建筑设计及景观设计等各部分技术文件进行核查，发现问题，提出技术核查意见，作为前海管理局行政审批的重要参考。“行政判断”由前海管理局完成行政审批。采用第三方技术核查和行政审批相对分离的创新管理模式，不仅大大提高了政府行政审批效率，而且能够全面提升审查质量和专业水平。

10.3.1　技术系统建设

1）编制前海房屋建设类项目审批细则

根据前海规划特点及建筑精细化管理要求，建筑与景观设计协调机构协助前海管理局进行房屋建设类审批细则的研究，并编制前海房屋建设类项目审批细则。

2）协助建立前海规划建设信息化系统

建筑与景观设计协调机构建立前海规划建筑一张图，并对建设审批信息化系统提出合理化建议。

10.3.2　技术核查

建筑与景观设计协调机构对报建的建筑设计方案、建设工程规划许可图纸进行技术核查，落实规划相关要求，汇总各专业意见，形成技术核查意见。

1）建设工程方案设计、建设工程规划许可核查

建筑与景观设计协调机构重点对规划符合性、公共空间、建筑形态、分期建设、整体开发等方面进行核查。具体见表 10.2。

2）景观核查

对交通、市政景观工程、公共空间景观工程进行技术核查。

前海建设工程核查要点表 表 10.2

编号	分类	核查要点
1	总平面	坐标；退线距离；周边现状（基地周边至少 50m 范围规划及现状）；楼栋编号；层数及高度；竖向设计专篇；消防登高操作场地；独立占地的学校、幼儿园、公共配建设施；日照计算；地下出地面设施（楼梯间、风井等）；邻避设施（如垃圾转运站、变电站、加油站、公交首末站、公厕、冷却塔）等
2	规划指标	各功能及面积指标；容积率；覆盖率；绿地率或绿化覆盖率；机动车 / 非机动车标注；阳台比例；套型比例；公共配套设施的面积；核增专篇；透空率计算
3	公共空间	与周边地块衔接；通道、视线通廊、景观绿廊；城市公共开放空间 / 场地内公共空间；城市公共通道、市政连廊天桥、相邻地块地上地下公共通道连接；无障碍设计专篇；骑楼
4	建筑形态	建筑面宽；滨水廊公园第一排建筑高度；屋面构架、幕墙等；立面色彩、材质、玻璃幕墙虚实比；天际线；与周边建筑关系；沿街界面；风亭、出入口及冷却塔；外立面灯光设计、景观照明专篇；户外广告招牌、楼宇标识；效果图
5	地下空间开发	地下公共通道；轨道站厅连接；市政路下方覆土厚度；相邻地块地下车库连通性；地下空间附属设施
6	建筑功能合理性	办公套内建筑面积、可售办公面积最小分割单元面积；住宅及商务公寓 90/70 要求；商务公寓户型设计；宿舍单间及套间面积比例；厂房及研发用房平面；商业用房楼梯电梯设置；建筑安全
7	道路交通	机动车出入口；人行出入口；整体交通组织及交通影响评估；幼儿园、学校、公交场站等特殊交通要求
8	市政专业	管线综合图、管线接口；低冲击开发指标要求；再生水利用、非传统水源利用率；集中供冷
9	低碳生态	绿色建筑专篇；海绵城市专篇；节能减排；垃圾分类；雨污分流达标率
10	其他	BIM 设计；装配式建筑

3）市政、交通协审

对市政、交通专项设计进行协助审查，重点对道路景观、市政交通附属设施、消防通道及消防登高操作场地等进行核查，提交协审意见。

10.4 加强建设统筹与协调

前海小地块、高密路网、高容积率以及高覆盖率的规划特点，对地块建筑布局、公共空间、城市界面设计提出更高要求，地块与地块之间的衔接和联系变得尤其重要。前海规划建设重点加强建筑与建筑之间、建筑与公共空间之间、建筑与城市之间的协调和对话。建筑与景观设计协调机构参与统筹协调，城市、建筑、交通、市政、整体开发建设等关系。

1）统筹重要公共空间

对区域内的重要公共空间进行概念城市设计研究，重点对核心建筑物与周边建筑物、广场、道路等的空间关系进行研究和分析，并与各方协调，确保重要公共空间形成并顺利实施。例如桂湾四单元 4 街坊与 5 街坊之间的城市景观绿廊和公共廊道，建筑与景观设计协调机构统筹协调 8 个地块的塔楼布局，控制裙房高度不超过 18m，留出公共空间和景观绿廊，形成桂湾北侧通海轴线（图 10.3）。

2）街坊整体开发

前海土地资源紧缺，为避免前海单一地块开发建设出现大量小而深的基坑和地下室，为节约集约利用土地，最大化提升土地经济价值，提高平面布局效率，解决机动车出入口设置数量较多等问题，鼓励在前海推行街坊整体开发模式，倡导以街坊为基本单位的整体开发，鼓励地上、地下空间复合开发和相互连通。街坊整体开发对街坊内各地块的权属、公共空间、慢行系统、地下空间、交通组织等的连接关系提出了较高的统筹和协调要求。

建筑与景观设计协调机构以公共利益为导向，统筹城市公共空间，协调各地块建筑布局，保障城市公共空间的完整性和连续性；对街坊内各地块之间的地上、地下城市公共通道的位置、标高、宽度、高度、建设时序和方式进行协调，确保各地块公共通道衔接顺畅，并具可实施性；尽可能统筹基坑开挖，协调各地块层数、标高，保障街坊集约利用有限资源；统筹机动车出入口，各地块之间的机动车道连通，实现一体化交通组织模式（图 10.4）。

3）统筹交通市政附属设施

前海地铁、地下环路、地下综合管廊等地下空间需要设置出入口、风井、消防疏散、机电设施等

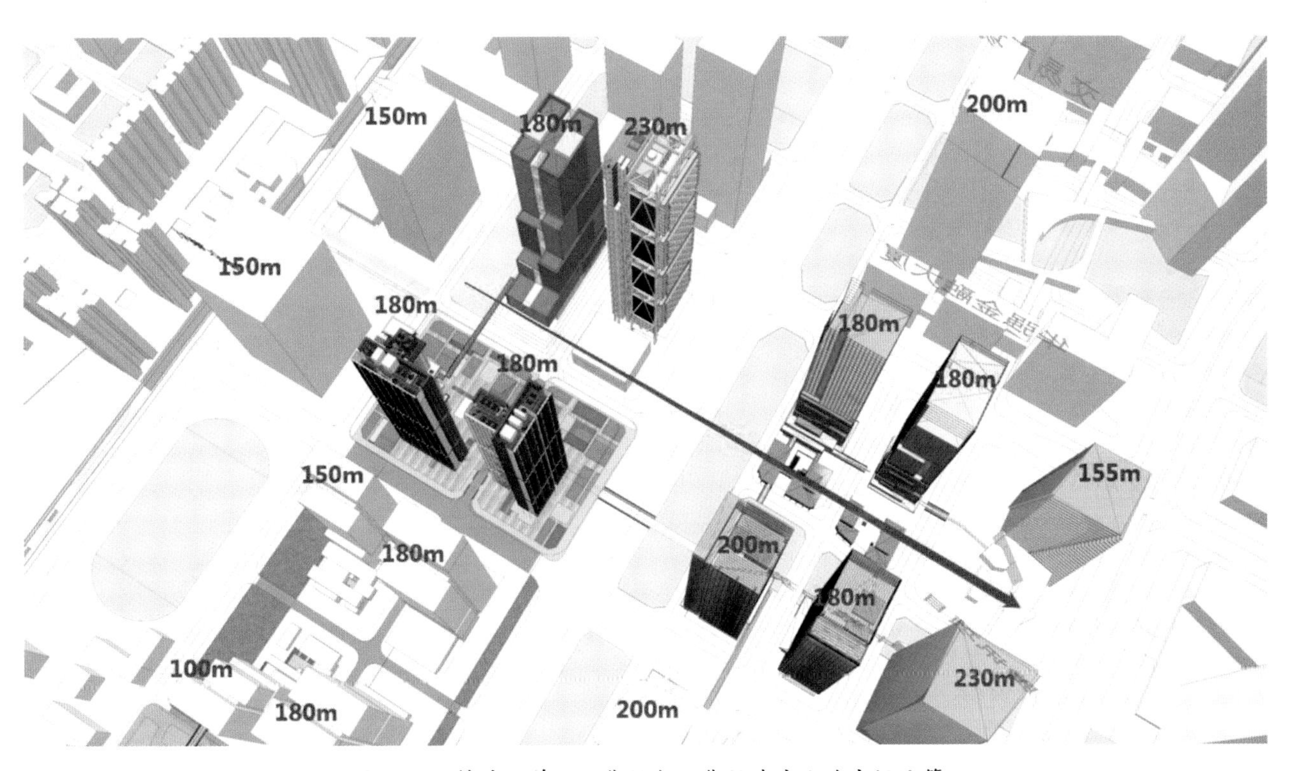

图 10.3　桂湾四单元 4 街坊与 5 街坊城市公共空间统筹

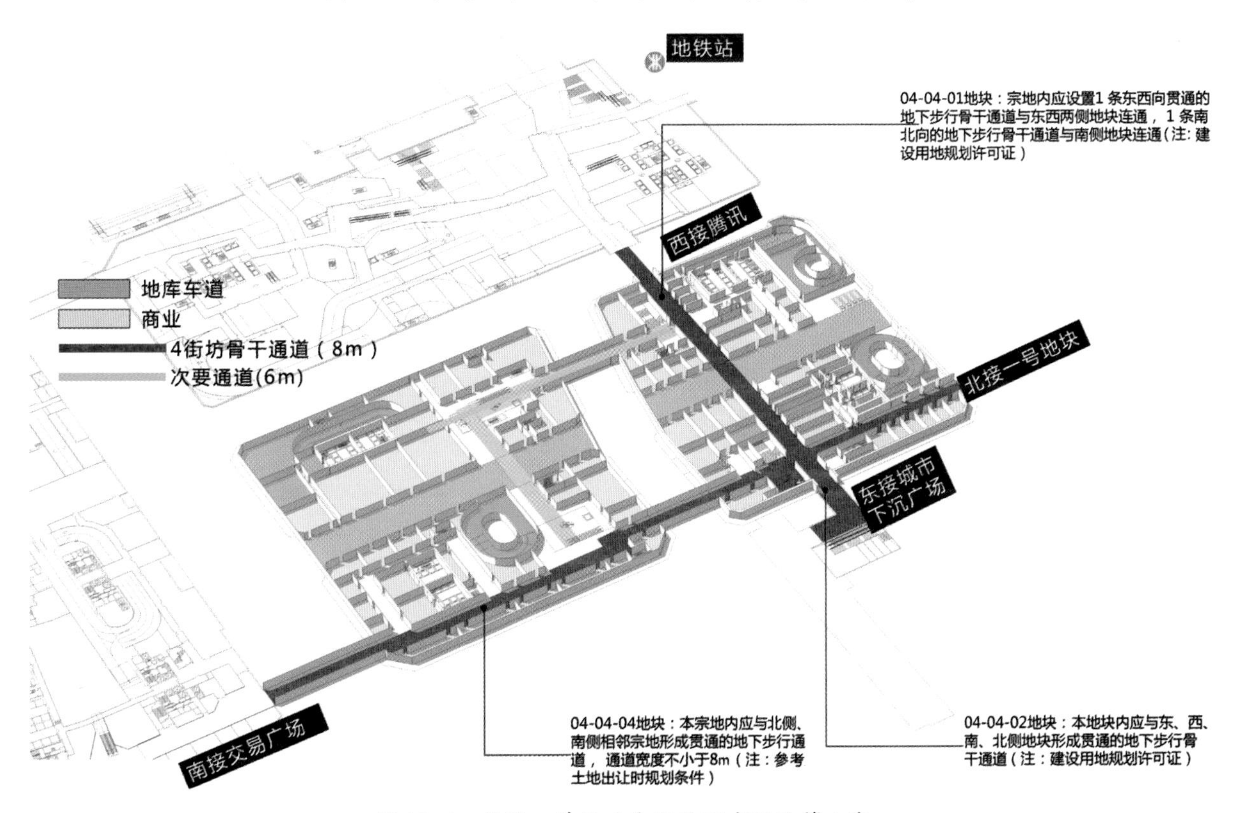

图 10.4　前海四单元 4 街坊地下空间统筹方案

附属设施。大量的地下空间附属设施需要在地面设置，对景观环境、公共空间品质形成不利影响。建筑与景观设计协调机构参与十九单元地铁站点、听海大道地下空间等附属设施的统筹协调，提出减少出地面附属设施的数量和体量，与周边地块建筑一体化设计，与市政景观一体化设计的解决措施，保障城市公共空间品质。

10.5 前期咨询和重难点项目研究

在完成日常的技术核查工作的同时，建筑与景观设计协调机构通过自身专业技术优势，将技术服务创新性地延展到前期咨询建议和重难点项目的研究中，以求在新区的建设中，提供系统、专业、准确的技术支撑。

1）管理机制研究

建筑与景观设计协调机构参与前海技术管理的相关创新研究，提供合理建议，积极探索新机制、新办法。参与起草《前海高层建筑消防登高操作管理规则》《前海重点建设项目建筑方案招投标规则》等技术管理文件。

2）设计任务书编制

建筑与景观设计协调机构参与重要项目的设计任务书编制，协助业主与设计方更准确地把握设计要点，在短时间内更高效、更高品质地编制设计任务书，使项目的设计环节更合理、更完善。

3）建筑容量研究

通过对建设项目用地的规划设计要点进行量化分析，重要项目进行概念方案设计论证，保证其合理性和可实施性，并对规划设计要点提出合理化建议。

4）重难点项目研究

对前海项目在设计、建设阶段遇到的重难点问题进行研究。如受地铁斜穿地块影响的弘毅项目、桂湾车行联络道对前海二单元1街坊的建设影响等项目进行前期研究，对后续实施提供指引。

10.6 建筑实施动态后评估

建筑与景观设计协调机构参与前海建设巡查，每季度对前海现状建筑进行评估并提供巡查报告。重点对现有建筑及城市空间进行调研，对城市和建筑风貌进行评估，发现问题、分析问题，并提出改进措施，在此基础上对未来的中远期发展提出具体对策和优化建议。

通过对前海城市风貌、建筑布局、建筑形态、街道界面、建筑立面、城市公共空间、交通组织、景观绿化等多方面全方位的评估，以规划管理、建设实施为目的，提出建筑设计精细化管理和设计全过程管控建议。

前海建筑与景观设计协调机构通过提供系统性的技术支撑手段，创新规划管理机制，加强学术研究，提供高效的文件管理和信息化机构建设，调动多方面的专业资源，为前海的规划建设提供设计全过程的技术服务。前海管理局依托专业设计机构，在“时间紧、任务重”的前提下，利用社会专业知识力量努力实现“高起点、高标准、高品质”的精细化管理要求。

2018年7月深圳市规划和国土资源委员会发布了《深圳市重点地区总设计师制试行办法》，总设计师对重点区域建设管理部门提供技术协调、专业咨询、技术审查等服务，保障城市公共利益，提升城市形象和品质，实现重点地区精细化管理。2020年4月27日住房和城乡建设部、国家发改委联合发布《关于进一步加强城市与建筑风貌管理的通知》，明确提出探索建立城市总建筑师制度，加强城市与建筑风貌管理，支持各地先行开展城市总建筑师试点，总结可复制可推广经验。前海管理局在2014年引入建筑与景观设计协调机构，前瞻性地探索规划管理新模式，是城市总建筑师制度的有益探索和实践。

11　山·海·城

深圳市华阳国际工程设计股份有限公司　唐志华

深圳只用了40年，就创造了一个前无古人的超级城市，速度之快让人惊叹。而它的成功不仅仅表现在城市建设速度，更表现在其独特的城市格局。

中国人是一个非常智慧且勤劳的民族，闭关锁国近千年，近百年来两次对外开放，造就了两座伟大的城市——100年以前是上海，20世纪90年代以后是深圳。

拥有中国最多超高层建筑的深圳，体现了中国城市发展的必由之路。在人多地少的基本国情下，城市化需让十几亿中国人住进城镇，且不同于西方国家，中国人爱交往，爱扎堆儿，爱吃喝，这一切使得中国的居住密度远大于西方。人们喜欢相约吃饭，喜欢住在商业中心的上面，下楼就可以喝汤购物，这在西方是难以想象的。

一半是现代化的高楼林立（图11.1），一半是连片的城中村（图11.2），这就是建设中的“世界城市”深圳。更为难得的是，虽然以飞快的速度建设，但深圳并没有出现西方国家特大城市常见的一些城市病，如棚户区、贫民区等，这是由于城中村的存在。通过数量极大的村民自建住宅，有效地解决了城市快速发展过程中，特别是早期发展中，对于建筑总量的需求。可以说，如果没有城中村提供大量的建筑资源，深圳的发展速度不会如此之快，或者说必然会出现大量的棚户区和贫民区，影响城市发展的进度。一位法国建筑师曾经这样评论：虽然深圳是一个有2000万人的特大城市，但是一点也不觉得压抑，因为在这个城市里，你总能看到山看到海。这得益于深圳特殊的城市结构——组团式多中心地带形城市。

位于南海之滨的深圳，城市用地非常狭小，北面是塘朗山与银湖山，南面是大海。进深最窄处只有几千米，最宽也不过十千米，东西长度约30km。

图11.1　高楼林立的现代城市

图 11.2　城中村连片的城市景象

图 11.3　集装箱码头

图 11.4　城区可以看到高耸的塔吊

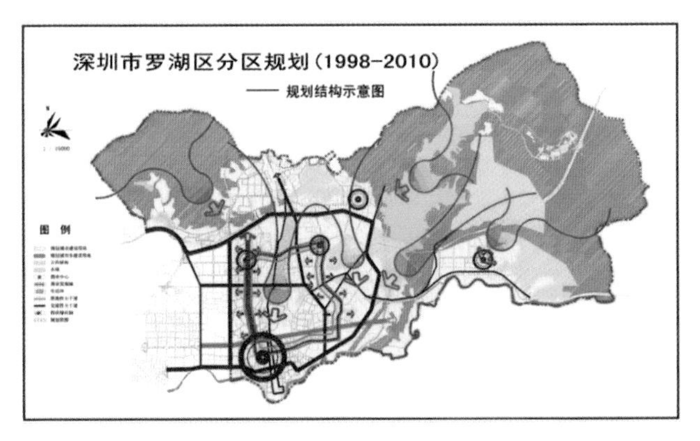

图 11.5　罗湖区分区规划

图片来源：深圳市城市规划设计研究院有限公司

狭长的城市用地让深圳的规划者建设者放弃了传统大饼式的城市结构，而将深圳打造为组团式的带形城市。这种城市结构是 20 世纪 80 年代中国规划界的共同认知。深圳、珠海、海口等几个新城都不约而同地采取了这种规划的手法：不是机械的带形城市分段，而是在城市组团基础上，由多个城市组团组成，每个组团有明确的边界和自己的中心城区，从而形成了多中心的城市结构。这种城市结构，有效地分解了城市规模过大而造成的中心拥堵和其他城市病。

除了特殊的城市结构，还有一点是深圳特有的：由于发展阶段和城区定位的不同，深圳的每个组团都表现了自己独特的气质与个性，具有强烈的方位感和可识别性。从深圳最西端的前海到最东端的盐田港，大约是 40km，一个马拉松的距离。现在就让我们以马拉松的步伐来体验一下这个特殊的城市吧。

最东端的组团是盐田港，这是一个世界级的集装箱码头。城区位于大山与深海之间，尺度宜人，在城区中心就可以观山看海。特殊的景观，高耸的塔吊和万吨的油轮组成了独特的城市画面（图 11.3、图 11.4）。

由此向西，穿过梧桐山，进入了深圳的第一个主城区罗湖区（图 11.5）。

罗湖是深圳发展的起点。依托广深铁路和罗湖口岸，原来的保安县城由南山迁到这里，经过多年的发展，形成了改革开放前最具规模的城镇。即使经过了 40 年的建设，罗湖仍保留着最原始的、一种依山就势自然生成的路网结构，保留着深圳最原始的骑楼古街，老东门商圈和很多有韵味的地方，如晒布路、湖贝等。在这里，你可以找到城市发展的脉络，听到最多的粤语，在小街巷或者城中村里吃到最地道的粤菜（图 11.6、图 11.7）。

罗湖区的东侧和北侧是山，南侧是香港，向西

图 11.6 罗湖

图 11.7 罗湖小街巷

发展成了唯一的选择。深圳由此开始一路向西发展，于是福田区应运而生。

荔枝公园是罗湖区和福田区的分界线，这里原属于宝安县的福田公社。无论在城市结构还是在形态上，福田区都代表了中国城市的一种审美需求。深圳的中轴线大约是中国甚至可以说全世界最完美壮丽的城市中轴之一。方格式路网，宽大的马路和林立的建筑，非常接近北京、西安等几个帝都城市的格局，符合人们对于现代化城市的想象和期待。高大豪华的写字楼里，无数的俊男靓女，衣着光鲜，谈吐优雅；低层的商业裙房里，咖啡馆远多于茶馆（图 11.8、图 11.9）。

沿深南大道一直向西走，从福田区进入华侨城片区（图 11.10）。

华侨城起源于旅游业的发展。20 世纪 90 年代，结合中国人想出去走一走、看一看的需求和对中国传统文化的兴趣修建了民俗文化村和世界之窗。当

图 11.8 深圳市福田区分区规划

图片来源：深圳市城市规划设计研究院有限公司

图 11.9 福田区城市景象

图 11.10 法定图则大家谈

图片来源：深圳市城市设计促进中心

时华侨城片区是一块废地，当年站在这里，没有人能大胆地预测到深圳可以发展为拥有2000万人口的一线城市。

从现实层面来讲，以福田区上海宾馆为界逐步向西，如今的华侨城成了整个深圳的地理中心，是深圳最适合居住的地方。无论你去福田、罗湖还是南山、蛇口，华侨城都是一个合适的选择。也许和最早的旅游定位有关，从一开始，华侨城的建设者们就致力于将这个片区打造为花园城市。主创的规划师和设计师都是以花园城市为设计概念，以新加坡作为范本来进行建设。

适合步行的弯曲道路，依山就势利用高差形成的大片绿地。学习新加坡成功的城市建设经验，使得华侨城成为深圳目前最有品位、最有个性的一个片区。如果说华侨城是深圳最小资的地方，大概深圳人都会认同。在那些老旧的厂房里，藏着深圳最好的咖啡或是最有品位的餐馆。当然更多的是各种各样的设计创意企业，一同支起了设计之都的半边天（图11.11、图11.12）。

图11.11　华侨城片区

图11.12　华侨城景象

华侨城的西侧是大沙河，而大沙河的西侧就是著名的深圳高新园区。

高新技术是深圳的名片。粤海街道办随着中美贸易战为大家所熟知。其实在规划之初，深圳的规划者们并没有如此宏大的理想，位于沙河西岸的高新园区，开发之初只是几栋厂房，三层的办公楼如同文物一般还保留在深南大道的路口。在这个面积仅10km^{2}的地方，汇集了腾讯、中兴、大疆等众多高新技术企业（华为也起源自这里），无数年轻的科技人才在这里聚集，上下班高峰期的高新园地铁站照片已成为网络上的经典（图11.13、图11.14）。

图11.13　高新园区

图11.14　高新园区经典照片

前海，代表着深圳最新的城市格局。

在这15km^{2}范围内，完全参照纽约城市格局进行规划，约100m×100m的路网格局使得土地效益最大化，使得前海地铁密度已大于纽约曼哈顿。前海的城市格局，几乎是深圳城市的缩影——组团式的带形城区，组团与组团之间分界明确，且以绿地相隔。前海致力于打造产城融合、滨海风貌、高效便捷、制度先进、面向未来的现代化城区，代表着深圳的未来（图11.15）。

图 11.15 前海深港现代服务业合作区综合规划

图片来源：深圳市城市规划设计研究院有限公司

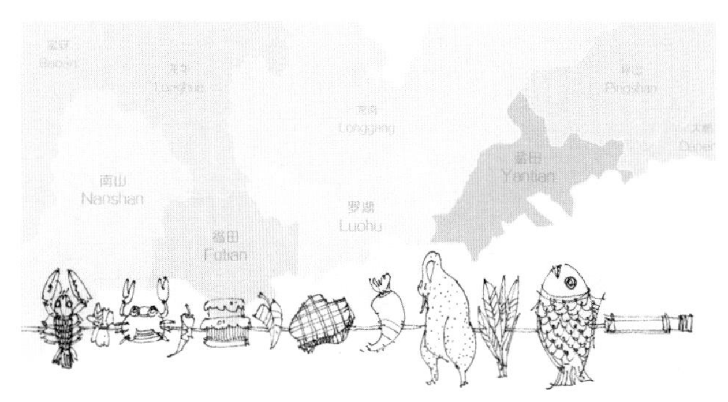

图 11.16 深圳城市形象

从盐田到前海，经过盐田、罗湖、福田、华侨城、高新园区和前海六个片区，可以说各有特色。

如果说盐田是一个山海港口城市的话，那么罗湖就是一个广东原生城市的代表。以罗湖对标香港与广州，福田对标北京，华侨城对标新加坡。而高新园区对标的就是硅谷，未来的前海对标的就是纽约。所以在这一路上，看到的景色是不同的，城区风格是不同的，人们的感受也是不同的。

无论城市用地多么紧张，深圳都严格地保留了区与区之间宽度 1km 以上的绿地，这使得每个片区都可以展示给人们良好的界面。同时北侧的山与南侧的大海之间，永远保留着对话的通道与空间，让整个城市密而不挤，每个片区都有自己独特的个性。城市不再是无边无际的，每个片区都有效地控制在几十平方公里之内，所以才可能在深圳每一个片区里面都能看到山，看到海，看到山、海、城融为一体。

如果形象地比喻一下，盐田是海鲜，罗湖就是一道广东名菜烧鹅；福田严谨壮观的格局，更像是红烧牛排大餐；华侨城就像一块水果蛋糕，在拥挤油腻中，十分清爽可口；而高新园区聚集了一群敢于第一个吃螃蟹的人，用螃蟹代表高新区最合适；未来的前海就是这个食物链的顶端——龙虾。更难得的是，每个不同口味之间，都有一片青菜。深南大道，如同一个烧烤的铁签，把这些美味串在一起。很多人曾问，深圳的城市建筑风格是什么？明确的回答是深圳的风格就是多元、混合、包容、共存，就像一杯鸡尾酒，有甜有苦也有辣（图 11.16）。

深圳是一个移民的城市，也是一个文化多元的城市。而它的城市面貌也跟它的文化一样，呈现出丰富多彩的一面。如果说早期的深圳，更像是南海边的几个散点，那么 2000 年左右的深圳已经发展为一个隶书的“一”字——从蛇口一直连到了罗湖（图 11.17）。而未来的深圳更像一个书法的“山”（图 11.18）——起笔在宝安，转折在前海和蛇口，一横则是整个深圳主城区，中间部分是未来的重要生活中心龙华，而最后一笔，是东部的龙岗与坪山。

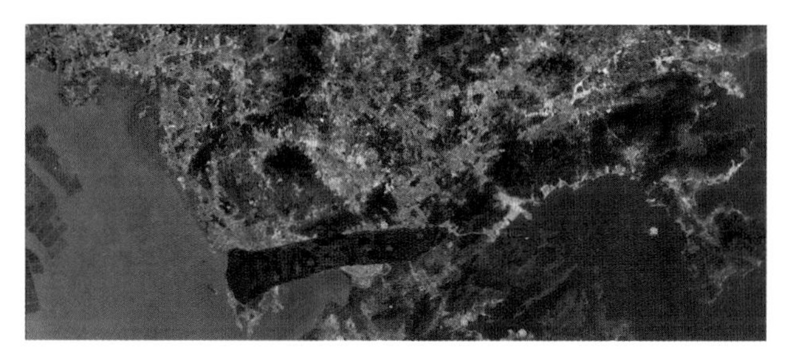

图 11.17 深圳城市面貌——“一”字形

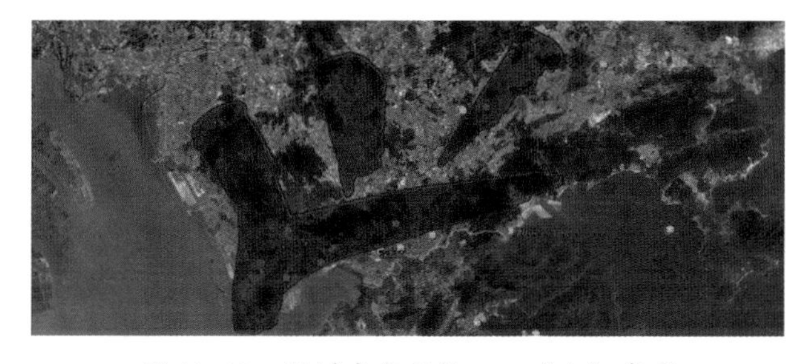

图 11.18 深圳城市面貌——“山”字形

随着大湾区建设提速，深圳被命名为社会主义先行示范市，深圳的发展将以更高的速度、更大的力度来进行提升。但是无论怎么发展，深圳还是要保留这种山、海、城你中有我、我中有你的城市格局。保留文化的多元性和每个城区独有的个性，深圳将以更加美好的城市面貌，迎接未来的挑战。

12　材料与风格

深圳市华阳国际工程设计股份有限公司　唐志华

12.1　砌筑的石材

人类可以追溯的建筑史大约只有一万年左右。建筑是人类最重要的文化活动之一。纵观上下数千年的文明史，人类主要用三种天然材料建房子——石头、木头、陶土。虽然建筑史上也有其他材料建造的房子，如兽皮建造的蒙古包等，但都没有形成体系的传承。

由于早期各民族选择了不同的建筑材料，从而形成了完全不同的建筑风格。建筑风格的形成受不同文化地域特点影响，但其远远不及材料的特性和建造的方式对风格的影响。

由于耐久性的原因，石头建筑似乎有着更久远的故事。但这不符合历史的事实。西方建筑把石头建筑作为建筑的主流，把建筑称之为石头的史书。事实上石头建筑起源于非洲，最具代表性的是埃及。

古代社会，人们以石头为建筑材料，把天然的石头打造成方形或圆柱体的块，利用石头优良的抗压性能，通过种种方式把一块块石头砌筑起来，以获取更加高大完美的空间。但要获得建筑空间，仅仅有柱是不行的，必然要有梁。以石头为梁，其抗拉性能就差多了，特别是埃及比较脆弱的石头材质，更让这个问题暴露无遗。

> 有史以来，绝大多数的建筑结构方式，无非是如何造屋顶和如何支撑屋顶。屋顶的跨度和它的支撑方式，决定着它覆盖下的空间的使用价值。
>
> ——陈志华《外国建筑史》

虽然人们对埃及石头建筑的建造方式有过各种各样的推测与想象，但用石块一块块地砌筑柱子不是整个工程的关键，关键还是“上梁”。

“上梁”一定是埃及神庙，或者说是所有石头砌筑建筑的头等大事。

为了减少梁的跨度，柱子的最上面一块石头一定会被放大，形成柱头。柱头不是为了美丽，而是为了减小梁的跨度，获得更大的空间。当然这种手法在陶土建筑和木构建筑中也是存在的。

所以说，只要选择了石头作为建筑材料，以“砌筑”为建造的手段，必然会呈现出以下主要特征：

（1）它们形成的立面一定是垂直的竖向构图，埃及、希腊、罗马、哥特及后来的浪漫主义风格或者西方古典主义均如此。

（2）从最早的埃及神庙开始，柱头作为一种力学构件一直存在。埃及的柱头孔武有力、装饰较少。到了希腊时期，柱头被美化和格式化，但其力学的作用并没有消失。最后也是由于力学体系的变化，柱头被演化成一种装饰物件，至今没有消失。

（3）石材表面粗糙，“表象”不美，但却是雕塑的好原材。所以从一开始，石头建筑就与雕塑分不开了。

埃及、希腊、罗马著名的建筑师都是伟大的雕塑家和了不起的石匠，以至于这个职业在几千年的建筑史上难以区分，直到工业革命后，才分工明确（图 12.1 ～图 12.3）。

石头建筑体系的传承关系是很明确的，它起源于尼罗河流域的埃及，中转于地中海克里特岛，成熟于古希腊。

从本质上说，相对于埃及，石头建筑体系在希腊并没有质的飞跃，只是建造的方式更加先进，雕塑更加精美，柱子更加收放有度。粗放的柱头更

图 12.1 埃及神庙

图片来源：第七城市 - 建筑设计欣赏 - 太阳神庙

图 12.2 帕特农神庙

图 12.3 罗马万神庙

加艺术化，石头在希腊人手里更加柔美、更加艺术化。当然这也和希腊的石材更加细腻和紧密有关系。但同时也缺少了埃及神庙的那种原始的粗放与力度。

但是在力学体系上，希腊建筑没有真正的进步。古罗马对希腊的传承是全方位的。开放的罗马帝国吸收着一切征服地区的优秀文化。这是一种强大的象征。

随着古罗马帝国日益壮大，他们占领了地中海东岸的古波斯帝国和古巴比伦，两河流域的文明和古希腊的文明，在古罗马产生了混血石头建筑体系，产生了一次巨大的变化。

把梁变成拱券，是石头建筑体系几千年以来最惊人的变化。那个重达数吨，难以施工的梁被更加有效、更加便利的拱券替代。“大梁”被分割成十几块“楔”形的更小的石块，大大减弱工作的强度，加快了建造的速度，运输也更加便利。

应该说石头建筑体系到了罗马时期已经完全成熟了。以后两千多年并没有真正意义上的革命性变化。在拱券的基础上出现了十字拱、肋架拱、穹顶、帆拱、尖拱等，但其力学原理是一样的（图 12.4、图 12.5）。

文艺复兴是对古希腊古罗马的复兴，巴洛克、洛克克仅仅是装饰层面的花哨。伟大的哥特也是在罗马的基础上，以信仰为蓝图开出的艳丽花朵。以至于后来出现的古典主义，还持续传承着古埃及、古希腊、古罗马的语言。

虽然拱券出现以后柱子与柱式成了建筑的装饰，但这种文明还是传承了两千年之久，以至于到今天，我们还常常见到它。

图 12.4　哥特教堂速写

图 12.5　圣彼得教堂

12.2　堆筑的陶土

文明只产生于最苦难的地方，与自然界的奋斗抗争使人类产生了文明，尼罗河如此，两河流域也如此。

两河流域文明与古埃及文明，谁更早一些还要等待考古的新发现。但有一点是十分明确的：由于缺少石头、木材等优良的建筑材料，加之该地区干旱少雨，从一开始两河流域就以陶土作为主要的建筑材料。

两河流域文明早在公元前三千多年，就有了拱券技术。而罗马的拱券则成熟于公元之后。当你想在黄土高坡挖一孔窑洞，或者在一面土墙上开一扇门窗时，你绝不可能挖一个方形的洞。拱券是陶土建筑特有的语汇，是陶土建筑最合理的受力方式。

面对陶土，无论是巴比伦的大门还是陕北的窑洞，都会由拱券的方式形成对上部的支撑，这是陶土建筑的力学特点所决定的。

聪明的罗马工匠似乎体会到了什么，否则以他们原来头脑中的石头概念，是无法产生“拱券”概念的，这一点我确信，石头建筑的拱券概念，来源于两个文明的碰撞（图 12.6 ～图 12.8）。

图 12.6　山岳台

图 12.7　巴比伦拱形城门

图 12.8　窑洞拱券

与石头的砌筑相比，陶土建筑的缺点是难以建更高的层数和高度。建筑难免不够宏伟，战争时期的防御功能不强，解决办法就是堆筑高台，在高台之上建皇宫或城堡。

陶土的外表不够华丽，难以防护风吹雨淋，而烧制过的陶土——玻璃砖就成了陶土建筑最重要的表象语言。

陶土建筑的风格主要表现为：

（1）拱券的使用

（2）陶钉玻璃砖成为最重要的装饰材料，室内室外都大量地使用。

（3）土墙表皮留下的施工特征，很多收边以人类的虎口为工具，留下明晰的印记。

拱券技术虽然启发了石头建筑，彻底改变了石头建筑几千年的建造方式和受力体系，但仔细研究就可以发现两种拱券有很大的不同。

石头拱券是砌筑出来的，线条坚挺而复杂。陶土拱券是整体成型堆筑出来的，最简单的收边方式是人类的虎口。石头拱券受传统的影响，比例挺拔而高傲，陶土堆筑出来的拱券，平和而亲切。

陶土的抗拉和抗压强度都不好，人们必须找到更合理的建筑形式。虽然后来人们把黏土做成土坯，也仅仅是方便了施工，整体风格受材料的限制，没有大的改变，以至于后期伊斯兰很宏伟的清真寺，更多是采用石头砌筑。

公元 7 世纪，随着伊斯兰教的兴起，东自伊斯坦布尔，西至西班牙、葡萄牙，包括地中海的全部岛屿，罗马帝国的半壁江山，为阿拉伯人占领。陶土建筑的风格，也伴随着阿拉伯人的胜利脚步，在这些地方广为流行。我们后世所看到的地中海岛屿上的建筑，包括西班牙风格，都有了强烈的陶土建筑的语言与风格（图 12.9。

包括著名的巴塞罗那的圣家族大教堂，虽然其外观采用了哥特式的构图，但仔细观察整栋建筑所使用的建筑语言，完全是堆筑式的陶土语言。在圣家族中，看不到一条哥特式挺拔的线条（图 12.10）。

随着哥伦布发现新大陆，西班牙人又把这种风格带到南美和加利福尼亚。所谓的南加州风格，就是西班牙风格，就是陶土建筑的风格。

图 12.9　圣托里尼岛

图 12.10　圣家族速写

石头建筑体系，随着基督教的传播，遍布整个欧洲大陆。又通过对美洲北部的殖民统治，传到了美国的东北地区，也就是今天所说的新英格兰地区。

两大建筑文明，在新世界的东北和西南方向登陆汇合，发展壮大。当然，在这一千年的过程中，陶土建筑也大量吸取了石头建筑的优点与风格。在建筑领域，相互影响，相互学习，共同推进了人类建筑的发展。

12.3 架筑的木材

在三大材料中，木材是最好的建筑材料。它温润近人，而且在尺度上和人们日常生活的需求最贴近。

我相信木材一定是所有人类最先选用的建筑材料。但由于种种原因（埃及两河流域的植被缺失，印度的多雨防腐），木建筑作为一种建筑体系，出现在了森林密布的黄河、长江流域，进而影响到韩国、日本和东南亚地区。

不同于石头和陶土，木材的抗压强度和抗拉强度几乎同样出色。既可以做成柱又可以做成梁，而且它的尺度非常符合人的生活尺度，正是由于这种特定的材料性能，形成了木构建筑与石头建筑、陶土建筑完全不同的风格。

正常的成材木料大约 4 ～ 5m，以木材为柱为梁，架筑成的立面基本上成正方形的构图，不同于石材的竖向构图、陶土的拱券造型，正方形与正圆形，成为木造建筑的审美符号。

当然，作为建筑材料，木材也有其先天的不足，一是防腐，一是难以修建高层建筑。毕竟，要想把两根木材垂直叠加是十分困难的。

以木材为建筑材料的人们是这样解决高度问题的。他们先以最长的一根木头修建第一层结构，待这层结构完成以后，再以次高的木材修第二层结构。这样一层一层建上去，七层、九层……每一层的结构都是独立完整的、每一层的高度都是依木材的高度而定的，每层的结构相互关联，最后形成一个整体。

《红楼梦》里讲上有隐寺之塔，就是因为以木为主要材料的建筑，不可能在高度上超越树木，判断远山里有没有寺庙，只有通过塔尖寻找。

木材最麻烦的是“防腐”，木材的横断面又是防腐的重点。以塔为例，木材每层的接口是防腐的重点，只能由防水的泥瓦把每层断面包起来，鸟粪也是腐蚀木材的。因此每层挂上铃铛，中国塔的形象就出来了。不论中国、日本、韩国，只要以木材为材料，塔的形象就不会有大的出入。对比一下石头建筑、砌筑（中国、日本、韩国与西方各国）的塔，我们就能发现材料对风格的影响。

反观以石头为建筑材料的中国（羌族），他们修建的塔非常接近于西方塔，而非中国塔。所以说风格的影响更多来于材料，而非民族与地域（图 12.11 ～图 12.16）。

晚期的中国人也修了一些石塔，如泉州的开元寺塔，但与西方的石头砌筑的塔完全不同，他们首先把石头做成木头的形状，再用架筑的方式修建了一个中国风格的塔。后来中国人也建造了一些石塔或琉璃塔，这种材料完全没有防腐的需要，但在造型上也继承了木塔的造型，说明塔的形象在中国人心中根深蒂固。

材料对一个民族的审美影响，可谓深入骨髓。

木构建筑的形象特征，很多来源于防腐的要求。为了防止雨水对木柱的影响，人们可谓想尽了办法。木材表皮的油漆、木柱下面加上石材的柱

图 12.11 速写 1

图 12.12 速写 2

图 12.13 应县木塔速写

图 12.14 日本塔

图 12.15 威尼斯广场

础。但最有效的办法还是让雨水远离木材，越远越好。人们拼命加大挑檐，设计出反曲线的屋顶，其目的都是为了让雨水远一点、再远一点。

我猜测，斗栱的出现最早的目的就是为了加长挑檐的外出，让雨水远离怕腐的柱子。当然这个结构构件后来也像西方的柱式一样，成了装饰和符号。虽然它没有起到加大开间的作用，但对挑檐还是帮助很大（图 12.17）。

如果说石头建筑与雕塑是分不开的，那么木构建筑是与绘画分不开的。这一点，又是和材料的特性相关的。防腐需要在木材表皮刷漆从而演化成彩绘。

图 12.16 羌族塔

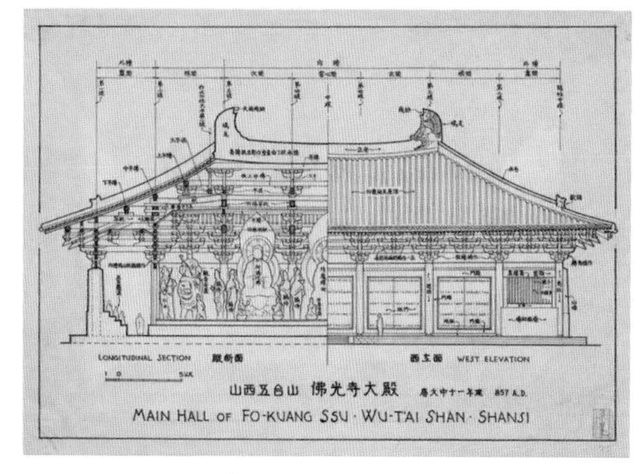

图 12.17 《图像中国建筑史》梁思成手绘

虽然木构建筑也有一些很精美的木雕，但都是门窗为主，以解决室内的采光，而主要部件没有雕塑的余地（图 12.18 ～图 12.20）。

中国建筑是和绘画分不开的，早期的建筑师都是画家、诗人，特别是江南园林。所以说，西方建

图 12.18　雕花门窗

图 12.19　雕花门窗

图 12.20　苏式彩绘

筑更接近雕塑，宏伟、完整、震撼。而木构建筑更接近一个绘画长卷，要慢慢展开，仔细品味。画家们也把自己的品位与喜好，传递到园林里。有人说故宫是平展的院落叠加，而西方的皇宫相对集中，这一切都与材料有关。

木构建筑的特征：

（1）正方形、正圆形的构图

（2）多层的塔

（3）巨大的挑檐

（4）展开的平面布局

12.4　浇筑的混凝土

在工业革命以前的数千年间，人们只能用天然材料建房子，建筑的形状受材料性能的影响，形成了不同的风格。随着科技的进步，由复合材料而非天然材料建房子已是世界各地的首选。放眼全世界，应该说 99% 的建筑是由混凝土、钢和玻璃建造的，而彻底改变建筑建造方式的，首推混凝土的发明。

混凝土是液态的石头，与钢材巧妙地结合，具有石材的抗压能力和木材的抗拉能力。混凝土具备良好的防水性、防腐性、耐久性，几乎可以说是个全材，而且具备极好的可塑性，理论上可以做成任何的形状，但混凝土发明一百多年来，人们更多地把它做成一种结构材料。用混凝土模仿石头建筑的风格、陶土建筑的风格和木头建筑的风格。

这些错误的做法至今还存在。

以浇筑为建造方式的混凝土有着自己的语言和表达方式，也一定会像石材、木材一样形成自己的独特风格。混凝土有自己的语言，它的创造力是传统的天然材料所完全不具备的。

混凝土在过去的百年中，担负一个承重的结构作用。即使露在外面也会通过粉刷、贴瓷片或者干挂石材的方式加以装饰，似乎混凝土是一个见不得人的东西。

如果用混凝土模仿传统的建筑风格，其实是一件很困难的事情。以砌筑的石头建筑为例，其表面丰富的线条和装饰，对于砌筑是个很简单的事情，只要上下砌块尺度不同就可以了；而对于混凝土来讲，要模仿这个造型就意味着极为复杂的模板系统，人们只好以混凝土为墙体，通过干挂的方式来完成对传统建筑的模仿。当然，用混凝土模仿木构件建筑更加困难。我至今也无法想象用混凝土浇筑一个斗栱的难度。

研究混凝土的语言，要从三个方面入手。它的结构性能，它的造型能力（因为是浇筑，必须有模具），它的表皮肌理。结构性能交给工程师们，建筑师重点是造型和肌理。从这方面讲，混凝土似乎有着无限的可能性。

用浇筑的语言研究混凝土，充分利用混凝土的可塑性和粘合特征，是突破传统、创造建筑语言的必由之路。在这方面，柯布西耶是先行者，是真正能够用混凝土的语言进行创作的大师。有些在传统建筑中难以想象的造型和空间，如果用混凝土的语言来表述是十分自然和简单的（图 12.21、图 12.22）。

虽然现在很多建筑师都在创造以混凝土语言为主的建筑，但现在看来这种语言的挖掘和开发还远远没有尽头。模仿还是很多人最简单的路径。

图 12.21 朗香教堂

图 12.22 昌迪加尔

举个简单的例子，现在人们大量使用混凝土去做一些日常用品，如休息椅、笔筒、烟灰缸之类的东西，但他们的思维还是停留在模仿石材的休息椅、瓷器的笔筒、玻璃的烟灰缸。如果用混凝土的语言，由浇筑的方式去做这件事，就完全有不同的结果。

以公园中的休息椅为例，我们所看到的都是石头语言的仿制品，如果用混凝土的语言去创造，充分利用混凝土的可塑性和粘合性能完全可以用最简单的办法突破传统的概念，创造出独一无二的作品（图 12.23 ～图 12.26）。

图 12.23 丰岛美术馆

图片来源：丰岛美术馆官方网站

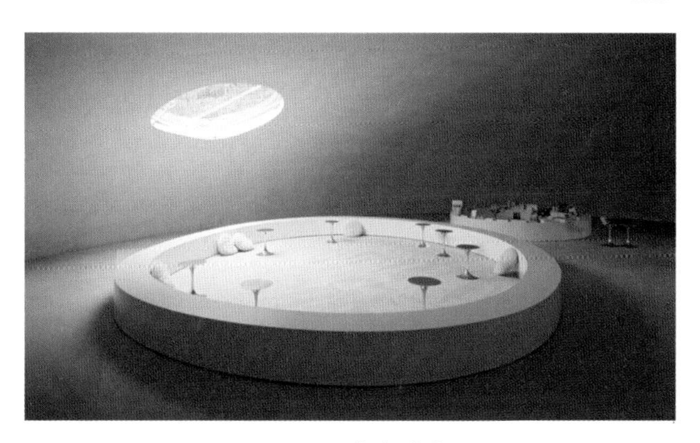

图 12.24 丰岛美术馆

图片来源：丰岛美术馆官方网站

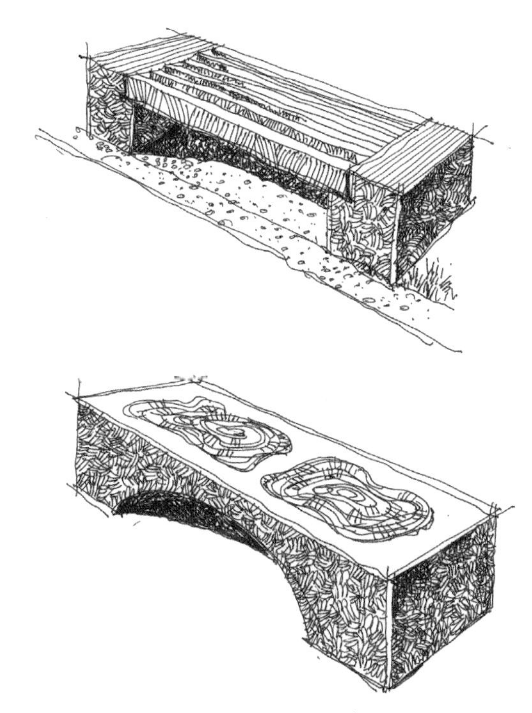

图 12.25 休息椅

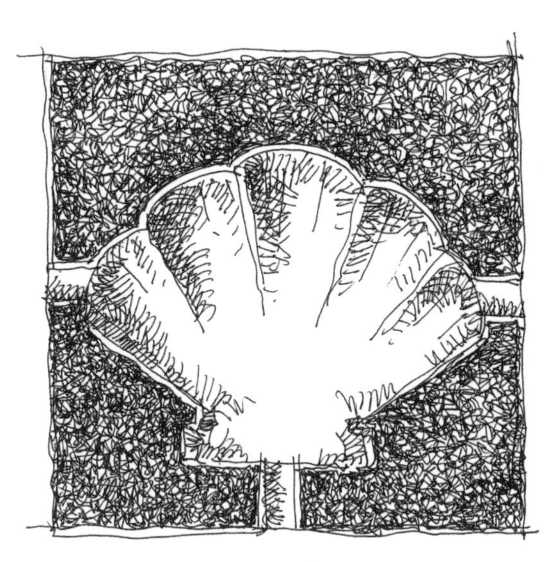

图 12.26 贝壳烟灰缸

我们也可以把贝壳作为模具浇筑在混凝土里，从而获得一个有贝壳造型的烟灰缸。为什么一定要模仿玻璃的烟灰缸呢！

由于采用浇筑的方式，混凝土的表皮肌理于是有了无数的可能性。用木板有木纹，用竹子有竹节。你也可以用麻布包、用凉席、用刻有文字的模具，以获得完全不同的肌理效果。当然，如果采用工业化的反打技术，利用混凝土的粘合性，你也可以把贝壳、碎石设计为混凝土的表皮肌理。

随着科学技术的进步，在混凝土中添加发泡剂或玻璃纤维，我们又可以获得完全不同的发泡混凝土或者透光混凝土。

钢结构的建造方式更接近于木构建筑，是架筑的。但钢结构的使用还有局限性，这里就不再重点讨论了。

社会在发展、科技在进步，对于建筑学而言，没有比材料的进步对它的影响更大了。前面我们讨论了石材的砌筑、陶土的堆筑、木材的架筑、混凝土的浇筑，或许有一天，我们的建筑是挤筑上来的（3D 打印），到那时，材料的性能更优，施工建造的方法更先进，我们就需去研究新的建筑语言了。

13　后疫情时代建筑防疫设计思考

深圳大学建筑与城市规划学院　艾志刚

2020年初爆发的新冠肺炎，造成全球五百多万人感染，数十万人死亡。在疫情严重时期，许多城市采取了停航、停工、停学等封城措施，人民生活受到极大影响，国家经济遭受沉重打击。

作为公共卫生环境的创造者，建筑师需要认真思考建筑与疫情防控的关系。在未来建筑设计中，是否需要提高建筑的防疫能力？建筑防疫设计的目标与策略是什么？在一般建筑的设计或改造中，有哪些行之有效的防疫抗疫措施？本文对这些问题作了初步思考与梳理，以期对疫后建筑防疫设计深入研究有所帮助。

13.1　建筑防疫设计的必要性

13.1.1　未来大规模的传染性疾病随时可能爆发

人类的历史既是一部与传染病的作战史，也是与病毒共同进化的历史。据测算，人类历史上二分之一人口死于各种传染性疾病。鼠疫、霍乱、流感与天花被称为世界四大传染病。鼠疫曾让40%东罗马人致死，中世纪时期致1亿欧洲人致死；霍乱在全球有七次大流行，致死人数多达350万人；流感病毒常年肆虐，全球每年数十万人死于流感；天花病曾长时间大范围流行，造成几百万人的死亡。

进入21世纪后，尽管现代医学水平大幅提升，但新的传染病却不断出现，并难以控制。1960年出现艾滋病，致死人数高达3200万，至今无特效药；2003年出现“非典”，感染人数8422人，死亡919人；2005年出现登革热，死亡10万人；2011年出现中东呼吸综合征，感染2442人，死亡858人；1976年出现非洲埃博拉，造成3500余人感染，2200多人死亡。抵抗传染病已经成为人类社会一个长期而艰巨的任务。

美国约翰·霍普金斯大学卫生与安全研究中心在《全球灾难性生物风险》研究报告中指出，现有公共卫生与医疗系统难以应对大规模传染病与人为泄露事件。它不仅会造成大量人类生命的丧失，也会引发一系列社会经济动荡，而人类在最近半个世纪以来已经进入了一个全球灾难性生物风险事件频发时期。微软创始人比尔·盖茨在2015年一个公开演讲中感慨：“当我还是小孩子的时候，我们最担心的是核战争。但未来如果有什么东西可以夺去上千万人的生命，则更可能是某种高度传染的病毒。”

13.1.2　当下城市对传染病流行的防控能力十分薄弱

当代城市公共卫生条件优越，但面对新出现的传染性病毒的进攻，城市几乎没有招架之力。现代交通工具发达，人员流动量大而快速。客运航空与高速铁路的普及，让病毒得以以前所未有的速度传播。现代城市建筑层数高、密度大，病人发现难、隔离难，酒店、超市等大型公共建筑成为传染病感染的高危场所。

13.1.3　未来建筑的防疫性能亟需提升

此次新冠肺炎疫情的爆发，除了医学专家和医务人员在积极应对，广大建筑师也在努力反思。如何提高城市与建筑应对突发公共卫生事件的能力？如何降低建筑居住者的感染风险？如何保障疫情中人们的基本需求、提高疫期的生活质量？

事实证明，建筑环境对疫情防控、患者治疗具有重要作用。提升建筑的防疫能力，可以抑制病毒和细菌的生存与传播，降低人群感染机会，也能为抗疫中的人群提供安全与舒适的环境保障。

13.2 建筑防疫设计的依据

由于过往的民用建筑几乎没有防疫要求，建筑防疫设计目前处在没有规范可依，没有成熟经验可靠的摸索期。我们拟以相关的医学知识、传染性建筑设计法规、抗疫中的建筑案例及传统建筑经验为研究基础，提出普通民用建筑的防疫设计准则与策略。

13.2.1 相关医学的研究成果

与疫情防控密切相关医学领域包括微生物学、预防医学及流行病学。这些医学理论和最新研究发现，将是建筑防疫设计的科学依据与理论指导。

微生物学是生物学的分支学科，是研究各类微小生物生命活动规律和生物学特征的科学，其分支包括细菌学、病毒学。预防医学是研究预防和消灭病害，讲究卫生，增强体质，改善和创造有利于健康的生产环境和生活条件的科学。流行病学是预防医学的一个重要组成部分和基础，是研究特定人群中疾病、健康状况的分布及其决定因素，并研究防止疾病及促进健康的策略和措施的科学。

病毒学研究发现，新冠肺炎病毒与流感病毒同属于冠状病毒家族（RNA）。新冠肺炎和流感的临床症状有一定相似性，如发烧、咳嗽等，但这两种病毒并没有亲缘关系，且流感和新冠肺炎的检测方式也不同。新冠病毒的危害程度高于流感病毒。新冠病毒的传染性极强，可通过飞沫传染，如说话、咳嗽、打喷嚏；或者接触传染，如触碰污染桌子、器物；也可能通过粪口传播，如接触病人的排泄物等。研究也发现新冠病毒在不同介质环境中存活时间差异较大，如低温潮湿空气中存活可能超过24小时，在干燥高温空气存活小于0.5小时（图13.1）。

新型冠状病毒

	环境温度	存活时间
空气	10~15℃	240分钟
	25℃	2~30分钟
飞沫	<25℃	24小时
鼻涕	35℃	30分钟
液体	75℃	15分钟
人手	20~30℃	<5分钟
无纺布	10~15℃	<8小时
木质	10~15℃	48小时
不锈钢	10~15℃	24小时
75%酒精	任何温度	<5分钟
漂白水	任何温度	<5分钟
肥皂水	任何温度	<5分钟

图13.1 冠状病毒生存环境

13.2.2 高传染风险建筑的设计规范和经验

高传染风险的建筑，如传染病医院、生物实验室、病毒研究所等，国家已出台明确而严格的建筑设计规范，可以成为民用建筑防疫设计的借鉴参照。

早在1989年国家就出台了传染病防治法，并在2004年做了第一次修订，2013做了第二次修订。国家对传染病防治实行预防为主的方针，防治结合、分类管理、依靠科学、依靠群众。尽管新冠肺炎在该法中归类为乙类传染病，但采取甲类传染病的预防、控制措施。

国家标准《生物安全实验室建筑技术规范》把生物安全分为一到四级。一级生物危险性最低，防护要求也最低，四级生物危险性最高，建筑防护要求也最高（图 13.2）。

实验室分级	处理对象
一级	对人体、动植物或环境危害较低，不具有对健康成人、动植物致病的致病因子
二级	对人体、动植物或环境具有中等危害或具有潜伏危险的致病因子，对健康成人、动物和环境不会造成严重危害。有有效的预防和治疗措施
三级	对人体、动植物或环境具有高度危险性，主要通过气溶胶使人传染上严重的甚至是致命疾病，或对动植物和环境具有高度危害的致病因子。通常有预防治疗措施
四级	对人体、动植物或环境具有高度危险性，通过气溶胶途径传

图 13.2　生物安全分级

鉴于未来病毒的多发性、常态化，普通民用建筑防疫设计应达到或接近一级生物实验室的防控标准。在疫情爆发期，普通民用建筑可按三级或四级危险生物实验室标准采取紧急防控措施。

国家标准《传染病医院建筑设计规范》有关医生与病人隔离措施，在布局、流线、建筑设备等方面都有严格要求。平面布置应划分污染区、半污染区与清洁区，并应划分洁污人流、物流通道。为进入洁净区与清洁区的工作人员分别设置卫生通过室，病人候诊区应与医务人员诊断工作区分开布置。门诊、急诊和病房，宜充分利用自然通风和天然采光。半数以上的病房，应获得良好日照。室内净高要求：2.8m，3m。采用空气调节的呼吸道重症监护病房，应采用负压系统。

13.2.3　疫情中出现严重问题的建筑案例

在本次疫情中，某些建筑成为染病的重灾区，如武汉华南海鲜市场、武汉中心医院、山东聊城市振华超市闸口店等。研究这些建筑在布局、流线、设施等方面特点，寻找它们与病患之间的相互关联，对未来建筑防疫设计具有重要意义。2004 年香港淘大花园住宅区发生众多感染者，事后香港卫生署组织专家进行调查研究，发现该建筑在布局、设施等方面存在先天缺陷和维护问题，成为建筑防疫设计难得的反面教材。

13.2.4　历史建筑中古人的防疫智慧

由于传染病自古有之，人类在与传染病的长期斗争中，积累丰富的经验。古人在城市与建筑中暗藏了众多防疫设计智慧，只是没有科学的解释。如我国古代信奉师法自然、天人合一理念，在城市、建筑、园林设计中通过敬畏自然、模仿自然、接近自然形成独特的选址、布局理论，同时也有利于抗病驱邪、提升自身免疫力，让中华民族子孙得以繁衍。传统城市有城墙、护城河，家庭有围墙、院落，不但防御外敌，也有利于阻隔病毒和瘟疫。

受传统建筑文化影响，中国机关、工厂、学校、住宅区都往往保留封闭“大院”特色。尽管与现代城市开放流通趋势相悖，但此次疫情倒是显示了“大院”优异的防疫能力。

13.2.5　科学技术的最新成果

当今世界科学技术飞速进步，新的治疗药物、检测手段不断出现，必然对疫情防控和建筑防疫设计产生巨大影响。建筑师应关注科技最新成果，及时调整防疫设计策略和手段。如果新冠肺炎疫苗研发成功，新冠肺炎很快将会被控制和消灭。当然，另一种新的病毒还可能出现，建筑防疫设计并不会过时。如果研发出远程检测病毒感染仪器，有助于实现建筑物精确管控，提高效率，减少投入。

13.3　建筑防疫设计的目标与策略

13.3.1　建筑防疫设计目标及评价标准

（1）建筑分类：考虑建筑防疫的复杂性，民用建筑防疫设计需要细致的划分标准。如根据建筑功能和形态，分为居住建筑、办公建筑、商业建筑、餐饮建筑、观演建筑、校园建筑、工业建筑等。

（2）性能分级：参照生物实验室危险等级，建

图 13.3 体育馆改造为方舱医院

筑防疫等级也可分 4 级。一级为最低级防护，四级为最高级防护。

（3）整体协调：在制定防疫设计标准时，必须与其他现行的设计规范相协调，如防火设计、人防设计、绿色建筑设计等，防止出现顾此失彼、相互矛盾的事情。

（4）平时与疫时：防疫设计需要考虑平时与疫时两种不同模式运作。一旦发生疫情，建筑能实现功能的转化。如体育馆、会展中心等大空间建筑，在疫情来临可转化为临时救护站。为此，防疫设计要预留转化可能性，满足应急功能条件下种种建筑方面的特殊要求（图 13.3）。

13.3.2 建筑防疫设计基本策略

策略 1 营造不利于细菌与病毒存活的卫生环境。不同的外部环境条件下，病原体的存活时间差别很大。涉及温湿度、阳光、通风，建筑材料、构造等设计考量。建筑室内宜明亮、整洁，尽可能引进阳光、自然通风，保持合适的空气温湿度。选择不利于细菌、病毒聚集与存活的材料，如瓷砖、金属、塑料等，少用病毒喜欢的木材、羊毛等天然材料。污水、污物及时处理和独立运输。建筑构造上，不存尘土，容易清洁。

策略 2 控制病毒的传播媒介。细菌、病毒往往通过中间媒介间接传染给人类。消灭老鼠、蚊蝇、蟑螂等害虫，就切断了一条重要传染途径。此外，尽量减少建筑物中需要触摸控制的物体，如门把手、水龙头、电梯按钮等，采用非接触的感应设备，代替传统触摸操作，可以降低接触传染的风险。

策略 3 降低空气飞沫传染风险。新冠肺炎病毒主要靠飞沫传播。人与人之间的工作与社交距离保持大于 1.5m，可降低飞沫感染风险。在病毒可能聚集区域，如卫生间等应采用负压空调方式，将污染气体排出室外。此外，加大建筑层高，让室内空气更加流通，有利于降低感染机会。

策略 4 减少人体无意触碰。通过人员分区、分流，如设置访客区、缓冲区，降低办公室、会议室人员行走与静坐的密度，尽量避免室内人员无益的触碰，从而把相互感染的风险降到最低。

策略 5 安装自动检测设备。通过自动检测设备，对人的体温、室内空气质量、病毒浓度等指标进行自动检测和报警，实现精确的建筑防疫管控。

13.4 一般公共建筑防疫设计的建议

13.4.1 门厅设计

办公楼、酒店、学校等人员密集出入场所，宜设置宽敞高大的门厅，并尽可能引入阳光和自然空气。门厅设置检查区、访客等候区，减少内外人员近距离接触。

13.4.2 通道与电梯设计

为不同人员、物品设置不同的通道或电梯，避免狭长、封闭的走道，尽可能用开敞的扶梯取代封闭的电梯，减少交叉感染机会。

13.4.3 室内引进阳光

阳光中的紫外线对细菌、病毒有极好的消杀作用，争取让半数以上的房间有充足的日照。

13.4.4 加大自然通风

自然通风有利于稀释和带走病毒。布局上组织穿堂风，外墙加大开启窗面积，室内增加层高。

13.4.5 卫生间设计

卫生间是排泄场所，往往是建筑中最易传播病毒的场所。卫生间应设置前室，起到空气隔离和缓冲作用。卫生间应设计负压式排风系统，让污染空气直接排到室外。此外，未来的卫生间可以实现智能化。通过智能检测设备，对空气质量、空气温湿度、人体温度、排泄物进行自动测量分析，及时准确地发现问题（图 13.4）。

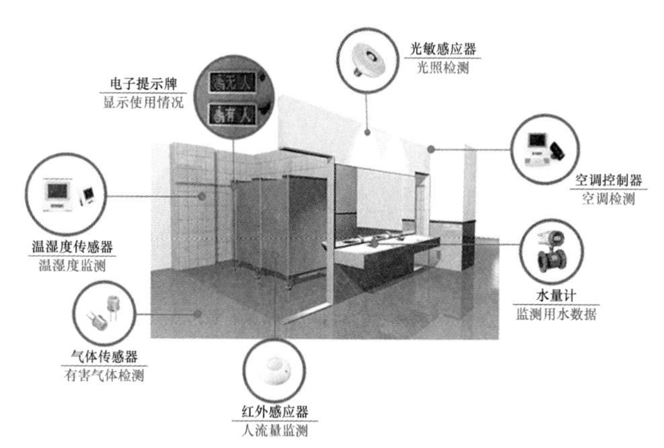

图 13.4 智能卫生间

13.4.6 公共食堂设计

公共建筑中的食堂，售餐窗口与餐厅之间应设置局部隔断。餐厅应该采用正压送风系统。疫情期间，应该完全隔断餐厨区域，并应防止餐厅的风流向厨房。

13.5 结语

疫情之后，社会防疫需要常态化，建筑防疫设计需要专业化。为此，我们在预防医学理论的指导下，参照传染病医院建筑规范和汲取疫情中建筑失败教训，提出初步的建筑防疫设计目标、基本策略和简单有效的防疫设计手法。建筑防疫设计作为一个全新的课题，尚需要更深入的理论研究和实践总结。

参 考 文 献

[1] 深圳市同济人建筑设计有限公司．产业园规划设计与分析．

[2] 黎琴．住宅建筑规划设计与人居环境探析［J］．中国住宅设施，2017（2）：46-47.

[3] 徐发辉．住宅建筑规划设计与人居环境探析［J］．住宅与房地产，2016（24）.

[4] 葛长川．住宅建筑规划设计与人居环境探析［J］．居舍，2018（21）：95.

[5] 毛其智．城市是人类共同的家园，城市的美好明天需要我们共同创造［Z］．人类居住，2019（4）.

[6] 吴佳贝．立体绿化营造健康人居上的初探［J］．中外建筑，2018（08）：70-73.

[7] 麦婉华．世界首个“跨境”大湾区横空出世［J］．小康，2017（17）：16-21.

[8] 胡凯富．城市人居环境演变的分异现象及成因分析——基于“北上广深”城市发展统计数据的实证研究［A］．中国风景园林学会．中国风景园林学会2018年会论文集［C］．中国风景园林学会：中国风景园林学会，2018：4.

[9] 覃艳华，曹细玉．世界三大湾区发展演进路径对粤港澳大湾区建设的启示［J］．统计与咨询，2018（05）：40-42.

[10] 丁焕峰．粤港澳大湾区：助力广东“三个支撑”的世界经济新高地［N］．科技日报，2017-07-14（007）.

[11] “粤港澳大湾区城市群发展规划研究”课题组．创新粤港澳大湾区合作机制建设世界级城市群［A］．中国智库经济观察（2017）［C］．中国国际经济交流中心，2018：5.

[12] 景春梅．把粤港澳大湾区城市群建成世界经济增长重要引擎——第96期“经济每月谈”综述［A］．中国智库经济观察（2017）［C］．中国国际经济交流中心，2018：6.

[13] 何玮，喻凯．粤港澳大湾区政府合作研究——基于世界三大湾区政府合作经验的启示［J］．中共珠海市委党校珠海市行政学院学报，2018（01）：50-53.

[14] 王静田．国际湾区经验对粤港澳大湾区建设的启示［J］．经济师，2017（11）：16-18，20.

[15] 申明浩，杨永聪．国际湾区实践对粤港澳大湾区建设的启示［J］．发展改革理论与实践，2017（07）：9-13.

[16] 欧小军．世界一流大湾区高水平大学集群发展研究——以纽约、旧金山、东京三大湾区为例［J］．四川理工学院学报（社会科学版），2018，33（03）：83-100.

[17] 刘瞳．粤港澳大湾区与世界主要湾区和国内主要城市群的比较研究——基于主成分分析法的测度［J］．港澳研究，2017（04）：61-75，93-94.

[18] 百度百科．纽约［EB/OL］.

[19] 百度百科．中央公园［EB/OL］.

[20] 百度百科．高线公园［EB/OL］.

[21] 百度百科．哈德逊园区［EB/OL］.

[22] 深圳市城市总体规划（2010-2020）.

[23] 深圳市2018年国民经济和社会发展统计公报，2019年4月19日，深圳统计局.

[24] 城市用地分类与规划建设用地标准 GB 50137—2011.

[25] 中华人民共和国传染病防治法（2013修正）（发布：2013-06-29）.

[26] 中华人民共和国国家标准. 传染病医院建筑设计规范 GB 50849—2014.
[27] 中华人民共和国国家标准. 生物安全实验室建筑技术规范 GB 50346—2011 .
[28] 中华人民共和国国家标准. 实验室生物安全通用要求 GB 19489—2008.

编 后 语

为了有利于粤港澳大湾区建设和深圳建设中国特色社会主义先行示范区，使设计人员更好地执行国家、部委颁布的各项工程建设技术标准、规范及省、市地方标准、规定，协会组织编撰了《粤港澳大湾区建设技术手册系列丛书》，包括《粤港澳大湾区建设技术手册 1》《粤港澳大湾区建设技术手册 2》和《粤港澳大湾区城市设计与科研》。

这套行业工具书编撰工作始于 2019 年 8 月，历经组建队伍、拟订篇目、搜集资料、编写大纲、撰写初稿、总撰合成、评审修改几个阶段，数易其稿，不断总结，逐步提高。全书按“资料全，方便查，查得到”的编撰原则，站在建筑领域至高点，坚持科技创新，涵盖绿色建筑、装配式建筑、智慧城市、海绵城市、建设项目全过程工程咨询、建筑师负责制和城市总建筑师制度等，内容新颖，检索方便，设计者翻开即可找到答案。

湾区技术丛书资料浩瀚，专业性强，编撰难度大。为此，编撰委员会组织了湾区城市主要设计单位的总建筑师、总工程师、专家、工程技术人员百余人参与此项工作。中国工程院何镜堂院士作序，孙一民大师、林毅大师、黄捷大师、任炳文大师亲自撰稿。深圳市住房和建设局、深圳前海深港现代服务业合作区管理局、深圳市科学技术协会、深圳市福田科学技术协会对编撰全过程予以指导和支持。我们还特别邀请了华南理工大学建筑设计研究院、广州市设计研究院、香港建筑师学会参加编审工作。

为了编撰好湾区技术丛书，各参编单位以编撰工作为己任，在人力、物力、财力上大力支持。各篇章编撰人员呕心沥血，辛勤耕耘，终于完成书稿。书稿的撰成，凝聚了众人的智慧和血汗。在此，我谨向为本丛书编撰作出贡献的单位和个人，致以真挚的谢意。

在湾区技术系列丛书编撰和审改期间，许多设计大师、专家、各院总建筑师、总工程师对书稿反复修改和一再打磨，使湾区技术丛书最终成型；感谢所有审稿专家对大纲和内容一丝不苟的审查，他们使本书避免了很多结构性的错漏和原则性的谬误。

感谢中国建筑工业出版社王延兵副社长、费海玲副主任、张幼平编辑在出版前对全套图书的最终审核和把关。

在此过程中，需要感谢的人还有很多。他们在联系编写单位、编写专家和审稿专家，或收集实例、修改图纸、制版印刷等方面，都给予了湾区技术系列丛书极大的支持，在此一并表示感谢。

鉴于编者的水平、经验有限，湾区技术系列丛书难免有疏漏和舛误之处，敬请谅解，并恳请读者提出宝贵意见，以便今后补充和修订。

主编：张一莉

2020 年 8 月 6 日

何镜堂院士与《粤港澳大湾区建设技术手册系列丛书》主编张一莉

《粤港澳大湾区建设技术手册系列丛书》工作会议合影